德兴铜矿边坡稳定性等精度评价

杜时贵　雍　睿　著

科 学 出 版 社

北　京

内 容 简 介

本书系作者多年从事露天矿边坡稳定性的研究成果及其应用的总结。本书结合德兴铜矿工程实例，详细介绍了边坡稳定性等精度评价的基本思想，主要内容包括德兴铜矿工程地质条件、杨桃坞边坡岩体结构特征、杨桃坞多级边坡稳定性分级分析、杨桃坞多级边坡潜在滑移面抗剪强度精确获取、杨桃坞多级边坡稳定性等精度评价、基于离散单元法的杨桃坞边坡稳定性计算与变形破坏机理分析、杨桃坞多级边坡综合治理建议措施等。研究成果对类似露天矿边坡稳定性评价和综合治理的研究具有重要的参考价值和借鉴意义。

本书可供地质、水利、交通、采矿、国防等行业从事岩土工程的生产、科研人员参考，亦可作为高等院校工程地质、水利工程、采矿工程、岩土工程等专业研究生的教学参考书。

图书在版编目（CIP）数据

德兴铜矿边坡稳定性等精度评价 / 杜时贵，雍睿著.—北京：科学出版社，2023.2

ISBN 978-7-03-074280-3

Ⅰ.①德… Ⅱ.①杜… ②雍… Ⅲ.①铜矿床-边坡稳定性-评价-研究-德兴 Ⅳ.①TD862.1

中国版本图书馆CIP数据核字（2022）第241044号

责任编辑：李 海 李程程 / 责任校对：马英菊
责任印制：吕春珉 / 封面设计：东方人华平面设计部

科学出版社出版
北京东黄城根北街16号
邮政编码：100717
http：//www.sciencep.com
北京中科印刷有限公司 印刷
科学出版社发行 各地新华书店经销
*
2023年2月第 一 版 开本：787×1092 1/16
2023年2月第一次印刷 印张：14 3/4 彩插：4
字数：350 000

定价：152.00元

（如有印装质量问题，我社负责调换〈中科〉）
销售部电话 010-62136230 编辑部电话 010-62135319-2030

前　言

随着矿业的发展和露天开采深度的加大，大型露天矿山边坡的稳定性已成为影响矿山安全生产与发展的重大问题。露天矿山边坡稳定性评价与公路、铁路、建筑、水利等工程边坡相比，具有鲜明的特色和复杂性。大型露天矿山按构成要素及规模大小可划分为总体边坡、组合台阶边坡、台阶边坡3个层次，需要分别评价它们的整体稳定性和局部稳定性。采矿既是一项经济活动，又是一项工程活动。传统露天矿山的采矿优化方法是经验类比法，照此方法，总体边坡安全储备有余而经济性得不到充分发挥，台阶边坡安全储备不足而安全性得不到有效保障。本书提出大型露天矿山边坡稳定性等精度分析方法，探究各级别边坡协同防控机理，实现安全性与经济性双赢的边坡优化设计，具有重大科学意义和工程价值。

德兴铜矿铜厂矿区（以下简称德兴铜矿）是江西铜业集团公司最大的铜矿区，也是目前我国有色矿山中最大的露天矿区，其边坡范围与边坡高度在国内外是处于前列的。因此，其矿山边坡的稳定性评价特别重要，直接关系到矿山生产安全与发展。本书内容以研究保障德兴铜矿采区新建 -10m 固定泵站的安全为目标，以杨桃坞 -10m 台阶边坡和 50m 台阶边坡为核心区段，开展多级边坡稳定性等精度评价，形成德兴铜矿边坡稳定性等精度评价的示范案例，以指导类似大型露天矿山边坡稳定性评价和边坡加固治理工作。

本书的主要内容如下：第1章主要阐述本书的研究背景及意义，总结了德兴铜矿边坡稳定性等精度评价的技术路线，提出了野外工作的基本程序，分析了研究的难点和创新点；第2章主要介绍了德兴铜矿工程地质条件，包括交通地理、气象条件、地形地貌、地层岩性、区域构造、水文地质条件、采矿爆破震动、地震烈度、车辆荷载等；第3章主要介绍了杨桃坞边坡的岩体结构特征，重点分析了研究区的地层岩性、地质构造演化、结构面发育特征、岩石基本物理力学性质、水文地质条件、工程地质分区等；第4章开展了杨桃坞多级边坡稳定性分级分析，具体介绍了边坡工程特征、边坡分区、各级边坡稳定性分级分析、边坡破坏模式与潜在滑移面确定等；第5章介绍了杨桃坞多级边坡潜在滑移面抗剪强度精确获取，包括结构面表面形态分级与表面形态力学机制分析、结构面粗糙度系数和抗剪强度基本特性、各级边坡潜在滑移面抗剪强度精确获取等内容；第 6 章介绍了杨桃坞多级边坡稳定性等精度评价，具体包括边坡稳定性分析方法与许用安全系数的确定、历史滑坡稳定性评价、各级边坡稳定性评价等内容；第 7 章主要介绍采用离散单元法的杨桃坞边坡稳定性计算与变形破坏机理分析，包含离散单元法基本原理、数值模拟计算参数选择、各级边坡稳定性计算、极限平衡法与离散单元法的计算结果对比、边坡变形破坏机理分析；第 8 章重点介绍了杨桃坞多级边坡综合治理建议措施。

在本书付梓之际，作者衷心感谢对本书完成始终关心和鼎力支持的同人。在研究过程中，得到了江西铜业集团公司德兴铜矿李国平总工、王华主任及其他公司领导和现场工程师的帮助，在现场调研过程中他们提供了现场指导和丰富的数据资料。同时，在撰写过程中得到了宁波大学夏才初教授，中国有色金属工业昆明勘察设计研究院有限公司许汉华高级工程师，绍兴文理学院李安原老师、胡高建老师的帮助，感谢他们的辛勤工作和悉心指导。徐晨、刘奎明、章莹莹、沈伟、顾岩、徐敏娜、梁渭溪、曹泽敏等协助整理了书稿。

由于作者水平有限，书中难免有疏漏和不足之处，敬请广大读者、同行专家批评指正。

著　者

2022 年 4 月

目　　录

第1章　概述……1

1.1　研究背景……1

1.2　研究任务……2

1.3　技术路线……4

1.4　野外工作程序和记录表格……6

1.4.1　野外工作程序……6

1.4.2　野外记录表格……9

1.5　研究难点与创新点……10

1.5.1　研究难点……10

1.5.2　研究创新点……10

第2章　德兴铜矿工程地质条件……11

2.1　德兴铜矿概况……11

2.2　交通地理与气象条件……11

2.2.1　交通地理……11

2.2.2　气象条件……12

2.3　工程地质条件……12

2.3.1　地形地貌……12

2.3.2　地层岩性……12

2.3.3　区域构造……13

2.3.4　水文地质条件……14

2.3.5　地震烈度……14

2.4　人类工程活动……15

2.4.1　采矿爆破振动……15

2.4.2　车辆荷载……16

第3章　杨桃坞边坡岩体结构特征 …… 18
3.1　工程概况 …… 18
3.2　地层岩性与地质构造演化过程 …… 19
3.2.1　地层岩性 …… 19
3.2.2　地质构造演化过程 …… 20
3.3　结构面发育特征 …… 22
3.3.1　断层 …… 22
3.3.2　节理 …… 26
3.4　岩石物理力学性质 …… 29
3.5　水文地质条件与工程地质分区 …… 31
3.5.1　水文地质条件 …… 31
3.5.2　工程地质分区 …… 34

第4章　杨桃坞多级边坡稳定性分级分析 …… 35
4.1　边坡工程特征 …… 35
4.1.1　第一级边坡：总体边坡 …… 35
4.1.2　第二级边坡：组合台阶边坡 …… 36
4.1.3　第三级边坡：台阶边坡 …… 38
4.2　边坡分区 …… 39
4.2.1　第一级分区：总体边坡分区 …… 39
4.2.2　第二级分区：组合台阶边坡分区 …… 39
4.2.3　第三级分区：台阶边坡分区 …… 43
4.3　边坡稳定性分级分析原理 …… 45
4.4　第一级分析：总体边坡稳定性分析 …… 46
4.5　第二级分析：组合台阶边坡稳定性分析 …… 47
4.5.1　A（−10T）组合台阶边坡 …… 47
4.5.2　B（−10T）组合台阶边坡 …… 48
4.5.3　C（−10T）组合台阶边坡 …… 50
4.5.4　A（50T）组合台阶边坡 …… 53
4.5.5　B（50T）组合台阶边坡 …… 55

4.6 第三级分析：台阶边坡稳定性分析……57
4.6.1 台阶边坡 A（−10T）-U、A（−10T）-D……57
4.6.2 台阶边坡 B（−10T）-U、B（−10T）-D……59
4.6.3 台阶边坡 C（−10T）-U、C（−10T）-D……60
4.6.4 台阶边坡 A（50T）-U、A（50T）-D……61
4.6.5 台阶边坡 B（50T）-U、B（50T）-D……63
4.7 边坡潜在破坏模式与潜在滑移面确定……65
4.7.1 边坡潜在破坏模式确定……65
4.7.2 结构面表面形态分级与潜在滑移面确定……65

第5章 杨桃坞多级边坡潜在滑移面抗剪强度精确获取……76
5.1 结构面表面形态分级与表面形态基本特性……76
5.1.1 结构面表面形态分级……76
5.1.2 结构面表面形态描述指标……78
5.1.3 结构面表面形态测量方法……78
5.1.4 岩体结构面表面形态基本特性……79
5.2 结构面粗糙度系数和抗剪强度基本特性……81
5.2.1 各质异性……82
5.2.2 各向异性……83
5.2.3 非均一性……83
5.2.4 尺寸效应……85
5.2.5 JRC-JCS 强度准则……85
5.2.6 边坡潜在滑移面抗剪强度精确获取的必要性……86
5.3 总体边坡潜在滑移面抗剪强度精确获取……87
5.4 组合台阶边坡潜在滑移面抗剪强度精确获取……87
5.4.1 A（−10T）组合台阶边坡……87
5.4.2 B（−10T）组合台阶边坡……87
5.4.3 C（−10T）组合台阶边坡……98
5.4.4 A（50T）组合台阶边坡……108
5.4.5 B（50T）组合台阶边坡……108

5.5　台阶边坡潜在滑移面抗剪强度精确获取……118
5.6　参数选取建议值……118

第6章　杨桃坞多级边坡稳定性等精度评价……120

6.1　边坡稳定性分析方法与许用安全系数的确定……120
6.1.1　边坡稳定性分析方法……120
6.1.2　边坡许用安全系数的确定……123
6.2　历史滑坡稳定性评价……125
6.2.1　历史滑坡形成过程……125
6.2.2　滑坡现状……125
6.2.3　滑坡稳定性评价……126
6.2.4　滑坡稳定性参数敏感性分析……131
6.3　第一级评价：总体边坡稳定性评价……138
6.4　第二级评价：组合台阶边坡稳定性评价……139
6.4.1　A(−10T) 组合台阶边坡……139
6.4.2　B(−10T) 组合台阶边坡……139
6.4.3　C(−10T) 组合台阶边坡……143
6.4.4　A(50T) 组合台阶边坡……152
6.4.5　B(50T) 组合台阶边坡……152
6.5　第三级评价：台阶边坡稳定性评价……156
6.5.1　台阶边坡 C1(−10T)-U 与 C1(−10T)-D……156
6.5.2　台阶边坡 C2(−10T)-U 与 C2(−10T)-D……161
6.5.3　台阶边坡 B(50T)-U 与 B(50T)-D……166
6.6　杨桃坞边坡稳定性分析总结……170

第7章　基于离散单元法的杨桃坞边坡稳定性计算与变形破坏机理分析……172

7.1　离散单元法基本原理……172
7.1.1　UDEC 概述……172
7.1.2　离散单元法基本方程……174
7.1.3　离散单元法原理……176

7.1.4 UDEC 迭代过程 177

7.1.5 强度折减法原理 179

7.2 数值模拟计算参数选择 180

7.3 基于离散单元法的边坡稳定性计算 181

7.3.1 第一期滑坡 B1 稳定性计算 182

7.3.2 第二期滑坡 B2 稳定性计算 182

7.3.3 B(−10T) 组合台阶边坡稳定性计算 182

7.3.4 C1(−10T) 组合台阶边坡稳定性计算 183

7.3.5 C2(−10T) 组合台阶边坡稳定性计算 183

7.3.6 B(50T) 组合台阶边坡稳定性计算 184

7.3.7 C1(−10T)-U 台阶边坡稳定性计算 184

7.4 极限平衡法和离散单元法计算结果对比探讨 185

7.5 基于离散单元法的边坡变形破坏机理分析 190

7.5.1 第一期滑坡 B1 变形破坏机理分析 190

7.5.2 第二期滑坡 B2 变形破坏机理分析 190

7.5.3 B(−10T) 组合台阶边坡滑坡机理分析 190

7.5.4 C1(−10T) 组合台阶边坡变形破坏机理分析 191

7.5.5 C2(−10T) 组合台阶边坡变形破坏机理分析 191

7.5.6 B(50T) 组合台阶边坡变形破坏机理分析 191

7.5.7 C1(−10T)-U 台阶边坡变形破坏机理分析 192

7.6 杨桃坞边坡变形破坏机理总结 192

第8章　杨桃坞多级边坡综合治理建议措施 194

8.1 总体边坡的治理措施建议 194

8.2 组合台阶边坡的治理措施建议 194

8.2.1 A(−10T) 组合台阶边坡 194

8.2.2 B(−10T) 组合台阶边坡 195

8.2.3 C(−10T) 组合台阶边坡 200

8.2.4 A(50T) 组合台阶边坡 205

8.2.5 B(50T) 组合台阶边坡 206

8.3　台阶边坡的治理措施建议 …… 210
8.3.1　A(−10T)-U、A(−10T)-D 台阶边坡 …… 210
8.3.2　B(−10T)-U、B(−10T)-D 台阶边坡 …… 210
8.3.3　C(−10T)-U、C(−10T)-D 台阶边坡 …… 210
8.3.4　A(50T)-U、A(50T)-D 台阶边坡 …… 215
8.3.5　B(50T)-U、B(50T)-D 台阶边坡 …… 215

参考文献 …… 219

第1章 概　述

1.1 研究背景

随着社会的不断进步，人们的安全意识越来越强，政府对安全生产的要求也越来越高。矿山边坡稳定性不仅与露天矿的安全有着紧密的联系，而且与露天矿的经济效益密切相关。在露天矿的生产阶段，随着矿山工程的发展，揭露的地层越来越多，可以在更大的范围、空间获取更多、更准确的结构面空间几何参数和物理力学参数。利用所掌握的新的结构面信息，对总体边坡、组合台阶边坡和台阶边坡(以下简称多级边坡)的工程岩体进行稳定性等精度分级建模，实现露天矿多级边坡稳定性的等精度评价，并根据评价结果对露天矿原设计的境界或边坡角进行适当的调整，设计最优边坡角，满足既经济又安全的目标，使露天矿的总体经济效益达到最好。露天矿边坡是一种临时或半永久性的边坡，它们允许发生少量滑塌甚至局部性的规模较大的滑塌，但不允许突然发生的造成人员伤亡的滑塌，也不允许发生造成重大经济损失的滑塌(孙玉科 等，1999)。在露天矿生产阶段，开展多级边坡稳定性等精度分级建模，实现露天矿多级边坡稳定性的等精度评价，可以为欠稳定的边坡加固的精细决策、精细设计和精细施工提供重要依据。

在矿山开采过程中，由于岩体自重应力、地质构造(板理、千枚理、片理、断层、节理等)、爆破振动、地下水等各方面因素的影响作用，部分区段的边坡已出现局部不稳定现象。在某些台阶边坡平台上，或设置了永久性的工程设施(如固定泵站、储水池、排水管路等)，或作为运输线路，这些边坡部位不允许突然发生的造成人员伤亡的滑塌，也不允许发生造成重大经济损失的滑塌，以保障工程设施的安全运营和车辆的安全通行，确保人身安全、避免财产损失。

德兴铜矿是江西铜业集团公司最大的铜矿区，也是目前我国有色矿山中最大的露天矿。采区设计境界上口尺寸为2300m×2400m，矿山开采规模已达13万吨/日，年采剥总量8300多万吨。截至2017年，德兴铜矿已开采至-60m水平。根据设计，德兴铜矿将开采至-220m水平，铜厂矿区杨桃坞、水龙山、石金岩、黄牛前和西源岭开采阶段边坡已形成，边坡暴露高度最高达550多米，部分区域最终边坡高度将超过700m，其边坡范围与边坡高度在国内都是处于前列的。因此，矿山边坡的稳定性评价显得特别重要，是直接关系到矿山生产安全与发展的重大问题。为此，本研究以保障德兴铜矿采区新建 -10m 固定泵站的安全为目标，对杨桃坞 -10m 台阶边坡和 50m 台阶边坡为核心区段，开展多级边坡稳定性等精度评价，形成德兴铜矿边坡稳定性等精度评价的示范案例，以指导德兴铜矿边坡稳定性评价和边坡加固治理工作。

1.2 研究任务

江西德兴铜矿杨桃坞 -10m 平台设置了永久性的固定泵站，固定泵站布置排水设备、排水管路、休息室和储水池。水泵采用露天布置，电机及有防雨要求的设备上方设防雨罩进行保护。固定泵站一共布置 10 台水泵，4 条主排水管路，占地面积长为 80m，宽为 15m。储水池长为 80m，宽为 10m，深为 5m，有效容积为 3200m^3，可满足排水要求。考虑到储水池清淤需要，在储水池西侧设一条清污通道，通道宽为 5m，坡度为 20%，满足铲运机能够进入储水池内清理的要求。泵站采用中控室集中控制，泵站按无人值守考虑，设 1 间休息室，房间尺寸为 3.6m×3m×3m。

固定泵站地基开挖过程中，边坡曾发生了较大规模的滑塌，滑塌面积达 2486m^2，滑体达 6750m^3(图 1.1)。为确保固定泵站的安全运营，需对 -10m 平台的边坡进行稳定性评价。杨桃坞 50m 平台至 140m 平台外缘设置了永久性输水管路，为确保永久性输水管路安全运营，同时为确保 50m 台阶边坡稳定对 -10m 台阶边坡、蓄水池和泵站的安全性不构成威胁，还需开展 50m 平台边坡稳定性评价。

图 1.1 德兴铜矿杨桃坞 -10m 组合台阶边坡滑移破坏

针对德兴铜矿杨桃坞边坡的地质环境特点，通过现场勘查、数值计算等手段，开展有关组合台阶边坡、台阶边坡稳定性的综合评价研究，是后续开展矿区边坡的长期稳定性评价及制定相应防治措施的基础，对于矿山安全合理开发以及减少人员伤亡、财产损失具有重要意义。

本次研究的具体任务如下。

(1)以 -10m 固定泵站为中心，从东至西 200m 的宽度范围(简称边坡范围)，对杨桃坞边坡进行岩体稳定性分级分析；对杨桃坞 -10m 组合台阶边坡、台阶边坡和 50m 组合台阶边坡、台阶边坡的岩体结构面抗剪强度进行精细取值；对杨桃坞 -10m 组合台阶边坡、台阶边坡和50m组合台阶边坡、台阶边坡的岩体稳定性进行等精度评价。

(2)在研究范围内，开展详细的野外工程地质调查，进行边坡的工程地质分区，根据工程地质分区，确定边坡岩体稳定性等精度评价的计算模型。

(3)结合区域地质分析，开展详细的野外工程地质调查和边坡岩体结构面精细测量，重现地层构造的演化历史，分析边坡范围内结构面成因类型、规模分级、分布规律等，进行结构面几何信息的统计分析。

(4)开展-10m平台组合台阶边坡历史滑坡野外工程地质的详细调查和空间要素的精细测量，分析滑坡产生的原因、期次，建立滑坡地质模型；运用结构面抗剪强度精细取值技术和矿山边坡岩体工程稳定性等精度评价方法，运用极限平衡方法和离散元数值模拟方法，进行历史滑坡体的边坡岩体稳定性计算分析，开展破坏机理研究，检验边坡岩体工程稳定性分析中潜在破坏模式确定思路的可靠性，检验边坡稳定性计算参数确定方法的可靠性。

(5)运用大型露天矿山边坡岩体稳定性分级分析方法和结构面抗剪强度精细取值技术，分别对总体边坡的整体稳定性和总体边坡的局部稳定性进行等精度评价。

(6)对-10m组合台阶边坡、台阶边坡进行野外详细工程地质调查，进行工程地质分区；根据组合台阶边坡、台阶边坡的倾向和倾角，对各工程地质区的组合台阶边坡、台阶边坡进行分段，并进行边坡编录(A边坡、B边坡、C边坡等)；对-10m平台的每一个边坡，运用大型露天矿山边坡岩体稳定性分级分析方法和结构面抗剪强度精细取值技术，运用极限平衡方法和离散元数值模拟方法，分别对组合台阶边坡、台阶边坡的整体稳定性和组合台阶边坡、台阶边坡的局部稳定性进行等精度评价，分析其对-10m固定泵站和蓄水池安全运营的影响。

(7)对50m组合台阶边坡、台阶边坡进行野外详细工程地质调查，进行工程地质分区；根据组合台阶边坡、台阶边坡的倾向和倾角，对各工程地质区的组合台阶边坡、台阶边坡进行分段，并进行边坡编录(A边坡、B边坡、C边坡等)；对50m平台的每一个边坡，运用大型露天矿山边坡岩体稳定性分级分析方法和结构面抗剪强度精细取值技术，运用极限平衡方法和离散元数值模拟方法，分别对组合台阶边坡、台阶边坡的整体稳定性和组合台阶边坡、台阶边坡的局部稳定性进行等精度评价，评价组合台阶边坡顶部排水管路运营的安全性，以及对-10m固定泵站和蓄水池安全运营的影响。

(8)运用极限平衡方法和离散元数值模拟方法，分别对-10m平台和50m平台的组合台阶边坡、台阶边坡最不安全的工况进行边坡岩体破坏机理研究，开展最佳加固效果试算，制订边坡治理方案。

本研究包括的主要内容如下。

(1)充分收集资料，分析与总结已有矿区地质资料，进行现场调查，复核研究区区域地质构造、地层分布、岩性特征等地质数据。

(2)调查区域地质构造，查清节理、断层、光面的产状，分析结构面的产状对边坡稳定性的影响，并进行统计分析。

(3)详细调查边坡岩体变形范围，调查及了解边坡工程地质条件、水文地质条件，确定不利于边坡稳定的岩层产状、断层、节理裂隙等控制性结构面。

(4)调查控制岩体稳定性的贯穿性结构面，判断滑移方向，进行结构面粗糙度定向统计测量，通过壁岩回弹值确定壁岩强度，建立结构面力学性质尺寸效应模型，进行结构面抗剪强度精细取值。

(5)基于矿山边坡中结构面空间位置与边坡部位的匹配性、结构面规模与边坡规模的匹配性，分层次对露天矿山的总体边坡、组合台阶边坡、台阶边坡进行整体稳定性分析和局部稳定性分析，并判断其潜在的破坏模式。

(6)开展历史滑坡野外工程地质的详细调查和空间要素的精细测量，分析滑坡产生的原因、期次，建立滑坡地质模型，运用结构面抗剪强度精细取值技术和矿山边坡岩体工程稳定性等精度评价方法，进行历史滑坡体的边坡稳定性计算分析，检验边坡稳定性计算方法的可靠性、验证结构面抗剪强度精细取值的有效性，为边坡稳定性分析评价提供准确参数。

(7)开展影响边坡稳定性因素的敏感性分析，确定各影响因素的重要性程度等级，为边坡稳定性评价与防治工程设计提供依据。

(8)采用离散单元法对组合台阶边坡的变形破坏机理进行分析，计算组合台阶边坡的稳定性系数，确定滑坡失稳破坏模式，对比分析极限平衡方法和离散单元方法边坡稳定性计算结果，验证边坡稳定性评价技术方法的可靠性，为欠稳定的边坡加固提供依据。

(9)结合台阶边坡稳定性评价结果，对在极端工况条件下尚未达到稳定状态的边坡提出综合治理建议。

1.3 技术路线

本研究主要分为资料收集、野外勘查、现场试验、理论分析、数值模拟等过程。

1)资料收集

本研究主要依据的相关资料如下。

(1)《岩土工程勘察规范(2009年版)》(GB 50021—2001)；

(2)《露天矿边坡勘察规范》(YBJ 13—1989)；

(3)《边坡工程勘察规范》(YS/T 5230—2019)；

(4)《建筑抗震设计规范(2016年版)》(GB 50011—2010)；

(5)《中国地震动参数区划图》(GB 18306—2015);

(6)《水利水电工程地质勘察规范》(GB 50487—2008);

(7)《水电工程地质勘察水质分析规程》(NB/T 35052—2015);

(8)《工程地质手册》(第五版);

(9)《水文地质手册》(第二版);

(10)《建筑边坡工程技术规范》(GB 50330—2013);

(11)《水利水电工程边坡设计规范》(SL 386—2007);

(12)《非煤露天矿边坡工程技术规范》(GB 51016—2014);

(13)《滑坡防治工程设计与施工技术规范》(DZ/T 0219—2006);

(14)《公路路基设计规范》(JTG D30—2015);

(15)《露天矿山边坡岩体结构面抗剪强度获取技术规程》(T/CSRME 005—2020)。

2)野外勘查

在收集、分析相关研究资料的基础上,通过现场踏勘确定调查区范围和调查路线。采用罗盘测量地层和结构面(断层、节理、片理)产状、滑坡走向、坡角等,并利用高清数码相机进行实地拍照,予以保存记录。对于重要结构面(断层和控制性节理)、坡面采用标记物进行标记、定位,然后采用全站仪进行精确测量定位。

3)现场试验

试验研究主要包括结构面粗糙度参数统计测量与壁岩回弹值现场测定两个方面的内容,主要内容详见第5章。

4)理论分析

首先,进行杨桃坞多级边坡稳定性分级分析,按照结构面空间位置与边坡部位相匹配、结构面规模与边坡规模相匹配的原则,系统全面地找出控制边坡稳定的关键性结构面及其组合,将边坡划分成“稳定的”和“可能破坏的”两种类型;针对可能破坏的总体边坡、组合台阶边坡和台阶边坡,建立边坡稳定性计算模型。其次,在找准边坡潜在滑移面所对应的结构面及其潜在滑移方向的基础上,开展结构面粗糙度系数和抗剪强度的基本特性研究,通过试样抗剪强度精确获取和工程抗剪强度精确计算两个方面,保证抗剪强度取值的可靠性。最后,在边坡稳定性分级分析和结构面抗剪强度精细取值的基础上,开展杨桃坞多级边坡稳定性等精度分析,根据稳定性分析结果,对欠稳定边坡采用极限平衡方法提出加固治理建议。

5)数值模拟

综合前人研究资料和野外现场勘查资料,确定岩体滑坡的潜在滑移面、结构面粗糙度系数、抗剪强度等,构建边坡破坏前后的稳定性计算模型,并利用极限平衡法、有限单元法对模型进行求解,给出不同工况下边坡的稳定性安全系数。

综上，本研究的主要技术流程如图 1.2 所示。

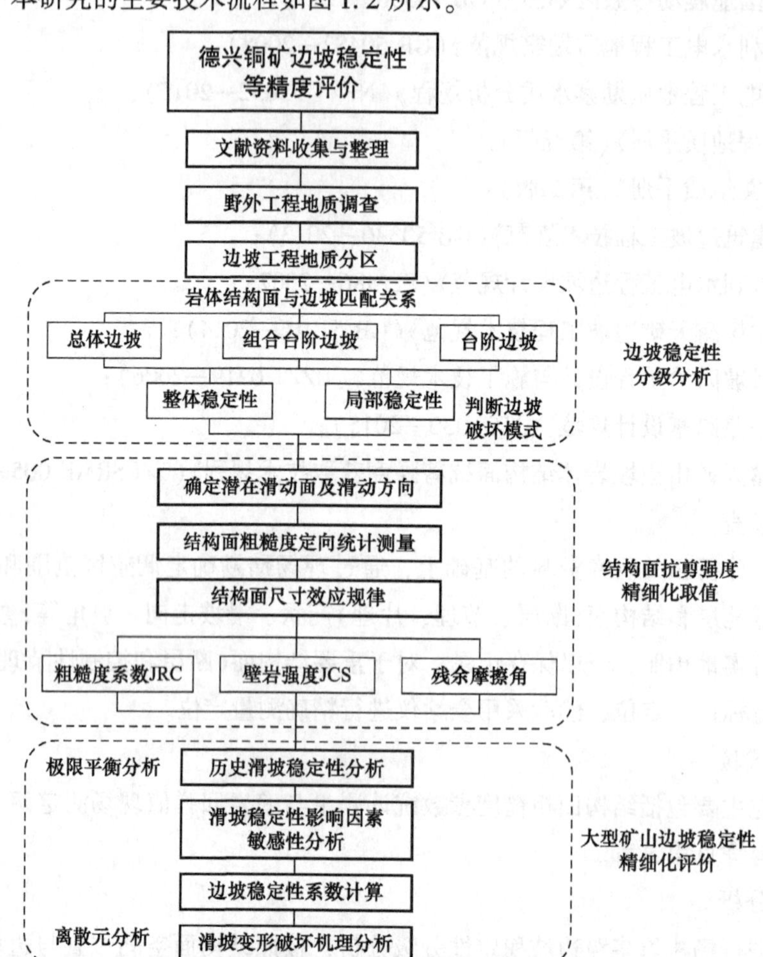

图 1.2　本研究的主要技术流程

1.4　野外工作程序和记录表格

1.4.1　野外工作程序

(1)依据矿山地址或矿山全球定位系统(global positioning system，GPS)坐标找到野外工作地点(露天矿山)，观察露天矿边坡的工程地质情况，如果有岩性、构造、工程地质和水文地质条件的明显变化，进行工程地质分区并编号(在Ⅰ、Ⅱ、Ⅲ、Ⅳ、Ⅴ、Ⅵ中画圈)。

(2)对露天矿边坡进行边坡分区并编号(在 A、B、C、D……中画圈)。边坡分区原则：在同一工程地质分区内，边坡几何要素和边坡面产状基本一致并能采用同一剖面和相同的计算参数来表征的区段。

(3)露天矿边坡的岩体结构面抗剪强度精细取值和在此基础上的评价、设计、治理工作以边坡分区(以下简称边坡)为基本单位，逐一对边坡记录。边坡的编录方式为边坡编号-工程地质分区编号-矿山名称-矿山类型-县区-地市-省份，如 A - I - DCE - RZ - FY - HZ - ZJ。其中，矿山类型为治理露天矿山(RZ)和开采露天矿山(RK)两种。

(4)对每一边坡，测量总体边坡的高度、宽度和坡向、坡角；如有台阶边坡，需要测量其高度、宽度和坡向、坡角。

(5)对每一边坡，采集岩样(大于 10cm × 10cm × 5cm)和边坡照片，照片和岩样编号方式与边坡编录方式相同。

(6)对每一边坡，进行简要地质描述，包括地层岩性、地质构造、岩体风化情况、水文地质条件等。

(7)对每一边坡，测量贯穿整个边坡的结构面(层理、板理或贯穿整个边坡的断层)产状。若结构面的倾角大于边坡角，该类结构面不影响边坡岩体稳定，则无须测量该结构面其他内容，直接进入(8)以后的工作；若结构面的倾角小于等于边坡角，则分下列三种情况：

① 若结构面倾向与边坡面倾向夹角小于等于30°，边坡有可能沿该结构面发生单平面型滑移破坏，则需要测量该结构面的长度，测量结构面壁岩的回弹值，描述结构面充填情况，并沿该结构面倾向方向绘制结构面表面轮廓曲线(至少 30 条，每条长度 44cm)，按(12)进行编录，继续(8)以后的工作。

② 若结构面倾向与边坡面倾向夹角在31°至75°之间，边坡有可能沿该结构面与另一结构面组合而成的楔体发生双平面楔体型滑移破坏，则需要测量该结构面的长度，测量结构面壁岩的回弹值，描述结构面充填情况，并沿结构面倾向方向绘制结构面表面轮廓曲线(至少 30 条，每条长度 44cm)，按(12)进行编录，继续(8)以后的工作。

③ 若结构面倾向与边坡面倾向夹角大于75°，该类结构面不影响边坡岩体稳定，则无须测量该结构面其他内容，直接进入(8)以后的工作。

(8)对每一边坡逐一测量非贯穿边坡的断层产状，并完成以下步骤：若断层倾角大于边坡角，该断层不影响边坡岩体稳定，则无须测量该断层面其他内容；若断层倾角小于等于边坡角，则分下列三种情况：

① 若断层面倾向与边坡面倾向夹角小于等于30°，边坡有可能沿该断层面发生单平面型滑移破坏，则需要测量该断层的长度，测量结构面壁岩的回弹值，描述结构面充填情况，并沿该断层面倾向方向绘制结构面表面轮廓曲线(至少 30 条，每条长度 44cm)，按(12)进行编录。若有(9)①对应的节理组，则直接进入(9)①步骤；若不存在(9)①对

应的节理组，则野外工作结束。

② 若断层面倾向与边坡面倾向夹角在31°至75°之间，边坡有可能沿该断层面与另一结构面组合而成的楔体发生双平面楔体型滑移破坏，则需要测量该断层的长度，测量结构面壁岩的回弹值，描述结构面充填情况，并沿断层面倾向方向绘制结构面表面轮廓曲线(至少30条，每条长度44cm)，按(12)进行编录。若(7)②和(8)②所对应的结构面个数之和累计达到2次，并且空间上可构成楔体，双平面楔体型滑移破坏的两个滑移面资料已搜集完整，则野外工作结束。

③ 若断层面倾向与边坡面倾向夹角大于75°，该类断层不影响边坡岩体稳定，则无须测量该断层面其他内容。

(9)对每一边坡逐一测量节理组的代表性节理面(简称节理)产状，并完成以下步骤：若节理倾角大于边坡角，该组节理不影响边坡岩体稳定，则无须测量该组节理其他内容；若节理倾角小于等于边坡角，则分以下三种情况：

① 若节理面倾向与边坡面倾向夹角小于等于30°，边坡有可能沿该组节理面发生单平面型滑移破坏，则需要测量节理的长度和间距，测量节理壁岩的回弹值，描述节理充填情况，并沿该组节理面倾向方向绘制结构面表面轮廓曲线(至少30条，每条长度44cm)，按(12)进行编录，野外工作结束。

② 若节理面倾向与边坡面倾向夹角在31°至75°之间，边坡有可能沿该组节理面与另一结构面组合而成的楔体发生双平面楔体型滑移破坏，则需要测量该组节理的长度和间距，测量节理面壁岩的回弹值，描述节理面充填情况，并沿该组节理面倾向方向绘制结构面表面轮廓曲线(至少30条，每条长度44cm)，按(12)进行编录。若(7)②、(8)②或(9)②所对应的结构面个数之和累计达到2次，并且空间上可构成楔体，双平面楔体型滑移破坏的两个滑移面资料已搜集完整，则野外工作结束。

③ 若节理面倾向与边坡面倾向夹角大于75°，该组节理不影响边坡岩体稳定，则无须测量该节理其他内容。

(10)对每一边坡，若出现(7)①、(8)①或(9)①对应的结构面，边坡还可能形成双平面组合型破坏，则除完成(7)①、(8)①或(9)①工作外，还需对结构面倾角大于边坡角且结构面倾向与边坡面倾向夹角小于等于30°的结构面开展野外工作，测量该结构面长度和间距，测量结构面壁岩的回弹值，描述结构面充填情况，并沿该结构面倾向方向绘制结构面表面轮廓曲线(至少30条，每条长度44cm)，按(12)进行编录。

(11)对每一边坡，上述需测量粗糙度系数的潜在滑移面所对应的结构面若切穿不同的岩石，需按岩性分别测量结构面长度和间距，测量结构面壁岩的回弹值，描述结构面充填情况，并沿该结构面倾向方向绘制结构面表面轮廓曲线(至少30条，每条长度44cm)，按(12)进行编录。

(12)在野外记录表格上填写结构面表面轮廓曲线记录纸编号(1、2、3、4、5……)，同时在结构面表面轮廓曲线图纸上标记编号：轮廓曲线图纸编号-滑移面编号-边坡编号-工程地质分区编号-矿山名称-矿山类型-县区-地市-省份，如1 - S1 - A -Ⅰ- DCF - RZ - FY - HZ - ZJ。

1.4.2 野外记录表格

野外记录表格如表1.1所示。

表1.1 野外记录表格

测量日期： 年 月 日

工程地质分区		Ⅰ Ⅱ Ⅲ Ⅳ Ⅴ Ⅵ				矿山名称					
边坡分区编号		A B C D E F G H				矿山地址					
边坡编录(照片、岩样编号)		边坡分区-工程地质分区-矿山名称-矿山类型-县区-地市-省份(编录说明)									
边坡工程参数	总体边坡	坡高	m	宽度	m	坡向	°	坡角	°	照片：1 2 3	岩样：
	台阶边坡	坡高	m	宽度	m	坡向	°	坡角	°	照片：1 2 3	

结构面几何参数

结构面编号	规模	产状		长度/m	间距/m
		倾向	倾角		
B1(层面)	贯穿	°	°		—
B2(板理)		°	°		—
B3(大断层)		°	°		—
F1(断层1)	非贯穿	°	°		—
F2(断层2)		°	°		—
F3(断层3)		°	°		—
F4(断层4)		°	°		—
F5(断层5)		°	°		—
F6(断层6)		°	°		—
J1(节理组1)	局部	°	°		
J2(节理组2)		°	°		
J3(节理组3)		°	°		

B、F在边坡画出露位置、倾向示意图

地质描述：

边坡横断面及参数

H_1= m

H_2= m

潜在滑移面对应的结构面JRC野外测量及编号

滑移面编号	结构面	测量方向	滑移方向	图纸编号	充填物	回弹测量值
S1		°∠ °	°∠ °	1 2 3		
S2		°∠ °	°∠ °			
S3		°∠ °	°∠ °			

记录： 审核： 日期：

1.5　研究难点与创新点

1.5.1　研究难点

（1）大型露天矿山边坡的工程岩体中普遍发育有不同规模的结构面，不同规模结构面对矿山边坡稳定性影响的程度和范围不同。由于目前尚没有矿山边坡岩体工程稳定性分级分析方法，很难考虑不同规模结构面对不同层次边坡稳定性影响的差异性。如何对杨桃坞边坡稳定性进行系统全面、客观准确的分析，判断各级边坡的可能破坏模式，并定准边坡稳定分析对象、潜在滑移面及潜在滑移方向是实现德兴铜矿边坡稳定性等精度评价的技术难点。

（2）由于岩体结构面力学性质具有各质异性、各向异性、非均一性及尺寸效应。传统试验研究方法具有明显的局限性和不足，现有国家标准、行业标准中实际规定的试样尺寸仍远小于工程尺度，不能揭示结构面抗剪强度尺寸效应的规律，难以将试验结果直接运用于工程实践；试样数量也远小于进行统计分析的要求，很难客观地确定结构面抗剪强度参数。为准确确定矿山边坡稳定性，亟须提出一种能通过野外快速测量并实现工程尺度结构面抗剪强度参数的实用方法。

1.5.2　研究创新点

（1）提出一套实用的矿山边坡岩体结构面野外系统调查与潜在滑移面野外快速判别方法。

（2）基于岩体结构面与矿山边坡规模的匹配性，提出矿山边坡岩体工程稳定性分级分析的系统方法。

（3）基于岩体结构面的基本性质，研发大型露天矿山边坡岩体结构面抗剪强度参数精细取值的方法。

（4）结合大型矿山边坡岩体工程稳定性分级分析的系统方法和边坡岩体结构面抗剪强度参数精细取值的方法，建立完整的大型露天矿山边坡岩体稳定性等精度评价方法。

第2章　德兴铜矿工程地质条件

采用文献资料收集分析、矿区寻访调研、现场地质调查等方法，从德兴铜矿基本概况、交通地理、气象条件、地形地貌、区域构造、水文地质条件、地震烈度、采矿区工程活动等方面对矿区工程地质条件进行全面的分析研究。

2.1　德兴铜矿概况

德兴铜矿属于特大型斑岩铜矿，是江西铜业集团公司的主干矿山，是中国第一大露天铜矿，也是亚洲最大露天铜矿，同时也是世界上几个特大型斑岩铜矿之一(张善锦 等，1988)。德兴铜矿位于江西省德兴市境内，总面积约37km^2，其采区设计境界上口尺寸为2300m×2400m。全矿地面总面积为100km^2，已探明铜矿石储量16.3亿t，现保有矿石储量为13.2亿t，铜金属量500万t(郭辉荣，2012)。矿藏特点是储量大且集中，埋藏浅，剥采比小，矿石可选性好，综合利用元素多，伴有大量的金、银、钼、铼等稀有金属。德兴铜矿矿石储量大且集中，再加上矿石的浅埋等原因决定了矿石采用露天开采方式。

矿区随着开采工程的不断推进，已经形成了杨桃坞、水龙山、石金岩、黄牛前和西源岭开采边坡。依据露天采矿的经验，边坡垂直高度达200m以上时，其不稳定性加剧，对露天采矿生产安全的潜在威胁增加(汤希祥，1994；李建荣，2002)。在矿山开采过程中，由于岩体自重应力、断层、节理等地质构造及爆破振动、地下水等各方面因素的影响作用，部分区段的边坡已出现局部不稳定现象。对于这样一个规模庞大的露天开采矿山，边坡稳定性研究是一项重要而艰巨的工作，对确保矿山安全生产，提高经济效益具有十分重要的意义。

2.2　交通地理与气象条件

2.2.1　交通地理

德兴铜矿位于江西省德兴市泗州镇境内，距德兴市35km，距上饶市128km，距南昌市 280km，交通便利。

2.2.2　气象条件

德兴铜矿矿区降雨量比较集中，而且强度比较大，所处的位置位于雨量充足、四季分明的亚热带地区。通过查阅 1986 年 ～2004 年的气象资料，矿区所处位置年平均降水量为 2250mm，丰水年降水量是枯水年降水量的 2.29～2.48 倍；最大年降水量为 2803.6mm(1998 年)，最小年降水量为 1312.8mm(2000 年)，最大日降水量为 311.7mm(1998 年 7 月 23 日)，最大小时降水量为 67mm(1998 年 7 月 23 日)。

矿区所处位置每年的 3～7 月为丰水期，降水量占全年降水总量的 70% 左右；8～11 月为平水期；12 月至次年 2 月为枯水期。根据 1985～2003 年的气象资料统计得到年平均蒸发量为 1230mm。铜矿每年的气温范围处于 -9 ～40℃之间，年平均气温为 17.9℃，最高气温为 39.6℃(1988 年 7 月 18 日)，最低气温为 -10.4℃(1991 年 12 月 29 日)。矿区主导风向为东风。

2.3　工程地质条件

2.3.1　地形地貌

矿区位于怀玉山脉官帽山支脉的南东麓，为低山丘陵地带，属构造剥蚀地貌(宗辉 等，2005)。地形整体为北东高，南西低，地形起伏较大。地形切割强烈，冲沟发育较好，山尖多呈尖顶状，自然边坡较陡，坡角一般为 30° ～50°，且大部分为岩质边坡，上覆碎石和土层，植被发育。露天采坑南北方向长约为 1180m，东西方向长约为 1489m，矿坑最低处海拔为 -25m，形成多级露天开采边坡。

2.3.2　地层岩性

德兴铜矿矿区地层简单，广泛出露并与铜矿有关的地层主要是前震旦系地层，即双桥山群——以浅海相砂泥质碎屑岩和火山碎屑岩夹熔岩为主，经区域变质作用改造，形成以变质粉砂岩、板岩、千枚岩和变质沉淀灰岩为主的浅变质岩系(郭辉荣，2012；梁敬方 等，1987；姚劲松，2005)，其地层岩性如表 2.1 所示。

表2.1　德兴铜矿矿区地层特征(姚劲松，2005)

界	系	统	组段		厚度/m	岩性
元古界	震旦系	上统	陡山沱组		351.67	白云质灰岩，含炭粉砂质页岩
		下统	雷公坞组	上段	49.22	冰成砂砾泥岩，含砂泥岩、泥砾岩
				中段	21.18	含铁锰质白云质灰岩、含炭页岩
				下段	10.68	冰成含砾砂岩
			志棠组	上段	118.89	板岩、凝灰质板岩，夹假鲕状凝灰质板岩，底部变质砂砾岩
				中段	2030.31	板岩、凝灰质板岩，夹假鲕状凝灰质板岩，底部变质砂砾岩
				下段	1282.29	板岩、凝灰质板岩，夹假鲕状凝灰质板岩，底部变质砂砾岩
	前震旦系	上野群			>801.99	变质杂砾岩，变中基性—中酸性火山岩或变火山角砾岩，变细碧—角斑岩或变火山碎屑岩
		浮溪群			1049.77	板岩、凝灰质板岩，变砂岩砾岩，夹变凝灰质砂岩
		双桥山群	东坑组	上段	>429.35	板岩、凝灰质板岩、千枚岩，夹含钙质、白云质粉砂岩透镜体
				下段	1149.93	绢云母千枚岩、凝灰质千枚岩、板岩夹变质沉凝灰岩
			镇桥组		110.11	变质泥砾岩、变质砂砾泥岩、凝灰质千枚岩
			杜村组	上段	764.62	绢云母千枚岩、凝灰质、砂质千枚岩夹少量变中基性—中酸性古火山岩
				下段	>746.25	凝灰质千枚岩，变质沉凝灰岩夹多层变古火山岩

2.3.3　区域构造

德兴铜矿矿床位于赣东北地区，大地构造位置位于江南造山带东段，北面是扬子板块，南面是华南褶皱系，处于我国东部和华南的几个主要构造板块的交汇衔接区，华北板块、秦岭—大别山造山带、扬子板块都在安徽庐江—浙江江山之间的皖赣浙地区，呈明显的变窄收敛形态并相互接界。

赣东北深大断裂带是德兴地区地质构造的重要单元及控制因素之一(朱训，1983)，对区域构造演化、岩浆活动和成矿作用具有特别重要的控制意义。矿床处于德兴斑岩铜矿田的中间位置，它的形成过程和燕山期的花岗闪长斑岩的形成有关(余清仔，1984)。矿区矿体的产状与斑岩岩株基本一致，主要分布于岩体顶端，还分布于浅埋部内外接触带中(余清仔，1998)。

此外，矿区断裂构造发育，断层纵横交错，裂隙密集成带，岩体、岩脉、矿脉的展布也标志着一定的构造形迹。根据结构面的力学性质及配套关系，结合区域构造体系分析，矿区各构造形迹主要归属于东西向构造体系与新华夏构造体系，其次有华夏构造体系与北西向构造带(姚劲松，2005)。结构面具有明显挤压特点，断面呈舒缓波状，有时呈现出斜冲擦痕。断裂带内岩石由于强烈挤压作用形成一系列平行斜列的构造透镜体，围绕透镜体常见片状矿物或片理化，有的甚至出现糜棱片岩化。断裂旁侧可见次级平行的挤压性断面、入字型分枝断裂、拖曳褶皱及旋卷构造。

2.3.4 水文地质条件

矿区主要有三种含水层：第四系残坡积和冲洪积层、基岩风化带含水层、构造裂隙或断裂含水带(余清仔，1997)。

1)第四系残坡积和冲洪积层

第四系残坡积和冲洪积层主要由坡积物、河流冲积物所组成，其组分为各类矿、岩风化后经机械搬迁的沉积碎屑砾石、砂土等。砾石大小不一，分选性差，多呈次圆状，其间混有大量砂、粉砂、黏土等，除局部受铁、硅质紧密胶结外，一般呈松散状。

2)基岩风化带含水层

基岩风化带含水层存在于蚀变千枚岩、硅化绢云母千枚岩及花岗闪长斑岩的风化带中，为矿区分布最广泛的含水层。矿区地下水主要赋存于强风化带中。风化带地下水位埋深一般为30m左右，随着风化层厚度变化，地下水位最深可达86.52m，最浅仅为3.15m，其规律是风化层厚者地下水位深，薄者地下水位浅，起伏变化与地形基本一致。该层的渗透系数为2.31×10^{-5}～2.36×10^{-4}cm/s，其水主要由大气降雨补给。

3)构造裂隙或断裂含水带

区域边坡岩体一般为坚硬致密的相对隔水层，但因成矿后断裂构造活动，为地下水储存、运移提供了条件，并在局部地段形成对矿床充水起一定作用的构造裂隙含水带。该层渗透系数为1.67×10^{-7}～6.94×10^{-6}cm/s。

2.3.5 地震烈度

矿区属于地震烈度较低区，地震活动不是影响边坡稳定的主要因素。根据有关数据，历史上德兴市有记载的地震均属轻微地震，并且活动频度低。

根据《中国地震动参数区划图》(GB 18306—2015)和《建筑抗震设计规范(2016年版)》(GB 50011—2010)的规定，矿区属抗震设防烈度小于Ⅵ度区，地震动峰值加速度小于0.05g，地震动反应谱特征周期值小于0.35s，属于相对稳定区域。

根据《岩土工程勘察规范(2009年版)》(GB 50021—2001)和《滑坡防治工程设计与施工技术规范》(DZ/T 0219—2006)相关规定，边坡稳定性分析时可不考虑地震的影响。

2.4　人类工程活动

2.4.1　采矿爆破振动

1. 爆破振动速度与振动加速度经验关系式

根据国内矿山以往现场测震经验，结合德兴铜矿生产爆破现状和矿岩实际条件，采用工程类比方法综合考虑爆破振动对边坡稳定性的影响。

目前，在评定爆破振动效应的方法中，计算爆破质点振动速度的经验公式很多。应用最为广泛和有效的是苏联的萨道夫斯基(1986)提出的经验公式，如式(2.1)所示。

$$V=K\left\{\frac{Q^{1/3}}{R}\right\}^{\alpha} \tag{2.1}$$

式中：V为岩土质点最大振动速度(cm/s)；K为系数，取决于岩石性质、爆破参数和爆破方法等；R为测点至爆破中心的距离(m)；Q为爆破药量，分段爆破时为最大一段药量(kg)；α为衰减系数。

以萨道夫斯基经验公式为基础，结合德兴铜矿生产实际，采用工程类比方法建立的振动速度经验关系为

$$V=104.32\left(\frac{\sqrt[3]{Q}}{R}\right)^{1.834} \tag{2.2}$$

爆破地震波在弹性的均质介质中传播时，可假定质点作简谐运动，质点位移可用式(2.3)表示。

$$X=A\sin\omega t \tag{2.3}$$

质点振动速度可表示为

$$V=\frac{\mathrm{d}X}{\mathrm{d}t}=\omega A\sin\left(\omega t+\frac{\pi}{2}\right) \tag{2.4}$$

振动加速度可表示为

$$\alpha=\frac{\mathrm{d}X^2}{\mathrm{d}t^2}=\omega^2A\sin(\omega t+\pi) \tag{2.5}$$

式中：A为质点运动的最大位移，即振幅；ω为圆频率，$\omega=2\pi f$；f为振动频率。

由上述关系式可知，爆破振动速度与加速度之间存在如下关系。

$$a=2\pi fV \tag{2.6}$$

由于杨桃坞-10m至50m台阶已经发生了滑塌，并且存在局部不稳定的隐患，铜矿生产部门对爆破速度进行了控制，根据相关要求最大爆破速度不宜大于5cm/s。

根据工程类比，爆破主震相振动频率f取7Hz，可以得到振动加速度为

$$a = 2 \times 3.14 \times 7 \times 104.32 \times \left(\frac{\sqrt[3]{Q}}{R}\right)^{1.834} = 219.8\text{cm/s}^2 \tag{2.7}$$

相对振动加速度可以表示为如下形式。

$$a_g = \frac{a}{g} = 4.68\left(\frac{\sqrt[3]{Q}}{R}\right)^{1.834} = 0.224 \tag{2.8}$$

式中：g为重力加速度，$g = 980\text{cm/s}^2$。

2. 爆破地震影响系数的确定

振动加速度是一种动态量，在进行边坡稳定性分析时，宜将它转化成等效静载参与计算，目前一般采用综合爆破地震影响系数K_c将爆破振动加速度转化成稳定性分析所需的等效静载(黎剑华 等，2001)。K_c可按式(2.9)计算。

$$K_c = \beta \cdot a_g \tag{2.9}$$

式中：β为爆破动力折算系数，对于岩质边坡工程，β值在0.1～0.25范围内变化。

针对德兴铜矿实际情况，并参照国内外同类矿山经验，取$\beta = 0.175$。根据振动加速度计算结果，可得等效振动加速度系数为0.0392。

2.4.2 车辆荷载

重型电动轮自卸车是现代矿山企业重要的运输设备，德兴铜矿拥有进口电动轮自卸车百余辆。重型电动轮自卸车自重、矿石自重非常大，据调查，矿区最大型车辆在满载条件下可达到400吨，车辆荷载垂直方向作用面积参考值为25m²。自卸卡车进入矿区时，矿山边坡台阶受到集中荷载的影响，因此，在边坡稳定性分析时，需要考虑车辆荷载的影响。

在实际工作中，除静态矿石重力和车厢自重外，由于车辆颠簸行驶、转弯、紧急刹车等运行环境，还要承受各种惯性荷载(孙士平 等，2010；韩流 等，2011)。杨官涛(2011)在考察露天矿山边坡在车辆动荷载运行作用情况的基础上，进行了车辆荷载作用下矿山边坡台阶力学行为响应研究。较满载和超载的情况，空载条件下车辆的垂直振动加速度随行车速度的增加而增大的幅度较大。当速度为30km/h时，垂直振动加速度为1.2m/s²；当速度为60km/h时，垂直振动加速度变为1.8m/s²。此外，在速度一定的情况下，空载与超载的垂直振动加速度大于满载。以30km/h速度为例分析：空载条件下车辆垂直加速度为1.2m/s²，超载条件下车辆垂直加速度为1.0m/s²，而满载条件下车辆垂直加速度为0.8m/s²。为安全起见，本研究在考虑电动轮荷载作用时，采用了1.2m/s²

的垂直振动加速度，垂直方向的车辆荷载计算如下。

$$P=\frac{m_{总}g}{S}a=192(\mathrm{kPa}) \tag{2.10}$$

式中：$m_{总}$为车辆满载重量(t)；S 为车辆荷载作用面积($\mathrm{m^2}$)；a 为车辆垂直加速度($\mathrm{m/s^2}$)。

第3章　杨桃坞边坡岩体结构特征

根据矿山边坡稳定性评价的需要，制定了周密的杨桃坞边坡工程地质调查方案，重点对杨桃坞边坡的工程概况、地层岩性与地质构造演化过程、结构面发育特征、岩石物理力学性质、水文地质条件与工程地质分区等开展系统、详细的现场调查研究，为开展边坡稳定性评价提供了基础。

3.1　工程概况

本次调查范围为位于采场南面的杨桃坞－10～110m台阶边坡。杨桃坞边坡岩体的揭露状况和调查条件如下所述。

位于－10～50m高程的台阶边坡(简称－10m组合台阶边坡，见图3.1)，开挖形成时间相对较短，表面岩石风化程度一般，属于弱风化至微风化，岩石表面裂隙发育，经雨水冲刷，边坡表面干净，岩体构造出露清晰，节理清晰可见。

图3.1　－10m组合台阶边坡全貌

位于50～110m高程的台阶边坡(简称50m组合台阶边坡，见图3.2)，由于开挖形成时间较长，表面岩石总体风化程度较强，处于中风化至弱风化，局部出现背斜构造，褶皱轴与台阶边坡坡面大角度斜交。

图 3.2　50m 组合台阶边坡全貌

在本次调查前，随着固定泵站地基的开挖，－10m 组合台阶边坡曾发生较大规模的滑塌事件，滑塌面积达 $2486m^2$，滑体达 $6750m^3$。为确保固定泵站的安全运营，需对－10m 平台的台阶边坡进行稳定性评价。杨桃坞 50m 平台至 140m 平台外缘设置了永久性输水管路，为确保永久性输水管路安全运营，同时为确保 50m 台阶边坡稳定不对－10m 台阶边坡、蓄水池和泵站的安全性构成威胁，需对 50m 平台台阶边坡稳定性进行评价研究。杨桃坞边坡主要受北西向的断层控制，容易产生台阶边坡顺坡向平面滑移破坏。因此，在进行边坡稳定性分析与评价时，要重点分析控制性断层对边坡稳定性的影响，从结构面与边坡的位置关系、规模大小出发，建立准确的边坡稳定性评价模型。不能简单地认为边坡受岩体质量的控制，进而依据弧形破坏模式建立台阶边坡稳定性分析的评价模型。

3.2　地层岩性与地质构造演化过程

3.2.1　地层岩性

根据本次地质调查结果，在德兴铜矿杨桃坞区段边坡范围内所分布的地层岩性自上而下有第四系残坡积层和滑坡堆积层、双桥山群东坑组千枚岩组、双桥山群东坑组板岩组和－10m 台阶滑坡残留堆积体。

(1)第四系残坡积层和滑坡堆积层：主要分布于场地表层，主要由强风化千枚岩碎块和黄色、红色亚黏土组成，结构松散。

(2)双桥山群东坑组千枚岩组：灰、灰绿色，质地致密，千枚理发育，千枚理之间具有丝绢光泽，主要由绢云母千枚岩、绿泥石绢云母千枚岩和硅化绢云母千枚岩组成。风化程度自表层至深部，由强至中风化，其中强风化厚度一般小于10m。岩体节理发育，平台坡面优势节理2～3组，节理间距最小为5cm，最大为120cm，一般为30cm左右。部分节理含硅质、钙质和金属硫化物充填。岩体主要呈层状、千枚状、碎裂状结构。

(3)双桥山群东坑组板岩组：灰至浅灰色，质地致密，板状构造，板理发育，变质程度较浅，基本没有重结晶，原岩为硅质灰岩，中风化，岩体强度较高，板状劈理之间的厚度为30～90cm。部分板理面含钙质充填物。岩体主要呈厚层状结构。

(4) -10m台阶滑坡残留堆积体：褐色、灰色、灰绿色，主要由块石、碎石及少量黏性土组成，块石母岩为板岩，碎石母岩为千枚岩，粒径一般为5～80cm，棱角状，局部存在体积较大的块石，其母岩为板岩，板理清晰可见。

3.2.2 地质构造演化过程

经区域地质资料收集及野外调研可知，杨桃坞边坡区域的构造演化过程大致可分为以下六个阶段。

第一阶段：原海相沉积灰岩平行层理，为灰岩层内部的成层性特征，是沉积物沉积时形成的。此阶段为原始沉积构造，如图3.3所示。

图3.3 灰岩平行层理示意图

第二阶段：灰岩层理经变质作用形成板理、千枚理阶段，此阶段形成的板岩和千枚岩是区域变质作用得到的低级产物，主要受应力作用的影响形成。灰岩受到构造压力后，组成灰岩的矿物发生重结晶作用，使得矿物向压力较小的那个方向延伸生长，造成定向排列，变质程度低的形成板理、变质程度高的形成千枚理。此阶段示意图如图3.4所示。

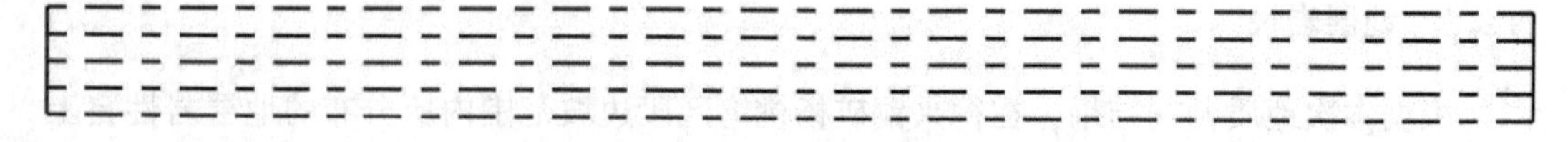

图3.4 灰岩板理、千枚理化过程示意图

第三阶段：在垂直板理、千枚理的构造应力作用下，板岩或千枚岩按一定方向分割成平行密集的薄板或薄片，在成岩和结晶之后经过变形和变质作用形成劈理，板理、千枚理劈理化。由于板理和千枚理性质的差异，部分沿着板理、千枚理面形成断层，如图3.5所示。

图3.5 板岩、千枚岩劈理化过程示意图

第四阶段：在平行板理、千枚理方向构造应力作用下，因受力而发生弯曲，形成一翼宽、另一翼窄的不对称型舒缓褶皱(图3.6)。在形成舒缓褶皱的同时，追踪断层沿一翼或另一翼的断层可形成次生断裂。

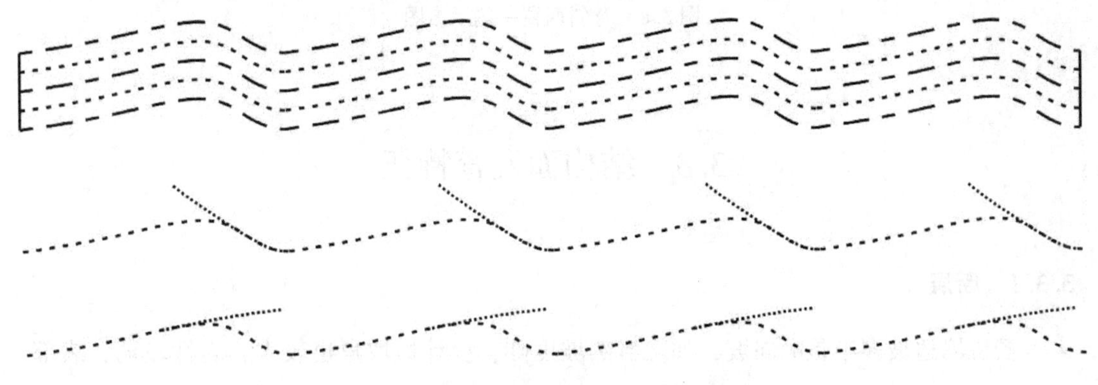

图3.6 舒缓型褶皱形成过程示意图

第五阶段：上述构造整体发生抬升，受构造作用隆升形成背斜(图3.7)。抬升的成因机制可能由于基底的断块隆升引起盖层的弯曲；可能由于结构面重力上浮的底辟作用引起上覆地层的弯曲；也有可能是因为岩浆上涌作用所引起的。

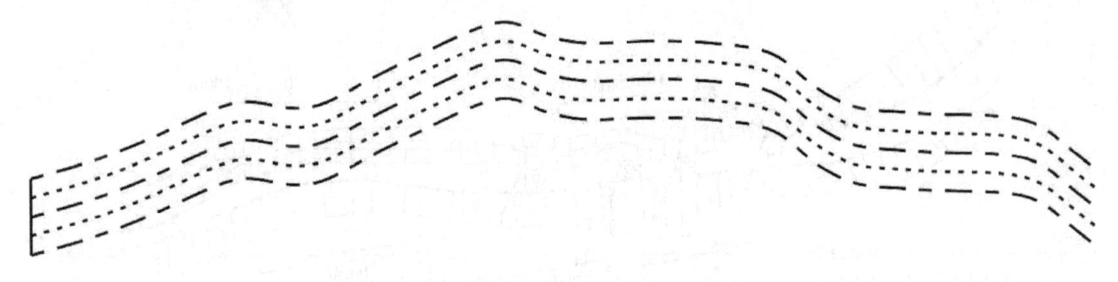

图3.7 整体抬升形成背斜示意图

第六阶段：经区域地质调查和野外调研发现，杨桃坞边坡部位位于背斜西翼一侧的部分(图3.8)，缓坡长、陡坡短，沿陡坡追踪次生断层明显，发现的次生断层基本都沿陡坡发育地带分布。

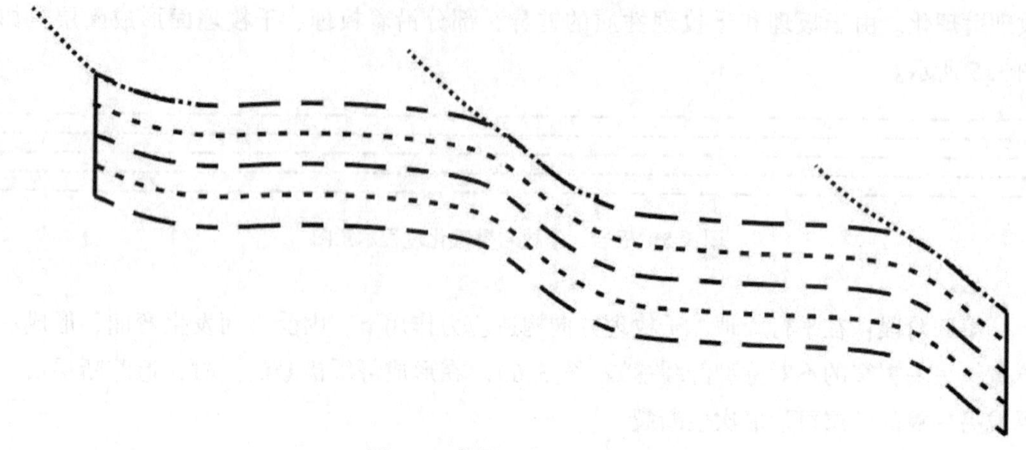

图 3.8　背斜西翼一侧示意图

3.3　结构面发育特征

3.3.1　断层

杨桃坞边坡多半是顺向坡，加之自然坡度陡，设计边坡角也较大，岩性较弱，表部又属风化带，若在采掘过程中遇到这组断裂同其他断裂构造面或节理面交切形成一定规模的块体，则可对边坡的稳定性造成危害。

根据现场调查，在杨桃坞边坡共发现 6 条断层，具体位置如图 3.9 所示。

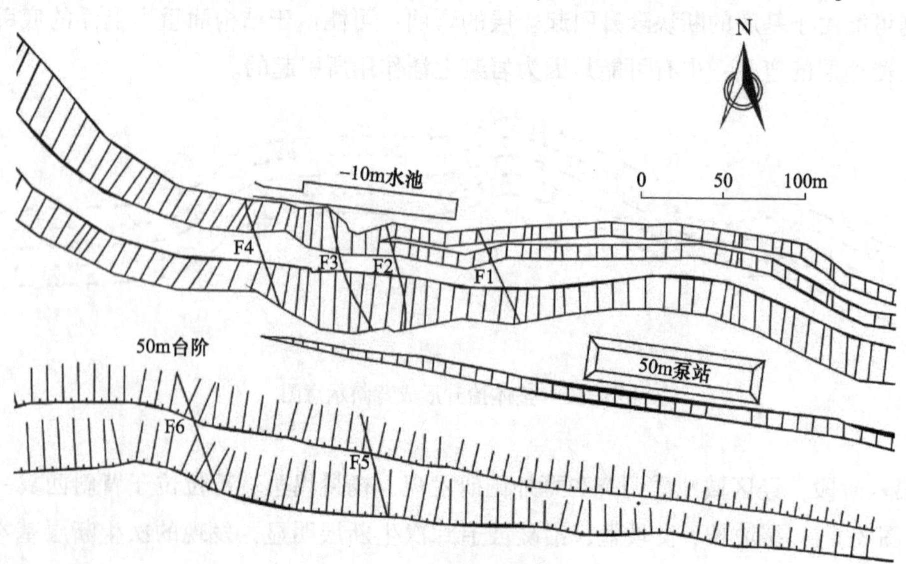

图 3.9　杨桃坞边坡调查断层分布图

按断层走向分类，杨桃坞边坡断层主要沿北北西(NNW)发育(见表3.1)，倾向325°～350°，倾角40°～63°。断层多为压扭性断层，同一断层的产状有的变化较大，各断层几乎平行出露，断层间相距较远，相互间没有相交。

表3.1　杨桃坞断层汇总表

断层编号	倾角/(°)	倾向/(°)	走向	出露位置
F1	63	325	NNW	-10m平台东侧
F2	40～57	340～350	NNW	-10m平台中部
F3	40～57	340～350	NNW	-10m平台中部
F4	40～53	345～348	NNW	-10m平台西侧
F5	62	345	NNW	50m平台东侧
F6	41	333	NNW	50m平台西侧

具体断层描述和照片如下所示。

(1)F1断层(图3.10)：断层产状为325°∠63°，表面粗糙，变质程度一般，节理发育，板理沿着断层追踪展布，断层被钙质、硅质和黄铁矿化物质充填，岩体结构较破碎，与边坡坡面大角度相交。

图3.10　F1断层照片

(2)F2断层(图3.11)：35m下段产状为345°∠43°，35m上段产状为347°∠53°，沿走向和倾向均为舒缓波状，表面光滑，位于-10m平台滑坡后缘。岩体表面呈红褐色，变质作用强烈，千枚理发育，厚度较薄，约0.2～1.0cm，出露岩石表面粗糙度起伏小，底部可见小的凹坑，局部出现较陡坡形，表面覆盖一层红褐色氧化铁。

图 3.11　F2 断层照片

(3) F3 断层(图 3.12)：21m 下段产状为 347°∠53°，21m 上段产状为 345°∠43°，沿走向和倾向均为舒缓波状。岩体表面呈红褐色，变质作用强烈，千枚理发育，厚度较薄，约 0.3～0.8cm。东侧断层边界有地下水渗出，水头高度大于 25m，断层底部有少量积水。出露岩石表面粗糙度起伏小，底部可见小的凹坑，断层 6m 处发现小的偏转，距 -10m 台阶东坡断层 10m 处有一小型断层出露，出露面积约 20m²，局部出现较陡坡形，表面覆盖一层红褐色氧化铁，断层面岩体多被垂直节理切割，垂直节理为 103°∠86°。

图 3.12　F3 断层照片

(4)F4断层(图3.13)：6m下段产状为340°∠40°；6m上段倾向为346°～350°，倾角为42°～53°，沿走向和倾向均为舒缓波状，表面光滑，连通性好，贯穿整个边坡，变质作用强烈，千枚理发育。断层面上可见钙质胶结，胶结程度为20%～30%，呈红褐色，硬度大，与灰岩相当。断层局部有滑动破坏形成的凹槽，整体平直、粗糙起伏程度较小，其倾角与边坡坡角相近，对边坡稳定产生不利影响。

图3.13　F4断层照片

(5)F5断层(图3.14)：产状为345°∠62°，位于东侧的50m平台上，变质作用强烈，板理发育。出露岩石表面粗糙程度起伏小，露头良好，整体裂隙发育，岩体结构破碎，特别是有一组倾向坡外的破碎节理产状为40°∠76°。挤压带内外强烈千枚理化和揉皱，断面可见阶步、透镜体和擦痕。

图3.14　F5断层照片

(6)F6 断层(图3.15)：产状为333°∠41°，表面光滑，沿走向和倾向均为舒缓波状，雨天有水流出，位于西侧的50m平台上。露头良好，整体裂隙发育，岩体结构破碎。挤压带内外强烈千枚理化和揉皱，断面可见阶步、透镜体和擦痕。

图3.15　F6 断层照片

3.3.2　节理

研究区经过多次构造变动，基岩中节理相当发育，节理分布主要受断层控制，这些节理影响了边坡岩体力学性质和边坡的稳定性。本次工作对杨桃坞 -10m 至 110m 台阶边坡区段的重点部位进行了节理统计调查。在调查范围内，发育一组贯穿组合台阶的节理 J1，规模为 5 ～20m，节理的优势产状为103°∠86°。此外，为了进行小规模结构面调查，分别在 -10m 台阶边坡、50m 台阶边坡设置了两条结构面统计测量线。

1. -10m 组合台阶边坡节理统计

布置测线与 -10m 组合台阶边坡的走向一致，测线的倾伏向为106°，倾伏角为2°，测量长度为16.16m，测线布置如图3.16(白色线条)所示。

2. 50m 组合台阶边坡节理统计

布置测线与50m 组合台阶边坡的走向一致，测线的倾伏向为100°，倾伏角为1°，测量长度为9.45cm，测线布置如图3.17(白色线条)所示。

图3.16　－10m组合台阶边坡节理测量测线布置

图3.17　50m组合台阶边坡节理测量测线布置

3. 边坡节理测量统计规律分析

由图3.18可知，杨桃坞边坡发育走向呈正北至北北东方向展布的节理，节理与组合台阶边坡坡面近乎垂直，同时，还发育走向呈正西方向展布的节理，与边坡坡面近似平行，是边坡岩体板理化、劈理化过程的产物。由图3.19可知，节理的倾角基本呈正态分布，主要分布在50°～90°之间，倾角大于60°以上的居多。采用施密特分布等间距上半球投影网绘制结构面极点等密度图，如图3.20所示。由图3.20可知，杨桃坞边坡发育有三组结构面J2、J3、J4。其中，J2节理的优势产状为281°∠69°，J3节理的优势产状为94°∠65°，J4节理的优势产状为354°∠76°。

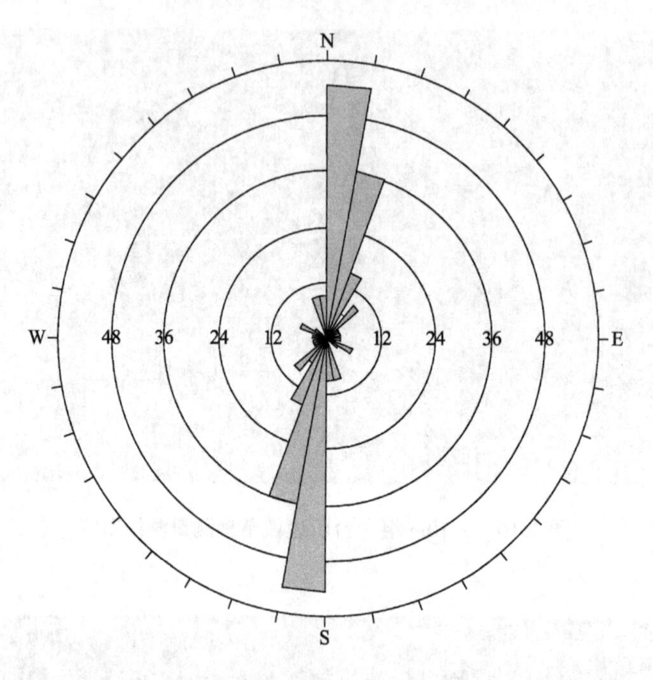

图 3. 18　杨桃坞边坡节理走向玫瑰花图

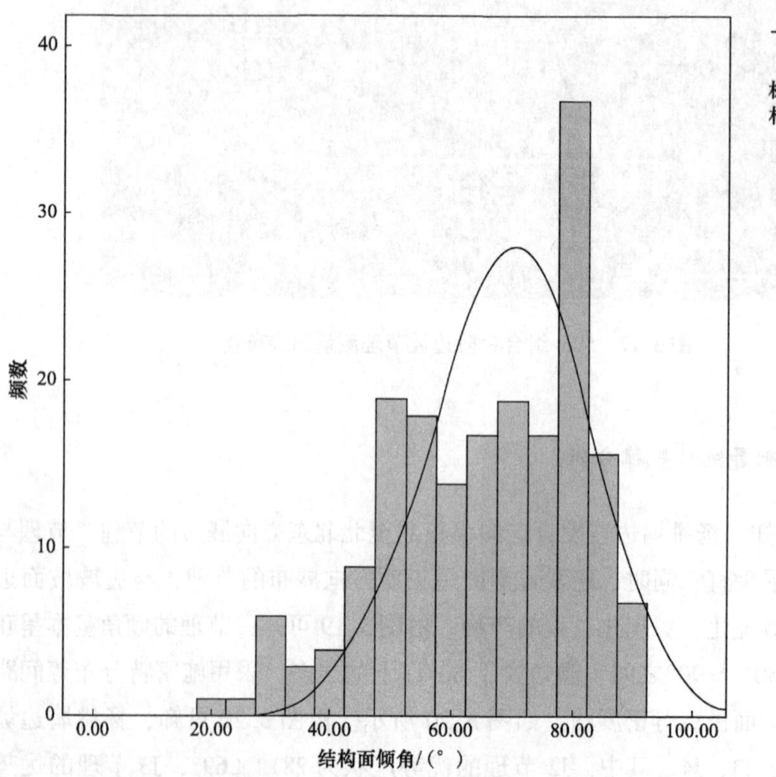

图 3. 19　杨桃坞边坡节理结构面倾角-频数图

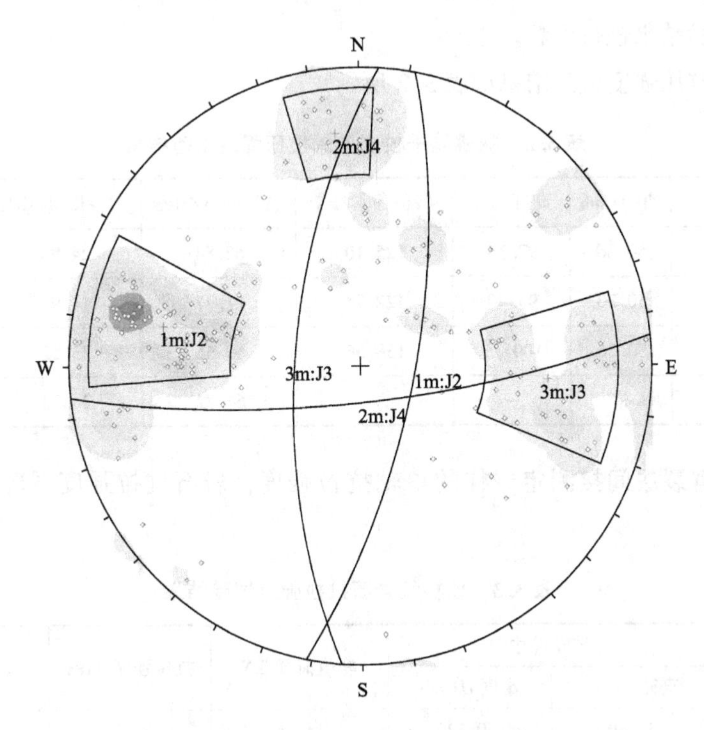

图3.20　杨桃坞边坡节理极点等密度图

通过上述－10m组合台阶边坡、50m组合台阶边坡的节理统计发现有如下规律。

(1)杨桃坞边坡节理发育程度更高，节理的线密度为21.33条/m。边坡从下至上，节理的发育数量呈逐渐减少的趋势。

(2)杨桃坞边坡节理倾角基本呈正态分布，节理倾角大于60°的居多。

(3)走向呈正北至北北东方向展布的节理发育，节理面与边坡坡面大角度相交，对边坡稳定性影响主要体现在作为边坡发生变形破坏的割离边界。

(4)发育走向呈正西方向展布的节理，与边坡坡面近似平行，是边坡岩体板理化、劈理化过程的产物，与相同成因形成的断层对边坡稳定性控制程度相比，后者才是边坡稳定性的决定因素，而节理起到加剧岩体破碎程度的作用。

3.4　岩石物理力学性质

岩石力学参数的试验研究是矿山边坡稳定性分析课题的基础性研究工作。依据《铜厂矿区开采阶段边坡稳定性评价及防治方案研究》报告，测定杨桃坞边坡的岩石单轴抗压强度、抗拉强度和岩石剪切力学参数值，岩石弹性模量、泊松比和节理面剪切力学参数值，并将试验结果进行汇总。

岩石单轴抗压强度试验结果如表 3.2 所示。

表 3.2　杨桃坞千枚岩单轴抗压强度试验结果

试件编号	直径/mm	高度/mm	峰值荷载/kN	抗压强度/MPa	弹性模量/GPa	泊松比
YTW - 1	50.36	97.34	125.10	62.84	24.96	0.18
YTW - 2	50.30	95.40	122.75	61.77	14.91	0.15
YTW - 3	50.36	100.76	138.56	69.56	33.12	0.22
平均值	—	—	—	64.72	24.33	0.18

采用巴西劈裂法间接测定岩样的单轴抗拉强度，岩石抗拉强度试验结果如表 3.3 所示。

表 3.3　杨桃坞岩石抗拉强度试验结果

试样编号	试样尺寸		峰值荷载/kN	抗拉强度/MPa	平均值/MPa
	直径 D/mm	高度 H/mm			
YTW - 1	50.40	50.12	15.36	3.87	3.37
YTW - 2	50.30	50.60	11.78	2.95	
YTW - 3	50.40	51.62	13.43	3.29	

采用变角度的倾斜压模剪切试验法测定岩石的剪切强度，对数据进行处理后得到各试件破坏时的正应力、剪应力及各组试验抗剪强度参数值见表 3.4。

表 3.4　岩石抗剪强度试验结果

试件编号	试件尺寸 $a \times b \times c$/(mm × mm × mm)	剪切角/(°)	峰值荷载/kN	正应力/MPa	剪应力/MPa	黏聚力/MPa	内摩擦角/(°)
YTW - 1	50.32 × 49.42 × 51.72	45	93.44	25.85	25.85	6.12	43.29
YTW - 2	50.92 × 49.00 × 50.40	60	84.62	17.13	29.67		
YTW - 3	50.52 × 50.60 × 52.24	65	27.30	4.51	9.68		
YTW - 4	52.48 × 51.98 × 50.12	70	16.87	2.21	6.08		

注：带下划线的数字乘积为剪切面面积。

千枚岩结构面直剪试验结果如表 3.5 所示。从计算结果来看，每组试样的抗剪强度仅仅通过 3 个不同节理面的法向应力与剪切应力线性拟合获得，计算得到的抗剪强度参数具有很大的差异性。YTW - 1 与 YTW - 2 相比，结构面黏聚力增大了约 58%；YTW - 2 与 YTW - 3 相比，结构面内摩擦角增大了约 29%。

表 3.5　千枚岩结构面直剪试验结果

试件编号	剪切面面积/mm^2	法向应力/MPa	剪应力/MPa	黏聚力/MPa	内摩擦角/(°)	相关系数 R
YTW - 1	4864	5.14	3.52	0.543	28.84	0.996
		10.28	5.91			
		15.42	9.18			
YTW - 2	9586	2.61	1.92	0.343	36.61	0.949
		5.22	4.95			
		7.82	5.79			
YTW - 3	6880	3.63	2.32	0.471	28.46	0.995
		7.27	4.65			
		10.9	6.26			
平均值				0.452	31.3	

3.5　水文地质条件与工程地质分区

3.5.1　水文地质条件

基岩风化带裂隙含水层是杨桃坞边坡分布最广的含水层。地下水主要存于强风化带、坡面破碎带中。由于台阶边坡发育多组节理，节理交错，边坡岩石受到了不同程度切割破碎，为地下水的贮存、运移提供了空间和通道。德兴铜矿采区在春夏季 3～7 月，暴雨天气较多，雨水集中，对基岩风化带含水层进行补给。如图 3.21 所示，两个晴天后，杨桃坞 -10m 平台西侧台阶边坡中沿千枚理形成的断层面出现渗水现象。

同样的，在杨桃坞 50m 平台台阶边坡中也观察到了明显的渗水现象，如图 3.22 所示。

调查发现，受裂隙水影响的区域主要集中在靠近台阶边坡坡脚的区域，影响范围大致为 9～12m。裂隙水是滑坡形成的触发因素，它的作用主要表现在软化岩体强度，产生动水压力和孔隙水压力，对岩层产生增大下滑力、减小抗滑力的作用(黄华，2000)。

杨桃坞台阶边坡裂隙发育，季节性强降雨(特别是台风暴雨)对地下水的分布有较大影响，因此，在进行边坡稳定性分析时需要考虑裂隙水的作用。

(a) 整体

(b) 局部

图 3.21 －10m 边坡岩体中断层面渗水现象

(a) 整体

(b) 局部

图 3.22　50m 组合台阶边坡岩体中沿千枚理形成的断层面渗水现象

3.5.2 工程地质分区

通过调查德兴铜矿露天矿杨桃坞边坡的工程地质条件发现，杨桃坞区段边坡出露断层主要为倾向北西的断层，分布均匀，节理主要受断层控制，分布特征总体上较均匀。但是，该研究区内存在岩性的明显变化，边坡东侧出露岩性主要为板岩，板理普遍发育，而西侧出露岩性为千枚岩，千枚理普遍发育。因此，整个矿区边坡可划分为两个工程地质分区，工程地质分区编号分别为Ⅰ-DXTY-RK-DX-SR-JX、Ⅱ-DXTY-RK-DX-SR-JX。

第 4 章　杨桃坞多级边坡稳定性分级分析

按照结构面空间位置与边坡部位的匹配性、结构面规模与边坡规模的匹配性，分层次对德兴铜矿杨桃坞总体边坡、组合台阶边坡、台阶边坡进行整体稳定性分析和局部稳定性分析。分级分析确定的潜在滑移面及其潜在滑移方向，可以为杨桃坞边坡岩体结构面抗剪强度参数精细取值定准客观真实的取样对象；分级分析确定的潜在破坏模型，可为杨桃坞边坡岩体稳定性等精度评价提供客观真实的计算模型。

4.1　边坡工程特征

4.1.1　第一级边坡：总体边坡

杨桃坞总体边坡(见图 4.1)位于矿区采场南侧，总体边坡近东西走向，倾向北。边坡高度 290m，宽度 210m，坡向 10°，坡角 30°。

图 4.1　杨桃坞总体边坡

边坡主要出露变质岩，变质程度不均匀。整体节理极为发育，为破碎岩体。边坡范围内发现有 6 条未贯穿整个边坡的断层：断层 F1 产状 325°∠63°，钙质、硅质和黄铁矿化物质充填；断层 F2 产状 340° ～350°∠40° ～57°，无充填；断层 F3 产状 340°～

350°∠40°～57°，无充填；断层 F4 产状 345°～348°∠40°～53°，无充填；断层 F5 产状 345°∠62°，无充填；断层 F6 产状 333°∠41°，碎石充填。一条贯穿整个边坡的断层，断层 F7 产状 346°∠43°，碎石充填。

采矿场开采形成了每级约 30m 高的平台十余级，各级平台宽度不一，部分平台作为开采区临时行车路面，边坡局部长期(或短期)受水浸泡，坡面长有苔藓。整体边坡裸露，仅在局部微地形碎石堆积处生长少量草类植物。

德兴铜矿边坡岩体结构面发育特征如表 4.1 所示。

表 4.1 德兴铜矿边坡岩体结构面发育特征

编号	类型	产状	规模/m	匹配关系	位置
F1	断层	325°∠63°	72	贯穿台阶边坡	-10m 组合台阶边坡
F2	断层	340°～350°∠40°～57°	107.5	贯穿台阶边坡	-10m 组合台阶边坡
F3	断层	340°～350°∠40°～57°	83.5	贯穿台阶边坡	-10m 组合台阶边坡
F4	断层	344°～348°∠40°～53°	92	贯穿台阶边坡	-10m 组合台阶边坡
F5	断层	345°∠62°	76	贯穿台阶边坡	50m 组合台阶边坡
F6	断层	333°∠41°	70	贯穿台阶边坡	50m 组合台阶边坡
F7	断层	346°∠43°	600	贯穿总体边坡	总体边坡
J1	节理	103°∠86°	5～20	贯穿台阶边坡	-10m、50m 组合台阶边坡
J2	节理	281°∠69°	2～3	非贯穿台阶边坡	-10m、50m 组合台阶边坡
J3	节理	94°∠65°	1.8～3.3	非贯穿台阶边坡	-10m、50m 组合台阶边坡
J4	节理	354°∠76°	1～2	非贯穿台阶边坡	-10m、50m 组合台阶边坡

4.1.2 第二级边坡：组合台阶边坡

1. -10m 组合台阶边坡

-10m 组合台阶边坡位于杨桃坞总体边坡周界内的 -10m 平台到 50m 平台之间，坡角为 47°～52°，宽度约 253m，见图 4.2。开采所形成的 20m 平台将 -10m 组合台阶边坡分为上下两段，上段坡角 52°～59°，下段坡角 51°～53°。-10m 台阶边坡东侧边坡倾向为 6°，中部边坡倾向为 350°，西侧边坡倾向为 16°。边坡主要出露不同变质程度的板岩、千枚岩，边坡范围内发育有 4 条断层(断层 F1、断层 F2、断层 F3、断层 F4)，存在 3 组节理(节理 J1、节理 J2、节理 J3)，边坡岩体结构面发育情况见表 4.1。其中，节理 J1 的产状为 103°∠86°，节理倾向与边坡倾向交角为 87°～113°，倾向坡内，节理规模 5～20m，间距约 1.2m，无充填物；节理 J2 产状为 275°∠62°，节理倾向与边坡倾向交角为 75°～101°，倾向坡内，节理规模 2～3m，间距约 0.2m，无充填物；J3 产状为 94°∠65°，节理倾向与边坡倾向交角为 78°～104°，倾向坡内，节理规模 1.8～3.3m，间距约 1.8m，无充填物；断层 F1 产状为 325°∠63°，钙质、硅质和黄铁矿化物质充填，断层倾向与边坡倾向交角为41°，倾向坡外；断层F2产状为340°～350°∠40°～57°，断层倾向与边坡倾向交角为0°～10°，顺坡向，无充填物；断层F3产状为340°～350°∠40°～53°，断层倾向与边坡倾向交角为0°～10°，顺坡向，无充填物；断层F4产状为344°～348°∠40°～53°，断层倾向与边坡倾向交角为26°～36°，顺坡向或倾向坡外，无充填物。-10m组合台阶边坡底部靠西侧建有变电站和泵站，泵站水池沿坡脚线布置，距离坡脚2～4m，台阶边坡总体坡面裸露，无植物生长，坡面局部有水渗出。

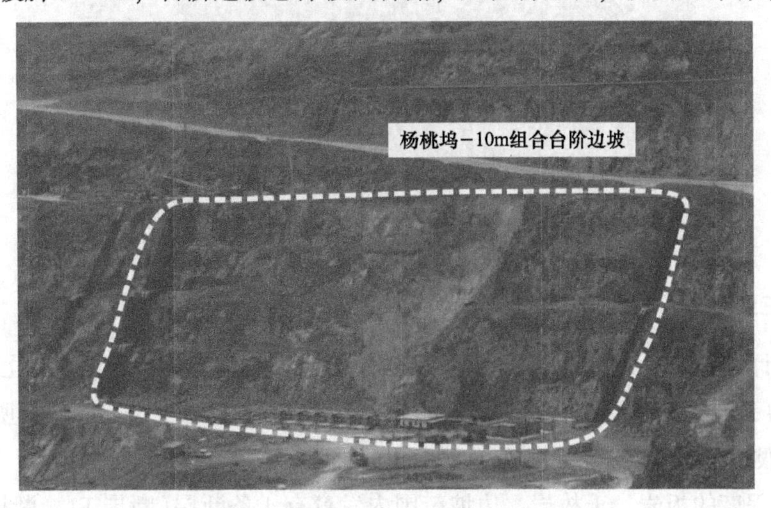

图4.2　杨桃坞-10m组合台阶边坡

2. 50m组合台阶边坡

50m组合台阶边坡位于杨桃坞总体边坡周界内的50m平台到110m平台之间，宽度约130m，高度为41～57m，见图4.3。开采形成的80m平台将边坡分为上下两段。边坡近东西走向，倾向北。边坡主要出露板岩、千枚岩，以发育节理为主，边坡范围内发育两条断层。断层F5产状为345°∠62°，断层倾向与边坡倾向交角为32°，倾向坡外，碎石充填；断层F6产状为333°∠41°，断层倾向与边坡倾向交角为37°，倾向坡外，无充填物；节理J1产状为103°∠86°，节理倾向与边坡倾向交角为86°～93°，倾向坡内，节理规模约18m，无充填物；节理J2产状为281°∠69°，节理倾向与边坡倾向交角为89°～96°，倾向坡内，节理规模1～2m，间距约0.4m，无充填物；节理J3产状为94°∠65°，节理倾向与边坡倾向交角为77°～84°，倾向坡内，节理规模1.9～3.2m，间距约1.2m，无充填物；节理J4产状为354°∠76°，节理倾向与边坡倾向交角为16°～23°，顺坡向，节理规模1.2～1.8m，间距约1.7m，无充填物。50m组合台阶边坡位于50m平台公路上方，受修路影响，边坡坡脚东高西低，东西高差约25m；坡面局部有草类生长和苔藓覆盖，总体坡面裸露。

图 4.3 杨桃坞 50m 组合台阶边坡

4.1.3 第三级边坡：台阶边坡

由矿场计划开采形成的20m平台将 -10m 组合台阶边坡分为上下两段，上部台阶边坡(UP)坡角为52°～59°，下部台阶边坡(DOWN)坡角为51°～53°，如图4.4所示。-10m台阶边坡东侧边坡倾向为6°，中部边坡倾向为350°，西侧边坡倾向为16°。边坡主要出露不同变质程度的板岩、千枚岩，边坡范围内发育有4条断层(断层F1、断层F2、断层F3、断层F4)，主要存在3组节理(节理J1、节理J2、节理J3)。

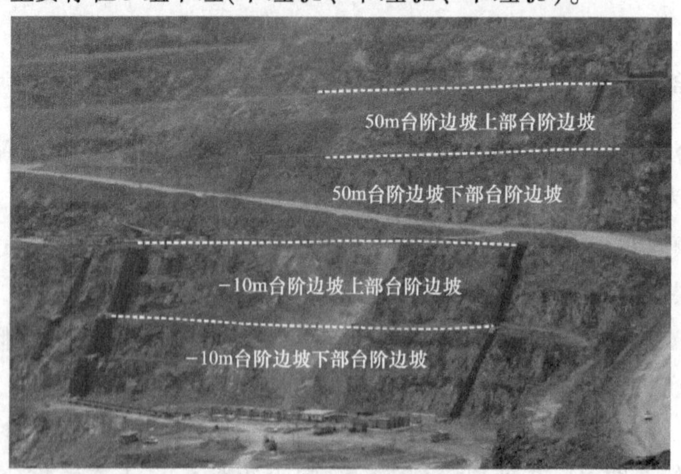

图 4.4 杨桃坞台阶边坡

由矿场计划开采形成的80m平台将50m组合台阶边坡分为上下两段，上部台阶边坡(UP)坡角为50°～52°，下部台阶边坡(DOWN)坡角为51°～58°。边坡近东西走向，倾向北。边坡主要出露板岩、千枚岩，以发育节理为主，边坡范围内发育两条断层(断层F5、断层F6)，主要存在4组节理(节理J1、节理J2、节理J3、节理J4)。

4.2 边坡分区

4.2.1 第一级分区：总体边坡分区

边坡分区原则：在同一工程地质分区内，边坡几何要素和边坡面产状基本一致并能采用同一剖面和相同的计算参数来表征的区段。依据该原则，结合矿区开采的地形特征，首先将杨桃坞边坡划分为两个组合台阶边坡，即 -10m 组合台阶边坡和 50m 组合台阶边坡。然后，将 -10m 组合台阶边坡划分为 3 个边坡分区，将 50m 组合台阶边坡划分为两个边坡分区，编号分别为 A(-10T) - Ⅰ - DXTY - RK - DX - SR - JX、B(-10T) - Ⅰ - DXTY - RK - DX - SR - JX、C(-10T) - Ⅱ - DXTY - RK - DX - SR - JX、A(50T)-Ⅰ- DXTY - RK - DX - SR - JX、B(50T) - Ⅱ - DXTY - RK - DX - SR - JX。为了方便后续边坡的描述与计算，将上述编号简化表述为 A(-10T)、B(-10T)、C(-10T)、A(50T)、B(50T)。

4.2.2 第二级分区：组合台阶边坡分区

根据边坡工程参数的变化，杨桃坞总体边坡可划分为 3 个主要部分：-10m 组合台阶边坡、50m 组合台阶边坡、110m 组合台阶边坡，如图 4.5 所示。本项目主要对杨桃坞 -10m 组合台阶边坡和 50m 组合台阶边坡的岩体工程稳定性进行研究。

图 4.5　杨桃坞组合台阶边坡分布图

1. A(-10T)组合台阶边坡

A(-10T)组合台阶边坡位于 -10m 组合台阶边坡东侧(图 4. 6)，边坡近东西走向，倾向北。该边坡总体高度 62. 2m，宽度 102m，坡向 6°，坡角 49°。由矿场计划开采形成的 20m 平台将 A(-10T)组合台阶边坡分为上下两段，上段坡角 53°，下段坡角 53°。边坡主要出露板岩，边坡范围内发育一组断层 F1，其产状为 325°∠63°，断层倾向与边坡倾向的交角为 41°，倾向坡外；存在一组近垂直节理 J1，其产状为 103°∠86°，节理倾向与边坡倾向的交角为 97°，倾向坡内，节理规模 5～12m，间距约 1. 2m，无充填物；存在一组非贯穿性节理 J2，其产状为 281°∠69°，节理倾向与边坡倾向的交角为 85°，倾向坡内，节理规模 2～3m，间距约 0. 2m，无充填物。

图 4. 6　A(-10T)组合台阶边坡照片

2. B(-10T)组合台阶边坡

B(-10T)组合台阶边坡位于 -10m 组合台阶边坡中部(图 4. 7)，边坡近东西走向，倾向北。该边坡曾发生过滑移破坏，并进行过爆破削坡处理。滑坡发生以前，原始边坡总体高度 61. 1m，宽度 35m，坡向 350°，坡角 47°。开采形成的 20m 平台将B(-10T)组合台阶边坡分为上下两段，上段坡角 52°，下段坡角 52°。边坡主要出露板岩，其变质程度较 A(-10T)组合台阶边坡高。边坡范围内发育两条断层。滑坡发生后，断层出露。其中，断层 F2 产状为 340° ～350°∠40° ～57°，断层倾向与边坡倾向的交角为 0° ～10°，顺坡向，无充填物；断层 F3 产状为 340° ～350°∠40° ～57°，断层倾向与边坡倾向的交角为 0° ～10°，顺坡向，无充填物。边坡范围内存在一组近垂直节理 J1，其产状为 103°∠86°，节理倾向与边坡倾向的交角为97°，倾向坡内，节理规模约20m，无充填物。

图4.7　B(－10T)组合台阶边坡照片

3. C(－10T)组合台阶边坡

C(－10T)组合台阶边坡位于－10m组合台阶边坡西侧(图4.8)，边坡近东西走向，倾向北。该边坡总体高度61.9m，宽度66m，坡向16°，坡角52°。开采形成的20m平台将C(－10T)组合台阶边坡分为上下两段，上段坡角59°，下段坡角51°。边坡主要出露千枚岩，以发育节理为主，边坡范围内发育两条断层。断层F3产状为340°～350°∠40°～57°，断层倾向与边坡倾向的交角为26°～36°，顺坡向或倾向坡外，无充填物；断层F4产状为344°～348°∠40°～53°，断层倾向与边坡倾向的交角为28°～31°，顺坡向，无充填物；节理J1产状为103°∠86°，节理倾向与边坡倾向的交角为87°，倾向坡内，节理规模5～12m，间距约2.2m，无充填物；节理J2产状为281°∠69°，节理倾向与边坡倾向的交角为95°，倾向坡内，节理规模2～3m，间距约0.2m，无充填物；节理J3产状为94°∠65°，节理倾向与边坡倾向的交角为78°，倾向坡内，节理规模1.8～3.3m，间距约0.8m，无充填物。

4. A(50T)组合台阶边坡

A(50T)组合台阶边坡位于50m组合台阶边坡东侧(图4.9)，边坡近东西走向，倾向北。该边坡总体平均高度41m，宽度70m，坡向17°，坡角49°。开采形成的80m平台将A(50T)组合台阶边坡分为上下两段，上段坡角50°，下段坡角58°。边坡主要出露板岩，以发育节理为主，边坡范围内发育一条断层。断层F5产状为345°∠62°，断层倾向与边坡倾向，交角为32°，倾向坡外，碎石充填；节理J2产状为281°∠69°，节理倾向与边坡倾向交角为96°，倾向坡内，节理规模2～3m，间距约0.2m，无充填物；节理J3产状为94°∠65°，节理倾向与边坡倾向交角为77°，倾向坡外，节理规模1.9～3.2m，间距约1.2m，无充填物；节理J4产状为354°∠76°，节理倾向与边坡倾向交角为23°，顺坡向，节理规模1.2～1.8m，间距约1.7m，无充填物。

图4.8　C(-10T)组合台阶边坡照片

图4.9　A(50T)组合台阶边坡照片

5. B(50T)组合台阶边坡

B(50T)组合台阶边坡位于50m组合台阶边坡西侧(图4.10)，边坡近东西走向，倾向北。该边坡总体高度57m，宽度133m，坡向10°，坡角47°。由矿场计划开采形成的80m平台将B(50T)组合台阶边坡分为上下两段，上段坡角51°，下段坡角51°。边坡主要出露板岩、千枚岩，以发育节理为主，边坡范围内发育一条断层。断层F6产状为333°∠41°，断层倾向与边坡倾向交角为37°，顺坡向，无充填物；节理J1产状为103°∠86°，节理倾向与边坡倾向交角为87°，倾向坡内，节理规模约18m，无充填物；节理J2产状为281°∠69°，节理倾向与边坡倾向交角为89°，倾向坡内，节理规模2～3m，间距约0.2m，无充填物；节理J3产状为94°∠65°，节理倾向与边坡倾向交角为84°，倾向坡内，节理规模1.9～3.2m，间距约1.2m，无充填物；节理J4产状为354°∠76°，节理倾向与边坡倾向交角为16°，顺坡向，节理规模1.2～1.8m，间距约1.7m，无充填物。

图4.10　B(50T)组合台阶边坡照片

4.2.3　第三级分区：台阶边坡分区

(1)A(－10T)组合台阶边坡位于－10m组合台阶边坡东侧，坡向6°，开采形成的20m平台将A(－10T)组合台阶边坡分为上下两段，上段坡角53°，下段坡角53°，可将其划分为上部台阶边坡A(－10T)-U和下部台阶边坡A(－10T)-D。边坡范围内存在一组近垂直节理J1，其产状为103°∠86°，节理倾向与台阶边坡A(－10T)-U、A(－10T)-D倾向交角为97°，倾向坡内，节理规模5～12m，间距约1.2m，无充填物；存在一组非贯穿性节理J2，其产状为281°∠69°，节理倾向与台阶边坡A(－10T)-U、A(－10T)-D倾向交角为85°，倾向坡内，节理规模2～3m，间距约0.2m，无充填物。

(2) B(-10T)组合台阶边坡位于 -10m 组合台阶边坡中部，坡向 350°，开采形成的 20m 平台将 B(-10T)组合台阶边坡分为上下两段，上段坡角 52°，下段坡角 52°，可将其划分为上部台阶边坡 B(-10T)-U 和下部台阶边坡 B(-10T)-D。边坡范围内存在一组近垂直节理 J1，其产状为 103°∠86°，节理倾向与台阶边坡 B(-10T)-U、B(-10T)-D 倾向交角为 97°，倾向坡内，节理规模约 20m，无充填物。

(3) C(-10T)组合台阶边坡位于 -10m 组合台阶边坡西侧，坡向 16°，开采形成的 20m 平台将 C(-10T)组合台阶边坡分为上下两段，上段坡角 59°，下段坡角 51°，可将其划分为上部台阶边坡 C(-10T)-U 和下部台阶边坡 C(-10T)-D。边坡范围内存在 3 组节理，节理 J1 产状为 103°∠86°，节理倾向与台阶边坡 C(-10T)-U、C(-10T)-D 倾向交角为 87°，倾向坡内，节理规模 5～12m，间距约 2.2m，无充填物；节理 J2 产状为 281°∠69°，节理倾向与台阶边坡 C(-10T)-U、C(-10T)-D 倾向交角为 95°，倾向坡内，节理规模 2～3m，间距约 0.2m，无充填物；节理 J3 产状为 94°∠65°，节理倾向与台阶边坡 C(-10T)-U、C(-10T)-D 倾向交角为 78°，倾向坡内，节理规模 1.8～3.3m，间距约 0.8m，无充填物。

(4) A(50T)组合台阶边坡位于 50m 组合台阶边坡东侧，坡向 17°，开采形成的 80m 平台将 A(50T)组合台阶边坡分为上下两段，上段坡角 50°，下段坡角 58°，可将其划分为上部台阶边坡 A(50T)-U 和下部台阶边坡 A(50T)-D。边坡范围内存在 3 组节理，节理 J2 产状为 281°∠69°，节理倾向与台阶边坡 A(50T)-U、A(50T)-D 倾向交角为 96°，倾向坡内，节理规模 2～3m，间距约 0.2m，无充填物；节理 J3 产状为 94°∠65°，节理倾向与台阶边坡 A(50T)-U、A(50T)-D 倾向交角为 77°，倾向坡外，节理规模 1.9～3.2m，间距约 1.2m，无充填物；节理 J4 产状为 354°∠76°，节理倾向与台阶边坡 A(50T)-U、A(50T)-D 倾向交角为 23°，顺坡向，节理规模 1.2～1.8m，间距约 1.7m，无充填物。

(5) B(50T)组合台阶边坡位于 50m 组合台阶边坡西侧，坡向 10°，开采形成的 80m 平台将 B(50T)组合台阶边坡分为上下两段，上段坡角 51°，下段坡角 51°，可将其划分为上部台阶边坡 B(50T)-U 和下部台阶边坡 B(50T)-D。边坡范围内存在 4 组节理，节理 J1 产状为 103°∠86°，节理倾向与台阶边坡 B(50T)-U、B(50T)-D 倾向交角为 87°，倾向坡内，节理规模约 18m，无充填物；节理 J2 产状为 281°∠69°，节理倾向与台阶边坡 B(50T)-U、B(50T)-D 倾向交角为 89°，倾向坡内，节理规模 2～3m，间距约 0.2m，无充填物；节理 J3 产状为 94°∠65°，节理倾向与台阶边坡 B(50T)-U、B(50T)-D 倾向交角为 84°，倾向坡外，节理规模 1.2～3.2m，间距约 1.2m，无充填物；节理 J4 产状为 354°∠76°，节理倾向与台阶边坡 B(50T)-U、B(50T)-D 倾向交角为 18°，顺坡向，节理规模 1.2～1.8m，间距约 1.7m，无充填物。

4.3 边坡稳定性分级分析原理

诸多实例、经验得出的和有关规程、规范所建议或规定的矿山边坡岩体稳定性评价多是针对总体边坡或较大一段边坡，而在工程实践中，常常需要对一些局部地段随机出现的破坏进行加固处理设计，对这类边坡稳定性评价目前尚无明确的规定(舒继森 等，2005；孙玉科 等，1988；张占锋 等，2005)。为了克服已有技术无法区分不同规模结构面对边坡稳定性影响差异性的弊端，有必要进行矿山边坡岩体稳定性分级分析。

大型露天矿山边坡岩体稳定性分级分析，是在边坡岩体结构特征进行系统、完整、详细的现场调查和精细描述基础上，按照位置匹配性原则和规模匹配性原则，分层次分析露天矿山边坡稳定性、判断露天矿山边坡破坏模式、确定露天矿山边坡破坏模型的过程(杜时贵 等，2017)。

第一级分析：总体边坡稳定性分析。根据矿山总体边坡的设计境界确定的边坡等级和规模，将边坡岩体中发育的结构面进行分级：层理、板理、千枚理、片理、贯穿结构面、非贯穿结构面及节理，规模大于等于总体边坡规模的 a 倍数的断层为贯穿结构面(贯通率系数 a 的取值范围为0.85～0.95)，规模小于总体边坡规模的 a 倍数的断层为非贯穿结构面，节理为小规模结构面。

根据矿山总体边坡的设计境界确定的边坡面倾向和倾角，与贯穿结构面的倾向和倾角一起作赤平投影图，进行矿山总体边坡的整体稳定性潜在破坏模式分析。

根据矿山总体边坡的设计境界确定的边坡面倾向和倾角，与非贯穿结构面和小规模结构面的倾向和倾角一起作赤平投影图，进行矿山总体边坡的局部稳定性潜在破坏模式分析。

第二级分析：组合台阶边坡稳定性分析。根据矿山边坡的设计境界确定可能的组合台阶边坡，并确定其等级和规模(高度和宽度)，将边坡岩体中发育的结构面进行分级：层理、板理、千枚理、片理、贯穿结构面、非贯穿结构面及节理，规模大于等于组合台阶边坡规模的 b 倍数的断层为贯穿结构面(贯通率系数 b 的取值范围为0.85～0.95)，规模小于组合台阶边坡规模的 b 倍数的断层为非贯穿结构面，节理为小规模结构面。

根据矿山组合台阶边坡的设计境界确定的边坡面倾向和倾角，与贯穿结构面的倾向和倾角一起作赤平投影图，进行矿山组合台阶边坡的整体稳定性潜在破坏模式分析。

根据矿山组合台阶边坡的设计境界确定的边坡面倾向和倾角，与非贯穿结构面和小规模结构面的倾向和倾角一起作赤平投影图，进行矿山组合台阶边坡的局部稳定性潜在破坏模式分析。

第三级分析：台阶边坡稳定性分析。根据矿山台阶边坡的设计境界确定的边坡等级和规模(高度和宽度)，将边坡岩体中发育的结构面进行分级：层理、板理、千枚理、片理、贯穿结构面、非贯穿结构面及节理，规模大于等于台阶边坡规模的 c 倍数的断层和节理为贯穿结构面(贯通率系数 c 的取值范围为 0.85～0.95)，规模小于台阶边坡规模的 c 倍数的断层为非贯穿结构面，节理为小规模结构面。

根据矿山台阶边坡的设计境界确定的边坡面倾向和倾角，与贯穿结构面的倾向和倾角一起作赤平投影图，进行矿山台阶边坡的整体稳定性潜在破坏模式分析。

根据矿山台阶边坡的设计境界确定的边坡面倾向和倾角，与非贯穿结构面和小规模结构面的倾向和倾角一起作赤平投影图，进行矿山台阶边坡的局部稳定性潜在破坏模式分析。

台阶边坡稳定性分析时，可按边坡几何性质、结构面发育特征对台阶边坡进行归类，从上往下按类选取代表性台阶边坡进行整体稳定性分析和局部稳定性分析。

4.4 第一级分析：总体边坡稳定性分析

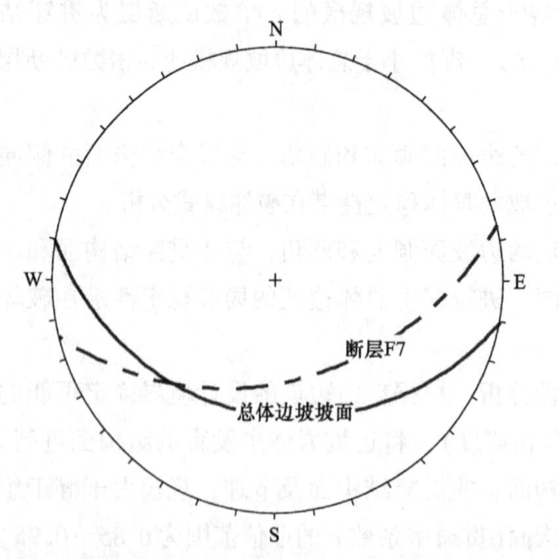

序号	线型	倾向/(°)	倾角/(°)	名称
1	——	10	30	总体边坡坡面
2	– – –	346	43	断层F7

图 4.11 杨桃坞总体边坡的赤平投影图(整体)

1. 整体稳定性分析

层面、断层等作为边坡贯穿性结构面，控制总体边坡的整体稳定性。总体边坡范围内主要发育一条沿着板理面、劈理面展布的贯穿性层面。由赤平投影图(图 4.11)可知，总体边坡的坡向为 10°，坡角为 30°；断层 F7 产状为 346°∠43°，其倾向与边坡倾向交角为 24°，顺坡向，但断层面倾角大于坡角，边坡基本稳定。因此，总体边坡的整体稳定性较好，不会沿着层面、断层发生整体破坏。

2. 局部稳定性分析

由于本次矿山边坡调查的重点在 -10m 组合台阶边坡和 50m 组合台阶边坡，并未开展总体边坡的大范围系统调查，因此没有进行总体边坡的局部稳定性分析。

4.5　第二级分析：组合台阶边坡稳定性分析

4.5.1　A(-10T)组合台阶边坡

1. 整体稳定性分析

A(-10T)组合台阶边坡范围内板理发育，其中发育一条沿着板理追踪扩展形成的贯穿性断层 F1，产状和板理的产状基本一致。与板理相比，边坡沿着断层发生破坏的可能性更大。因此，在进行赤平投影分析时，用断层代表与之产状特征基本相同的板理。在组合台阶边坡 A(-10T)范围内还发育一组垂直节理 J1。从赤平投影图(图 4.12)可见，A(-10T)组合台阶边坡坡向为 6°，坡角为 49°；断层 F1 产状为 325°∠63°，其倾向与边坡倾向交角为 41°，倾向坡外，A(-10T)组合台阶边坡在断层 F1 作用下是稳定的。节理 J1 产状为 103°∠86°，其倾向与边坡倾向交角为 97°，倾向坡内，A(-10T)组合台阶边坡在贯穿性节理 J1 作用下是稳定的。断层 F1 与贯穿性节理 J1 的交点落在 A(-10T)组合台阶边坡剖面的投影线上，不可能发生平面滑动和楔体破坏，故该边坡整体稳定性较好。

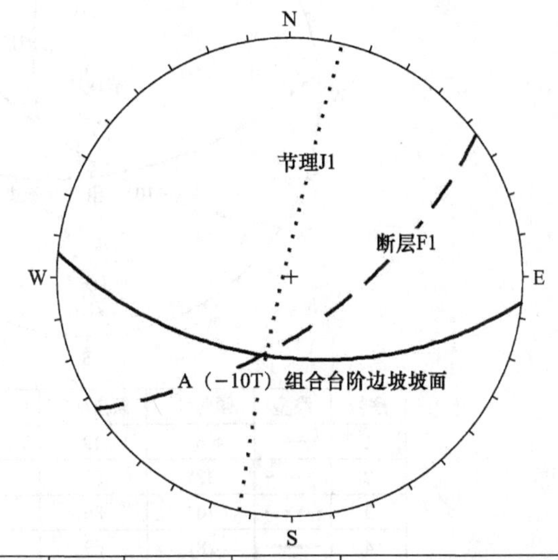

序号	线型	倾向/(°)	倾角/(°)	名称
1	——	6	49	A（−10T）组合台阶边坡坡面
2	– – –	325	63	断层F1
3	······	103	86	节理J1

图 4.12　A(-10T)组合台阶边坡的赤平投影图(整体)

2. 局部稳定性分析

节理作为边坡的小规模结构面，和层面、断层等贯穿性结构面共同控制组合台阶边坡的局部稳定性。如图 4. 13 所示，A(－10T)组合台阶边坡范围内存在一组非贯穿性节理 J2，其产状为 281°∠69°，节理倾向与边坡倾向交角为 85°，节理 J2 倾向与边坡面倾向夹角大于 75°，并且节理倾角 62°大于边坡坡角 49°，A(－10T)组合台阶边坡不可能沿该结构面发生滑移破坏。此外，非贯穿节理 J2 与贯穿性节理 J1、断层 F1 的交点，落在边坡坡面投影大圆的内侧，不可能组合形成楔体型破坏。因此，A(－10T)组合台阶边坡在该节理作用下处于稳定状态，它的局部稳定性较好。

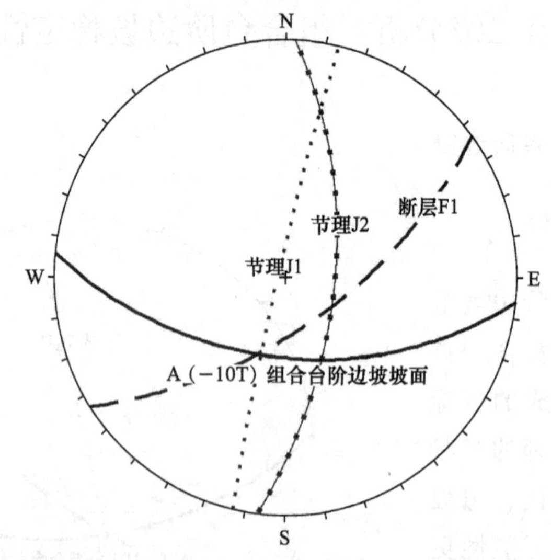

序号	线型	倾向/(°)	倾角/(°)	名称
1	——	6	49	A (−10T) 组合台阶边坡坡面
2	– – –	325	63	断层F1
3	······	103	86	节理J1
4	-•-•-	281	69	节理J2

图 4. 13　A(－10T)组合台阶边坡的赤平投影图(局部)

4. 5. 2　B(－10T)组合台阶边坡

1. 整体稳定性分析

B(－10T)组合台阶边坡范围内板理发育，其中发育两条沿着板理追踪扩展形成的贯穿性断层 F2、F3，产状和板理的产状基本一致。与板理相比，边坡沿着断层发生破坏的可能性更大。因此，在进行赤平投影分析时，用断层代表与之产状特征基本相同的板理。断层作为该边坡的贯穿性结构面，控制组合台阶边坡的整体稳定性。从赤平投影图(图 4. 14)可以看出，B(－10T)组合台阶边坡的坡向为 350°，坡角为 47°。断层 F2 产状为 345°∠45°，其倾向与边坡倾向交角为 5°，顺坡向，断层面倾角小于坡角，B(－10T)

组合台阶边坡整体有可能沿该结构面发生单平面型滑移破坏；断层F3产状为347°∠42°，其倾向与边坡倾向交角为3°，顺坡向，断层面倾角小于坡角，B(－10T)组合台阶边坡整体有可能沿该结构面发生单平面型滑移破坏。B(－10T)组合台阶边坡还发育一组贯穿性节理J1，其产状为103°∠86°，其倾向与边坡倾向交角为113°，倾向坡内。虽然B(－10T)组合台阶边坡整体在贯穿性节理J1作用下是稳定的，但该垂直贯穿节理为边坡发生单平面型滑移破坏提供了割离边界。由此可见，B(－10T)组合台阶边坡整体很有可能以J1为割离边界，沿断层F2或断层F3发生单平面型滑移破坏。实际上，B(－10T)组合台阶边坡整体已沿这两条断层发生了滑移破坏，目前B(－10T)组合台阶边坡整体处于稳定状态。

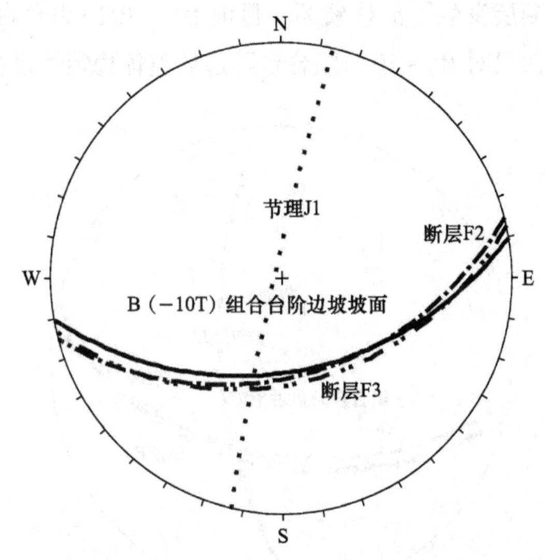

序号	线型	倾向/(°)	倾角/(°)	名称
1	——	350	47	B（−10T）组合台阶边坡坡面
2	—·—·	345	45	断层F2（潜在滑移面）
3	—··—	347	42	断层F3（潜在滑移面）
4	······	103	86	节理J1（割离边界）

图4.14　B(－10T)组合台阶边坡的赤平投影图(整体)

2. *局部稳定性分析*

节理作为边坡的小规模结构面，和层面、断层等贯穿性结构面共同控制组合台阶边坡的局部稳定性。如图4.15所示，断层F2、断层F3、贯穿性节理J1和非贯穿性节理J2共同控制B(－10T)组合台阶边坡的局部稳定性。B(－10T)组合台阶边坡的坡向350°，坡角47°。组合台阶边坡发育贯穿性断层F2和F3，断层F2产状345°∠45°，其倾向与边坡倾向交角为5°，顺坡向，断层面倾角小于坡角，组合台阶边坡局部有可能沿该结构面发生单平面型滑移破坏；断层 F3 产状 347°∠42°，其倾向与边坡倾向交角为 3°，顺坡向，断层面倾角小于坡角，组合台阶边坡局部有可能沿该结构面发生单平面型滑移破坏。此外，组合台阶边坡发育一组贯穿性节理 J1 和一组非贯穿性节理 J2，J1 产状 103°∠86°，其倾向与边坡倾向交角为 113°，倾向坡内；J2 产状为 281°∠69°，节理倾向与边坡倾向交角为 69°，并且节理倾角 69°大于边坡坡角 47°，B(-10T)组合台阶边坡局部不可能沿该结构面发生滑移破坏。虽然 B(-10T)组合台阶边坡局部稳定性在非贯穿性节理 J2 作用下是稳定的，但这组节理为边坡沿断层 F2 或断层 F3 发生单平面型滑移破坏提供了割离边界。由此可见，B(-10T)组合台阶边坡局部稳定性与 B(-10T)组合台阶边坡整体稳定性相似，即很有可能以 J2 为割离边界，沿断层 F2 或断层 F3 发生单平面型滑移破坏。实际上，B(-10T)组合台阶边坡已沿这两条断层发生了滑移破坏，目前 B(-10T)组合台阶边坡局部处于稳定状态。为方便起见，本次只对 B(-10T)组合台阶边坡整体稳定性进行计算。

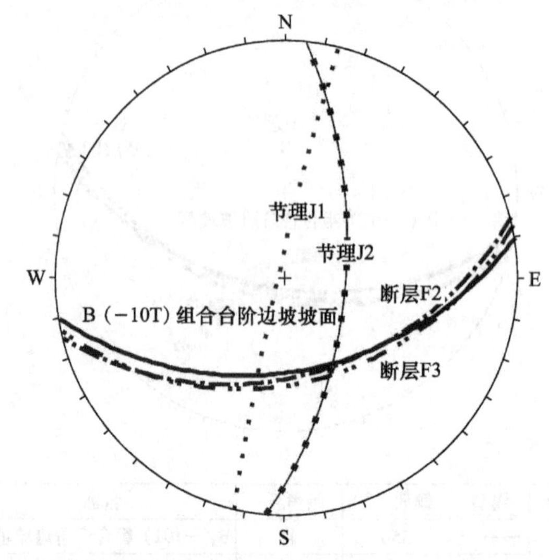

序号	线型	倾向/(°)	倾角/(°)	名称
1	———	350	47	B（-10T）组合台阶边坡坡面
2	—·—	345	45	断层F2（潜在滑移面）
3	—··—	347	42	断层F3（潜在滑移面）
4	······	103	86	节理J1（割离边界）
5	—■—■—	281	69	节理J2

图 4.15 B(-10T)组合台阶边坡的赤平投影图(局部)

4.5.3 C(-10T)组合台阶边坡

1. 整体稳定性分析

C(-10T)组合台阶边坡范围内板理发育，其中发育一条沿着板理追踪扩展形成的贯穿性断层F3和一条沿着千枚理追踪扩展形成的贯穿性断层F4，产状分别和板理、千枚理的产状基本一致。与板理或千枚理相比，边坡沿着断层发生破坏的可能性更大。因此，赤平投影分析时，用断层代表与之产状特征基本相同的板理或千枚理。断层作为该边坡的贯穿性结构面，控制C(－10T)组合台阶边坡的整体稳定性。从赤平投影图(图4.16)可以看出，C(－10T)组合台阶边坡的坡向为16°，坡角为52°。断层F3产状为347°∠42°，其倾向与边坡倾向交角为29°，顺坡向，断层面倾角小于坡角，C(－10T)组合台阶边坡整体有可能沿该结构面发生单平面型滑移破坏；断层F4产状为348°∠44°，其倾向与边坡倾向交角为28°，顺坡向，断层面倾角小于坡角，C(－10T)组合台阶边坡整体可能沿该结构面发生单平面型滑移破坏。该边坡还发育了一组贯穿性节理J1，其产状为103°∠86°，其倾向与边坡倾向交角为97°，倾向坡内。虽然C(－10T)组合台阶边坡整体在贯穿性节理J1作用下是稳定的，但该垂直贯穿节理为边坡发生单平面型滑移破坏提供了割离边界。由上述分析可知，C(－10T)组合台阶边坡整体可能沿断层F3或断层F4发生单平面型滑移破坏。

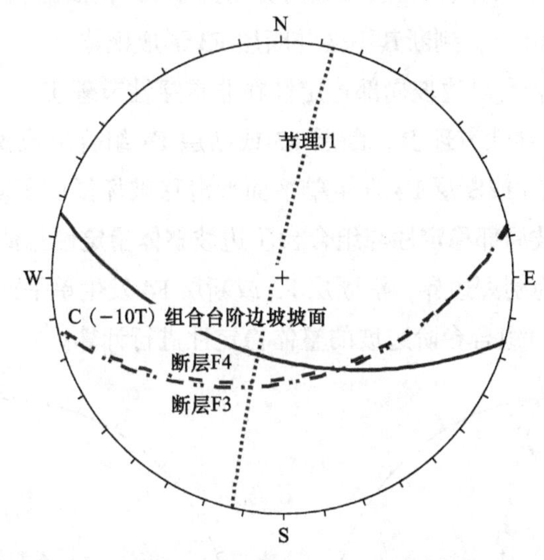

序号	线型	倾向/(°)	倾角/(°)	名称
1	———	16	52	C（−10T）组合台阶边坡坡面
2	—··—	347	42	断层F3（潜在滑移面）
3	·—–·	348	44	断层F4（潜在滑移面）
4	······	103	86	节理J1（割离边界）

图4.16　C(－10T)组合台阶边坡的赤平投影图(整体)

2. 局部稳定性分析

节理作为边坡的小规模结构面，和层面、断层等贯穿性结构面共同控制组合台阶边坡的局部稳定性。

从赤平投影图(图 4. 17)可以看出：

(1)节理 J2 产状为 281°∠69°，其倾向与边坡倾向交角为 95°，倾向坡内，故 C(－10T)组合台阶边坡在节理 J2 作用下是稳定的；节理 J3 产状 94°∠65°，其倾向与边坡倾向交角为 78°，倾向坡内，故 C(－10T)组合台阶边坡在节理 J3 作用下也是稳定的。

(2)节理 J2 与节理 J3 的交点位于组合台阶边坡投影大圆内侧，故 C(－10T)组合台阶边坡在节理 J2 与节理 J3 共同作用下是稳定的。

(3)节理 J2、节理 J3 与贯穿性节理 J1 的交点位于 C(－10T)组合台阶边坡投影大圆内侧，故 C(－10T)组合台阶边坡在节理 J2、节理 J3 与贯穿性节理 J1 共同作用下是稳定的。

(4)节理 J2、节理 J3 的倾向与边坡倾向交角大于 75°，依据《非煤露天矿边坡工程技术规范》(GB 51016—2014)，判断其不会与断层 F4 形成楔体。

(5)节理 J2、节理 J3 的倾向与边坡倾向交角大于 75°，依据《非煤露天矿边坡工程技术规范》(GB 51016—2014)，判断其不会与断层 F3 形成楔体。

虽然 C(－10T)组合台阶边坡局部稳定性在非贯穿性节理 J2、节理 J3 作用下是稳定的，而且也不可能与贯穿性节理 J1、断层 F3 或断层 F4 组合形成楔体破坏，但节理 J2、节理 J3 为边坡沿断层 F3 或断层 F4 发生单平面型滑移破坏提供了割离边界。由此可见，C(－10T)组合台阶边坡局部稳定性与组合台阶边坡整体稳定性相似，即很有可能以节理 J1、节理 J2、节理 J3 为割离边界，沿断层 F3 或断层 F4 发生单平面型滑移破坏。方便起见，本次只对 C(－10T)组合台阶边坡的整体稳定性进行计算。

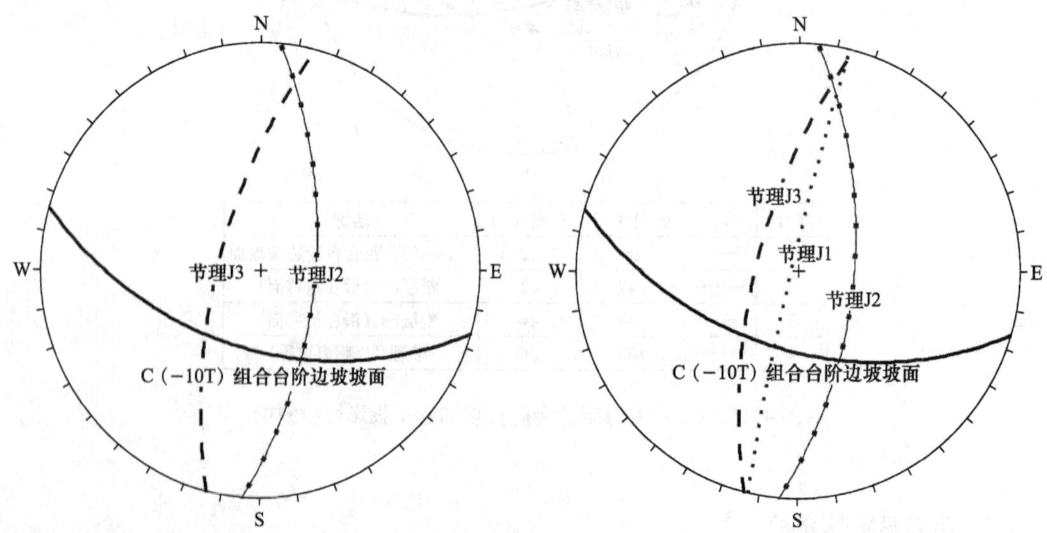

图 4. 17 C(－10T)组合台阶边坡的赤平投影图(局部)

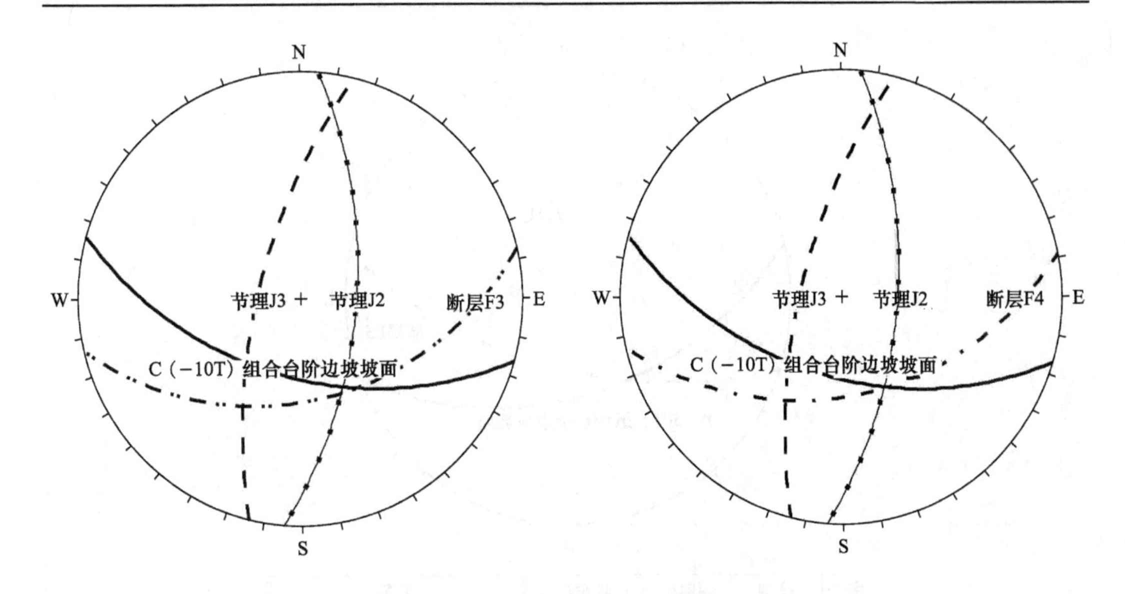

序号	线型	倾向/(°)	倾角/(°)	名称
1	———	16	52	C（−10T）组合台阶边坡坡面
2	—··—	347	42	断层F3（潜在滑移面）
3	·—·—·	348	44	断层F4（潜在滑移面）
4	······	103	86	节理J1
5	—■—■—	281	69	节理J2
6	- - - -	94	65	节理J3

图 4. 17(续)

4.5.4　A(50T)组合台阶边坡

1. 整体稳定性分析

A(50T)组合台阶边坡范围内板理发育，其中发育一条沿着板理追踪扩展形成的贯穿性断层 F5，断层 F5 的产状和板理的产状基本一致。与板理相比，边坡沿着断层发生破坏的可能性更大。因此，在进行赤平投影分析时，用断层代表与之产状特征基本相同的板理。断层作为该边坡的贯穿性结构面，控制组合台阶边坡的整体稳定性。从赤平投影图(图 4. 18)可以看出，A(50T)组合台阶边坡的坡向为 17°，坡角为 49°。断层 F5 产状为 345°∠62°，其倾向与边坡倾向交角为 32°，倾向坡外，但断层面倾角大于坡角，故 A(50T)组合台阶边坡在该结构面作用下整体是稳定的；节理 J1 产状为 103°∠86°，其倾向与边坡倾向交角为 86°，倾向坡内，故 A(50T)组合台阶边坡在节理 J1 作用下是稳定的。可见，A(50T)组合台阶边坡的整体稳定性较好。

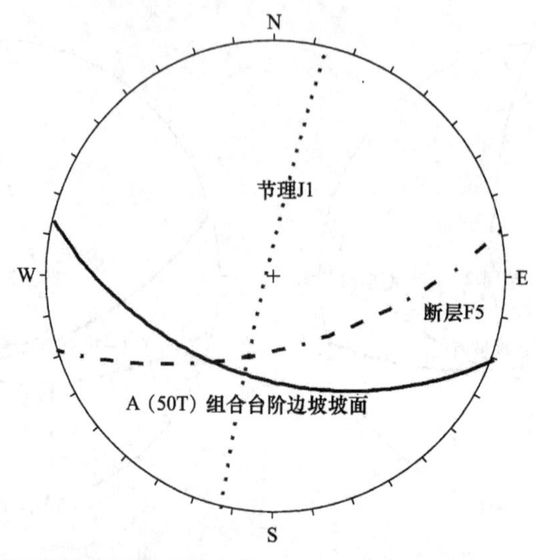

序号	线型	倾向/(°)	倾角/(°)	名称
1	——	17	49	A（50T）组合台阶边坡坡面
2	- - - -	345	62	断层F5
3	· · · · ·	103	86	节理J1

图 4.18　A(50T)组合台阶边坡的赤平投影图(整体)

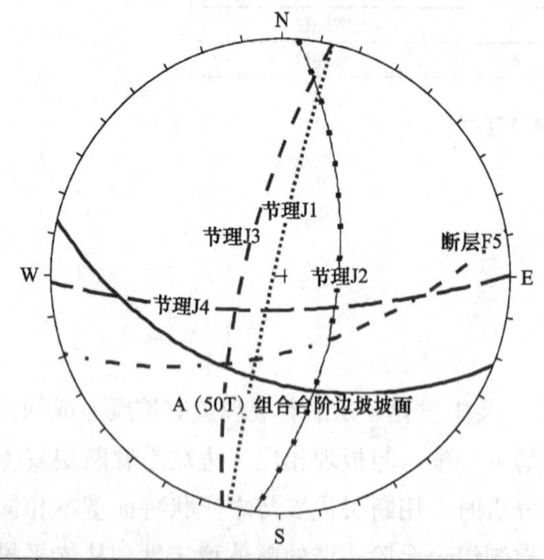

序号	线型	倾向/(°)	倾角/(°)	名称
1	——	17	49	A（50T）组合台阶边坡坡面
2	- - - - -	345	62	断层F5
3	· · ·	103	86	节理J1
4	-■-■-	281	69	节理J2
5	- - - -	94	65	节理J3
6	— —	354	76	节理J4

图 4.19　A(50T)组合台阶边坡的赤平投影图(局部)

2. 局部稳定性分析

节理作为总体边坡的小规模结构面，和层面、断层等贯穿性结构面共同控制组合台阶边坡的局部稳定性。从赤平投影图(图 4.19)可以看出，节理 J2 产状为 281°∠69°，其倾向与边坡倾向交角为 96°，倾向坡内，故 A(50T)组合台阶边坡在节理 J2 作用下是稳定的；节理 J3 产状为 94°∠65°，其倾向与边坡倾向交角为 77°，节理面倾角大于坡角，故 A(50T)组合台阶边坡在节理 J3 作用下是稳定的；节理 J4 产状为 354°∠76°，其倾向与边坡倾向交角为 23°，顺坡向，节理面倾角大于坡角，故 A(50T)组合台阶边坡在节理J4作用下是稳定的；赤平投影图上节理J2分别与节理J1、节理J3相交于投影大圆内，判断其不满足楔体型破坏条件。可见，A(50T)组合台阶边坡的局部稳定性较好。

4.5.5　B(50T)组合台阶边坡

1. 整体稳定性分析

B(50T)组合台阶边坡范围内千枚理发育，其中发育一条沿着千枚理追踪扩展形成的贯穿性断层F6，断层F6产状和千枚理的产状基本一致。与千枚理相比，边坡沿着断层发生破坏的可能性更大。因此，赤平投影分析时，用断层代表与之产状特征基本相同的千枚理。断层作为该边坡的贯穿性结构面，控制组合台阶边坡的整体稳定性。从赤平投影图(图4.20)可以看出，B(50T)组合台阶边坡的坡向为10°，坡角为47°。断层F6产状为333°∠41°，其倾向与边坡倾向交角为37°，倾向坡外，断层面倾角小于坡角，B(50T)组合台阶边坡整体有可能沿该结构面发生单平面型滑移破坏。同时，边坡发育一组贯穿性节理J1，节理J1产状为103°∠86°，其倾向与边坡倾向交角为93°，倾向坡内。虽然B(50T)组合台阶边坡在贯穿性节理J1作用下是稳定的，但该垂直贯穿节理可为B(50T)组合台阶边坡整体发生单平面型滑移破坏提供割离边界。

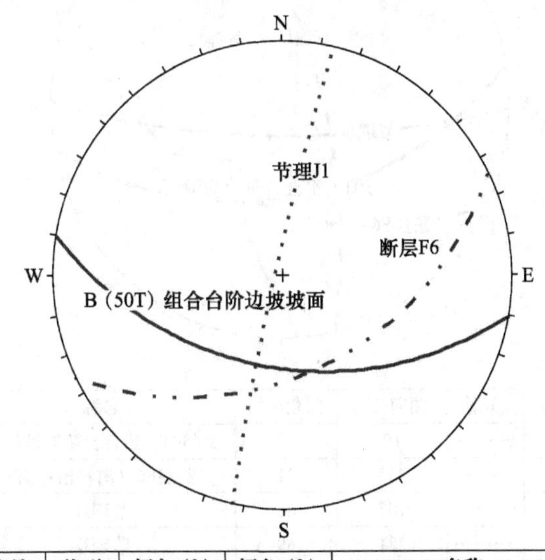

序号	线型	倾向/(°)	倾角/(°)	名称
1	——	10	47	B（50T）组合台阶边坡坡面
2	-- · --	333	41	断层F6（潜在滑移面）
3	· · · ·	103	86	节理J1

图4.20　B(50T)组合台阶边坡的赤平投影图(整体)

2. 局部稳定性分析

节理作为总体边坡的小规模结构面，和层面、断层等贯穿性结构面共同控制组合台阶边坡的局部稳定性。从赤平投影图(图 4. 21)可以看出：

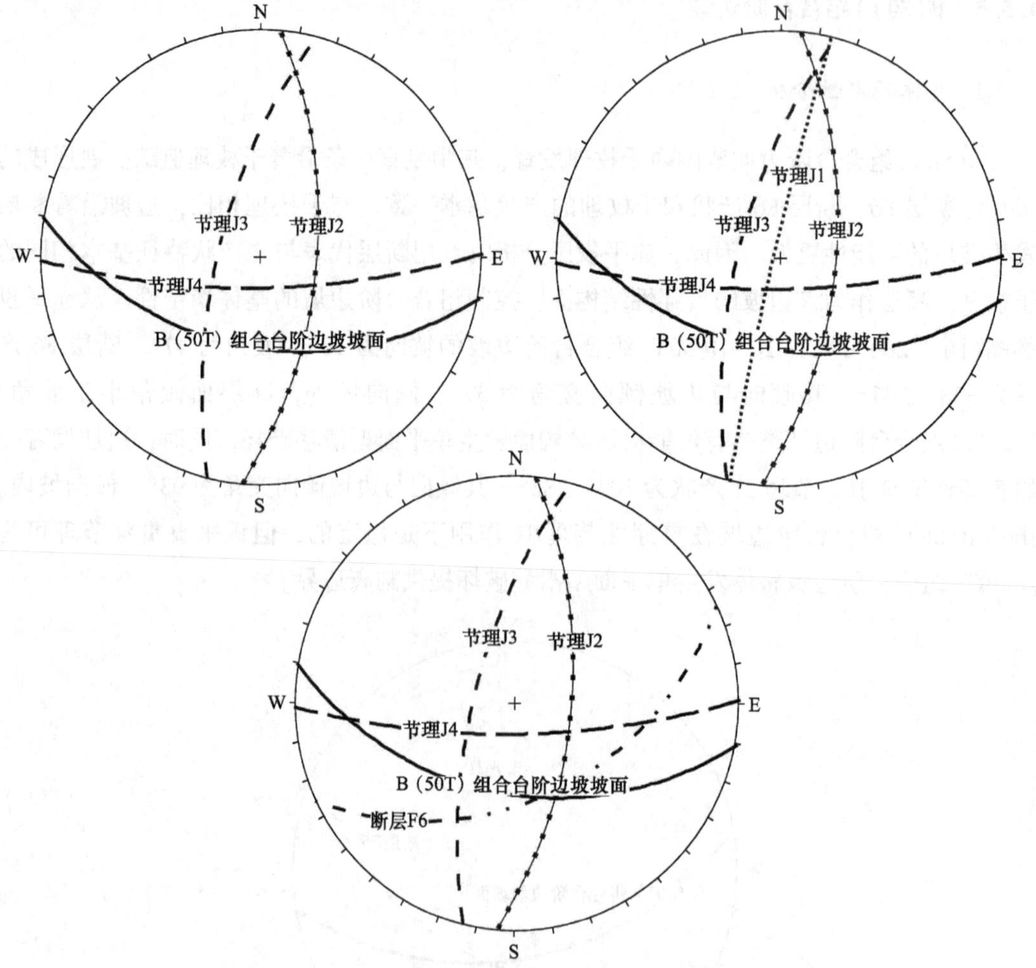

序号	线型	倾向/(°)	倾角/(°)	名称
1	——	10	47	B（50T）组合台阶边坡坡面
2	-- ·· --	333	41	断层F6（潜在滑移面）
3	······	103	86	节理J1
4	-■-■-■-	281	69	节理J2
5	- - -	94	65	节理J3
6	— —	354	76	节理J4

图 4. 21　B(50T)组合台阶边坡的赤平投影图(局部)

(1)节理 J2 产状为 281°∠69°，其倾向与边坡倾向交角为 89°，倾向坡内，故 B(50T)组合台阶边坡在节理 J2 作用下是稳定的；节理 J3 产状为 94°∠65°，其倾向与边坡倾向交角为84°，倾向坡内，节理面倾角大于坡角，故该组合台阶边坡在节理J3作用下是稳定的；节理J4产状为354°∠76°，其倾向与边坡倾向交角为16°，顺坡向，节理面倾角大于坡角，故该组合台阶边坡在节理J4作用下是稳定的。

(2)节理J3、节理J2与贯穿性节理J1的交点落在边坡投影大圆内侧，故B(50T)组合台阶边坡在节理J3、节理J2与贯穿性节理J1共同作用下是稳定的。

(3)虽然节理J4的倾角大于B(50T)组合台阶边坡的坡角，不能单独构成滑移面，但节理J4和坡面倾向基本相同，可为B(50T)组合台阶边坡沿断层F6发生整体破坏提供滑移边界条件。同时，节理J2、节理J3，为B(50T)组合台阶边坡沿断层F6发生单平面型滑移破坏提供了边界条件。由此可见，组合台阶边坡局部稳定性与整体稳定性相似，即很有可能沿断层F6发生单平面型滑移破坏。方便起见，本次只对B(50T)组合台阶边坡的整体稳定性进行计算。

4.6　第三级分析：台阶边坡稳定性分析

根据边坡分区，研究范围内包含有台阶边坡A(－10T)-U、台阶边坡A(－10T)-D、台阶边坡B(－10T)-U、台阶边坡B(－10T)-D、台阶边坡C(－10T)-U、台阶边坡C(－10T)-D、台阶边坡A(50T)-U、台阶边坡A(50T)-D、台阶边坡B(50T)-U、台阶边坡B(50T)-D。

台阶边坡中板理发育，其中发育沿着板理追踪扩展形成的贯穿性板理，其产状与对应组合台阶边坡中断层的产状一致。由于节理J2、节理J3、节理J4的规模较小，主要集中于1～3m，在台阶边坡中均为非贯穿性节理。台阶边坡的赤平投影分析与组合台阶边坡的赤平投影分析具有相似的稳定性特征。

4.6.1　台阶边坡A(－10T)-U、A(－10T)-D

1. 整体稳定性分析

台阶边坡A(－10T)-U、A(－10T)-D范围内板理发育，其中发育一条沿着板理追踪扩展形成的贯穿性断层F1，断层F1产状和板理的产状基本一致。同时，台阶边坡A(－10T)-U、A(－10T)-D范围内还发育一组垂直节理J1。通过赤平投影分析(图4.22)可知，与组合台阶边坡A(－10T)类似，台阶边坡A(－10T)-U、A(－10T)-D不可能发生平面滑动和楔体破坏，故台阶边坡A(－10T)-U、A(－10T)-D的整体稳定性较好。

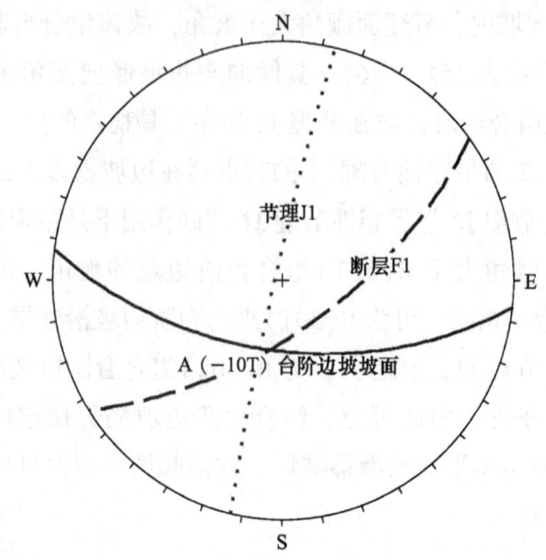

序号	线型	倾向/(°)	倾角/(°)	名称
1	———	6	53	A (-10T) 台阶边坡坡面
2	— —	325	63	断层F1
3	······	103	86	节理J1

图 4.22　台阶边坡 A(-10T)- U、A(-10T)- D 的赤平投影图(整体)

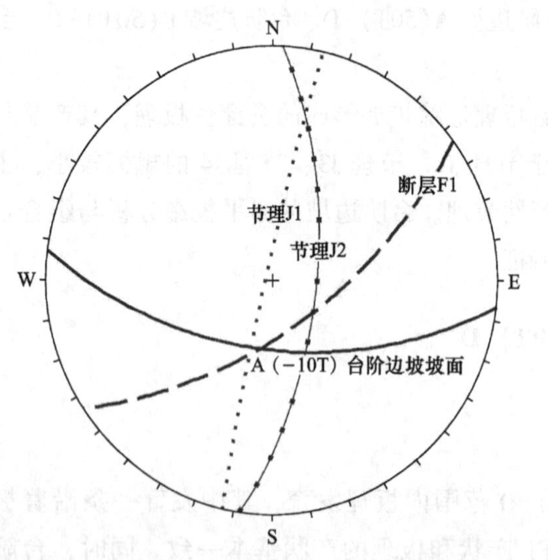

序号	线型	倾向/(°)	倾角/(°)	名称
1	———	6	53	A (-10T) 台阶边坡坡面
2	— —	325	63	断层F1
3	······	103	86	节理J1
4	—■—■—	281	69	节理J2

图 4.23　台阶边坡 A(-10T)- U、A(-10T)- D 的赤平投影图(局部)

2. 局部稳定性分析

节理作为边坡的小规模结构面，和层面、断层等贯穿性结构面共同控制台阶边坡的局部稳定性。如图 4.23 所示，台阶边坡 A(-10T)- U、A(-10T)- D 范围内存在一组非贯穿性节理 J2，节理 J2 产状为 281°∠69°，节理倾向与边坡倾向交角为 85°，倾向坡内，节理 J2 倾向与边坡面倾向夹角大于 75°，并且节理倾角为 69°，大于边坡坡角 53°，台阶边坡 A(-10T)- U、A(-10T)- D 不可能沿该结构面发生滑移破坏。此外，非贯穿性节理 J2 与断层 F1 的交点落在边坡坡面投影大圆的内侧，不可能组合形成楔体型破坏。非贯穿性节理 J2 与贯穿性节理 J1 的交点落在边坡坡面投影大圆上，不可能组合形成楔体型破坏。因此，台阶边坡 A(－10T)-U、A(－10T)-D 与 A(－10T)组合台阶边坡类似，局部稳定性较好。

4.6.2　台阶边坡 B(－10T)-U、B(－10T)-D

1. 整体稳定性分析

台阶边坡 B(－10T)-U、B(－10T)-D 范围内板理发育，其中发育两条沿着板理追踪扩展形成的贯穿性断层 F2、F3，断层 F2、F3 的产状和板理的产状基本一致。因此，赤平投影分析时，用断层代表与之产状特征基本相同的板理。由赤平投影分析(图 4.24)可知，与 B(－10T)组合台阶边坡破坏模式类似，台阶边坡 B(－10T)-U、B(－10T)-D 整体很有可能以 J1 为割离边界，沿断层 F2 或断层 F3 发生单平面型滑移破坏。

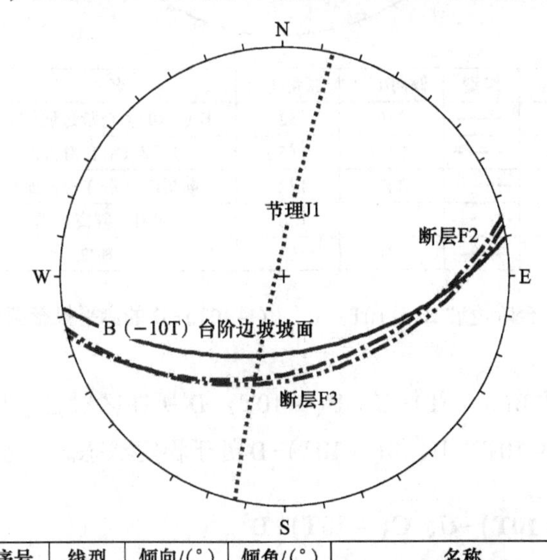

序号	线型	倾向/(°)	倾角/(°)	名称
1	———	350	52	B (−10T) 台阶边坡坡面
2	—·—	345	45	断层F2（潜在滑移面）
3	—··—	347	42	断层F3（潜在滑移面）
4	· · · ·	103	86	节理J1（割离边界）

图 4.24　台阶边坡 B(－10T)-U、B(－10T)-D 的赤平投影图(整体)

2. 局部稳定性分析

断层 F2、断层 F3、贯穿性节理 J1 和非贯穿性节理 J2 共同控制台阶边坡 B(－10T)-U、B(－10T)-D 局部稳定性。由赤平投影分析(图 4.25)可知，台阶边坡 B(－10T)-U、

B(-10T)-D 的局部稳定性与其整体稳定性类似，即有可能以节理 J2 为割离边界，沿断层 F2 或断层 F3 发生单平面型滑移破坏。

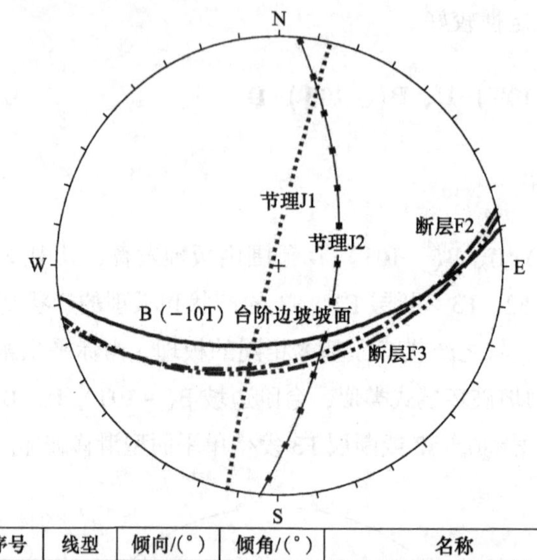

序号	线型	倾向/(°)	倾角/(°)	名称
1	——	350	52	B（-10T）台阶边坡坡面
2	—·—·—	345	45	断层F2（潜在滑移面）
3	—··—··	347	42	断层F3（潜在滑移面）
4	· · · ·	103	86	节理J1（割离边界）
5	—■—■—	281	69	节理J2

图 4.25　台阶边坡 B(-10T)-U、B(-10T)-D 的赤平投影图(局部)

事实上，台阶边坡 B(-10T)-U、B(-10T)-D 所在区段已先后发生了两期滑动破坏，目前台阶边坡 B(-10T)-U、B(-10T)-D 处于稳定状态。

4.6.3　台阶边坡 C(-10T)-U、C(-10T)-D

1. 整体稳定性分析

台阶边坡 C(-10T)-U、C(-10T)-D 范围内板理发育，其中发育两条沿着板理追踪扩展形成的贯穿性断层 F3、F4，断层 F3、F4 的产状和板理的产状基本一致。因此，赤平投影分析时，用断层代表与之产状特征基本相同的板理。由赤平投影分析(图 4.26)可知，与组合台阶边坡破坏模式类似，台阶边坡 C(-10T)-U、C(-10T)-D 整体很有可能以节理 J1 为割离边界，沿断层 F3 或断层 F4 发生单平面型滑移破坏。

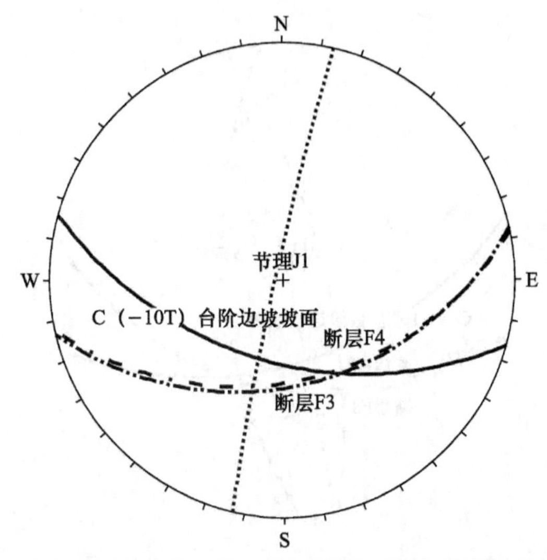

序号	线型	倾向/(°)	倾角/(°)	名称
1	——	16	51，59	C（−10T）台阶边坡坡面
2	—··—··	347	42	断层F3（潜在滑移面）
3	--·---	348	44	断层F4（潜在滑移面）
4	· · · ·	103	86	节理J1（割离边界）

图4.26　台阶边坡C(−10T)-U、C(−10T)-D的赤平投影图(整体)

2. 局部稳定性分析

断层F3、断层F4、贯穿性节理J1和非贯穿性节理J2、非贯穿性节理J3共同控制台阶边坡C(−10T)-U、C(−10T)-D局部稳定性。由赤平投影分析(图4.27)可知，台阶边坡C(−10T)-U、C(−10T)-D的局部稳定性与其整体稳定性类似，即很有可能以节理J1、节理J2、节理J3为割离边界，沿断层F3或断层F4发生单平面型滑移破坏。方便起见，本次只对台阶边坡C(−10T)-U、C(−10T)-D的整体稳定性进行计算。

4.6.4　台阶边坡A(50T)-U、A(50T)-D

1. 整体稳定性分析

台阶边坡A(50T)-U、A(50T)-D范围内板理发育，其中发育一条沿着板理追踪扩展形成的贯穿性断层F5，断层F5的产状和板理的产状基本一致。同时，台阶边坡A(50T)-U、A(50T)-D范围内还发育一组垂直节理J1。通过赤平投影分析(图4.28)可知，与A(50T)组合台阶边坡类似，台阶边坡A(50T)-U、A(50T)-D不可能发生平面滑动和楔体破坏，故台阶边坡A(50T)-U、A(50T)-D的整体稳定性较好。

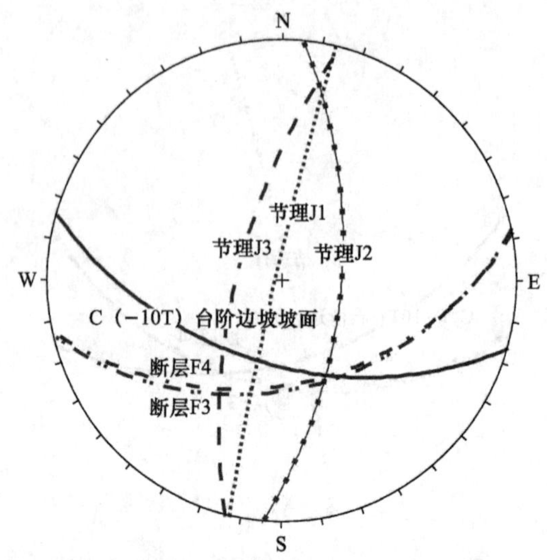

序号	线型	倾向/(°)	倾角/(°)	名称
1	———	16	51, 59	C（−10T）台阶边坡坡面
2	—··—·	347	42	断层F3（潜在滑移面）
3	—·—·—	348	44	断层F4（潜在滑移面）
4	· · · ·	103	86	节理J1（割离边界）
5	—■—■—	281	69	节理J2
6	— —	94	65	节理J3

图 4.27　台阶边坡 C(−10T)-U、C(−10T)-D 的赤平投影图(局部)

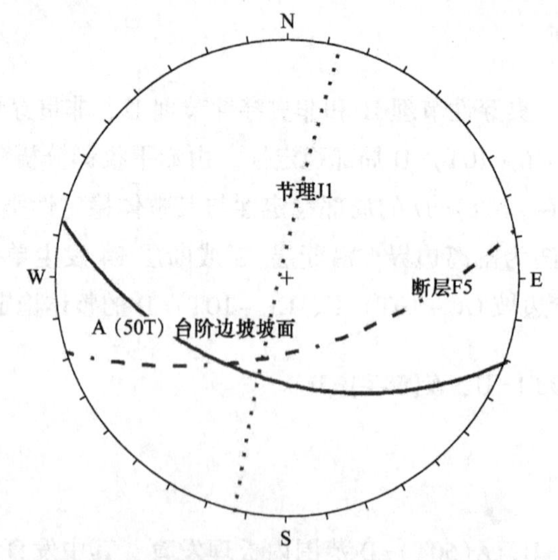

序号	线型	倾向/(°)	倾角/(°)	名称
1	———	17	50, 58	A（50T）台阶边坡坡面
2	- - - -	345	62	断层F5
3	· · ·	103	86	节理J1

图 4.28　A(50T)-U、A(50T)-D 台阶边坡的赤平投影图(整体)

2. 局部稳定性分析

节理作为总体边坡的小规模结构面，和层面、断层等贯穿性结构面共同控制台阶边坡 A(50T)-U、A(50T)-D 的局部稳定性。从赤平投影图(图 4.29)可以看出，与 A(50T)组合台阶边坡类似，台阶边坡 A(50T)-U、A(50T)-D 的局部稳定性较好。

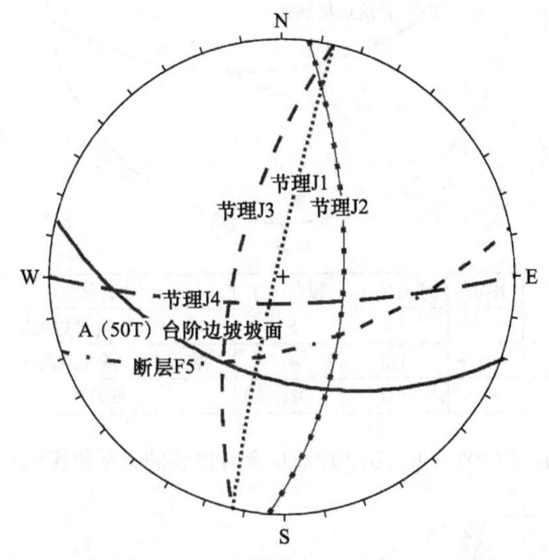

序号	线型	倾向/(°)	倾角/(°)	名称
1	———	17	50,58	A (50T) 台阶边坡坡面
2	·- - - -	345	62	断层F5
3	· · · ·	103	86	节理J1
4	-■-■-■-	281	69	节理J2
5	— — —	94	65	节理J3
6	—— ——	354	76	节理J4

图 4.29　A(50T)-U、A(50T)-D 台阶边坡的赤平投影图(局部)

4.6.5　台阶边坡 B(50T)-U、B(50T)-D

1. 整体稳定性分析

台阶边坡 B(50T)-U、B(50T)-D 范围内板理发育，其中发育沿着板理追踪扩展形成的贯穿性断层 F6，断层 F6 的产状和板理的产状基本一致。因此，赤平投影分析时，用断层代表与之产状特征基本相同的板理。由赤平投影分析(图 4.30)可知，与 B(50T)组合台阶边坡破坏模式类似，台阶边坡 B(50T)-U、B(50T)-D 整体很有可能以节理 J1 为割离边界，沿着与断层 F6 产状相同的千枚理发生单平面型滑移破坏。

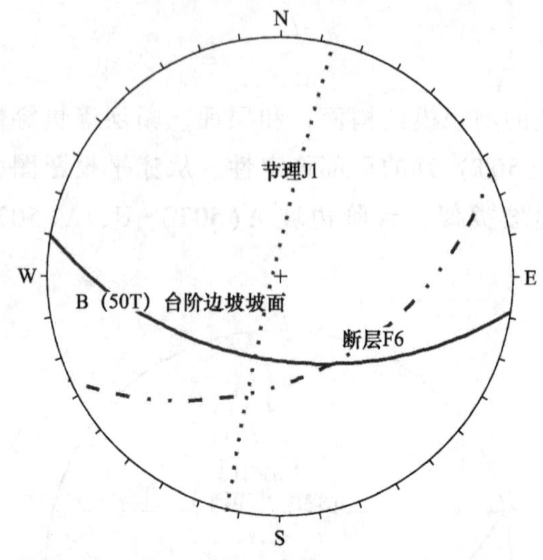

序号	线型	倾向/(°)	倾角/(°)	名称
1	——	10	52	B（50T）台阶边坡坡面
2	· - -	333	41	断层F6（潜在滑移面）
3	· · · ·	103	86	节理J1

图 4.30　B(50T)-U、B(50T)-D 台阶边坡的赤平投影图(整体)

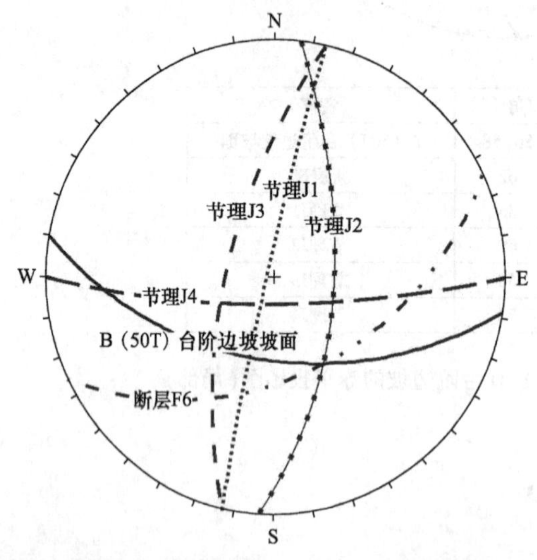

序号	线型	倾向/(°)	倾角/(°)	名称
1	——	10	52	B（50T）台阶边坡坡面
2	· - -	333	41	断层F6（潜在滑移面）
3	· · · ·	103	86	节理J1
4	-■-■-	281	69	节理J2
5	- - -	94	65	节理J3
6	— —	354	76	节理J4

图 4.31　B(50T)-U、B(50T)-D 台阶边坡的赤平投影图(局部)

2. 局部稳定性分析

断层 F6、贯穿性节理 J1、非贯穿性节理 J2、非贯穿性节理 J3 和非贯穿性节理 J4 共同控制台阶边坡 B(50T)-U、B(50T)-D 的局部稳定性。由赤平投影分析(图 4.31)可知，台阶边坡 B(50T)-U、B(50T)-D 的局部稳定性与其整体稳定性类似，很有可能沿断层 F6 发生单平面型滑移破坏。方便起见，本次只对台阶边坡 B(50T)-U、B(50T)-D 的整体稳定性进行计算。

4.7　边坡潜在破坏模式与潜在滑移面确定

4.7.1　边坡潜在破坏模式确定

B(10T)组合台阶边坡整体很有可能以节理J1为割离边界，沿断层F2发生单平面型滑移破坏。B(10T)组合台阶边坡局部稳定性与组合台阶边坡整体稳定性相似。

C(10T)组合台阶边坡整体很有可能以节理J1为割离边界，沿断层F3或断层F4发生单平面型滑移破坏。C(10T)组合台阶边坡局部稳定性与整体稳定性相似。

B(50T)组合台阶边坡整体很有可能以节理J1为割离边界，沿断层F6发生单平面型滑移破坏。B(50T)组合台阶边坡局部稳定性与整体稳定性相似。

与B(10T)组合台阶边坡破坏模式类似，台阶边坡B(10T)-L1、B(10T)-D整体稳定性较差，有可能沿着与断层F2产状相同的板理发生单平面型滑移破坏。

与C(10T)组合台阶边坡破坏模式类似，台阶边坡C(10T)-U、C(10T)-D整体稳定性较差，有可能沿着与断层F3(板岩与千枚岩接触带断层滑移面)或者断层F4(千枚岩断层滑移面)产状相同的板理发生单平面型滑移破坏。

与B(50T)组合台阶边坡破坏模式类似，台阶边坡B(50T)-U、B(50T)-D整体很有可能以节理J1为割离边界，沿着与断层F6产状相同的千枚理发生单平面型滑移破坏。

4.7.2　结构面表面形态分级与潜在滑移面确定

1. 岩体结构面表面形态基本特征

1)结构面表面形态的分级

为便于描述和研究粗糙不平、错综复杂的岩体结构面表面形态，必须对结构面表面形态加以归类、总结，因而须对结构面表面形态进行分级描述。结构面表面形态分级描述是结构面抗剪强度精细取值和边坡岩体稳定性精确评价的基础。通过野外岩体结构面表面形态的详细调查和客观分析，发现岩体结构面表面形态[图4.32(a)]可分为宏观几何轮廓、表面起伏形态和微观粗糙度3个级别(杜时贵，2005)。

(1)宏观几何轮廓。宏观几何轮廓是岩体结构面表面最大一级的几何轮廓，反映结构面宏观总体的几何形态，它由次一级的形态要素——表面起伏形态的峰谷包络线(面)来表征[图4.32(b)]。宏观几何轮廓的形状与岩石的构造、应力在岩体中的传播特点以及结构面扩展贯通方式有关。例如，由Ⅰ型断裂扩展形成的多个羽饰构造贯通连接形成的张性结构面多呈弧形；由阶步、反阶步、擦痕等为标志的Ⅱ型断裂扩展形成的剪性结构面一般具有平面形态。

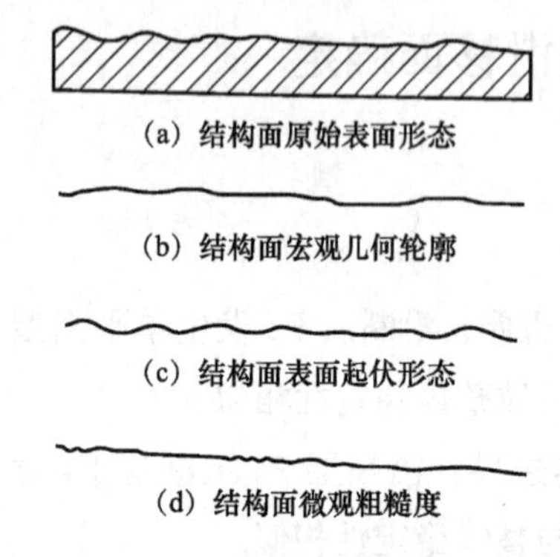

(a) 结构面原始表面形态
(b) 结构面宏观几何轮廓
(c) 结构面表面起伏形态
(d) 结构面微观粗糙度

图 4.32　结构面表面形态分级（杜时贵，1999）

(2)表面起伏形态。表面起伏形态[图 4.32(c)]是岩体结构面表面常见的一级形态，它构成结构面表面常见规模的峰谷起伏轮廓，体现了结构面表面的起伏程度。表面起伏程度通常用爬坡角或起伏角来表征，是影响结构面力学性质的主导因素。

(3)微观粗糙度。微观粗糙度是岩体结构面表面最小一级的粗糙起伏形态[图 4.32(d)]，反映表面起伏形态峰谷坡面上的次一级的微小几何特征，是矿物颗粒或细小矿物晶体在结构面表面的分布排列特征的具体体现。

岩石中的应力分布和结构面扩展贯通方式对微观粗糙度无明显影响，而结构面壁岩岩石的矿物或晶体成分、岩石结构、矿物晶体的大小和晶形、矿物的排列组合方式及其在结构面表面的出露状况决定了微观粗糙度的基本特点。

2)岩体结构面表面形态形成机制

结构面的扩展有 3 种基本形式(图 4.33)，不同的扩展方式形成的结构面具有不同的表面形态。

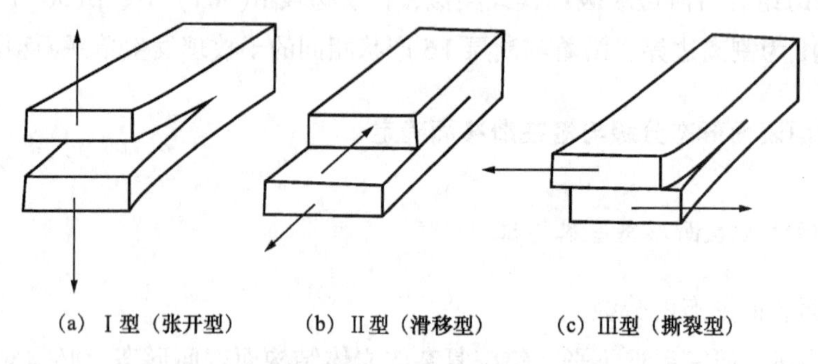

图 4.33　结构面扩展的三种基本形式(杜时贵，1999)

微观粗糙度是矿物颗粒或细小晶体在岩石结构面表面的综合体现，它由这些细小颗粒在结构面表面出露的形态组合而成。因而，岩体结构面壁岩的矿物或晶体成分、粒径、形态、排列组合方式及其在结构面表面的出露状况决定了微观粗糙度的基本特点，结构面扩展方式对微观粗糙度无明显的影响。

表面起伏形态是壁岩岩石构造以及矿物集合体、各种砾石、结核等粗大颗粒物质的大小、形状和分布形式在结构面表面的具体表现，同时又是岩体结构面形成过程中应力在岩体中分布和传播方式、结构面扩展和连通型式在结构面表面的真实记录。就均质块状岩体而言，Ⅰ型扩展产生的由羽纹、脊状标志和陡坎组成的羽饰构造(图 4.34)贯通而成的张性结构面显示具有较大表面起伏形态的表面形态特点，而Ⅱ型扩展却形成诸如擦痕、阶步等具有较小表面起伏形态的表面形态特点，Ⅲ型扩展产生的结构面起伏程度介于Ⅰ型和Ⅱ型结构面之间。对于含有结核、砾石或粗大晶体的岩石，穿晶断裂扩展形成的结构面具有较小的表面起伏形态，而沿晶断裂扩展形成的结构面具有较大的表面起伏形态(图4.35)。

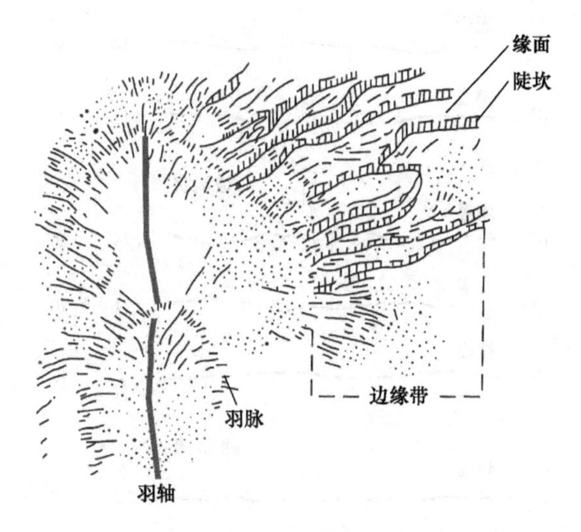

图4.34　Ⅰ型断裂面的羽饰构造(杜时贵，1999)

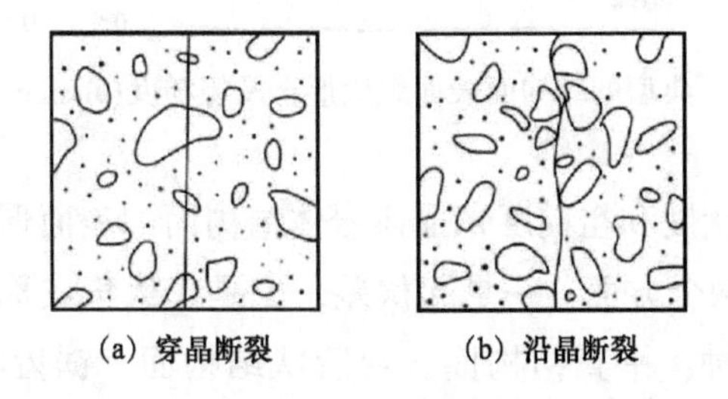

图4.35　含有结核、砾石或粗大晶体的结构面表面起伏形态(杜时贵，1999)

2. 岩体结构面表面形态概化模型

1)国内外研究现状

表面形态概化模型是岩体结构面表面形态力学效应机理研究的基础。结构面表面各级别表面形态概化模型的建立，有助于进一步理解粗糙度系数的物理意义，探讨JRC-JCS模型的摩擦磨损机理和确定潜在滑移面的形态。

根据国际岩石力学学会的建议，结构面的表面形态可以通过波动起伏度和不平整度确定。波动起伏度描述结构面表面大范围的凸凹起伏；不平整度描述结构面小尺度的凸凹，小尺度的凸凹在剪切时往往能被破坏。图4.36所示为国际岩石力学学会所建议的结构面表面形态概化模型。图中显示，波动起伏度可分为台阶状、波浪状和平面状；不平整度可分为粗糙、光滑和擦痕。

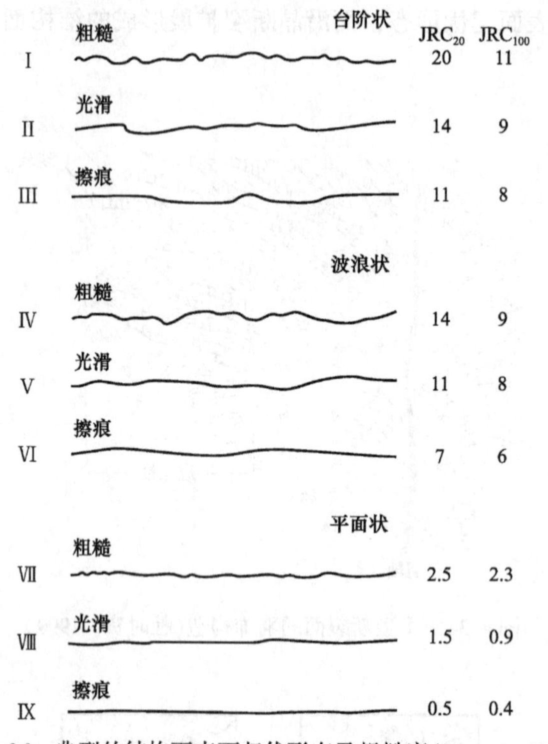

图4.36　典型的结构面表面起伏形态及粗糙度(Barton，1987)

孙广忠(1988)用起伏度和粗糙度来描述岩体结构面的表面形态。结构面的起伏度对岩体力学性能的影响有两个方面：一是起伏差，二是起伏角或称爬坡角、下坡角。常见的结构面起伏形态有4种：平直结构面、台阶状结构面、锯齿状结构面和波状结构面(图4.37)。4种形态不同的结构面力学效应是不同的，块体沿着平直结构面滑动时，块体运动方向与块体沿结构面移动方向是一致的，结构面形态对其运动无阻抗作用；不连续结构面及台阶状结构面则具有联合阻抗外力作用力学效应，它的阻力强度由开裂的结构面阻力强度和岩体抗剪断强度两者共同组成。锯齿状和波状结构面都属于起伏结构面，上覆岩体沿着锯齿状和波状结构面运动时，块体总的运动方向与运动过程中的瞬时运动方向不一致，即具有爬坡作用，这种爬坡作用具有增加结构面抵抗外力的能力。粗糙度对岩体结构面力学性质的影响一般分为3个级别，即粗糙的、平滑的、镜面的。粗糙的结构面抗剪强度参数c、φ都比较高；而镜面的结构面一般不存在咬合力，即$c=0$，φ也很低，与残余强度相当；平滑的则处于粗糙的与镜面的之间。

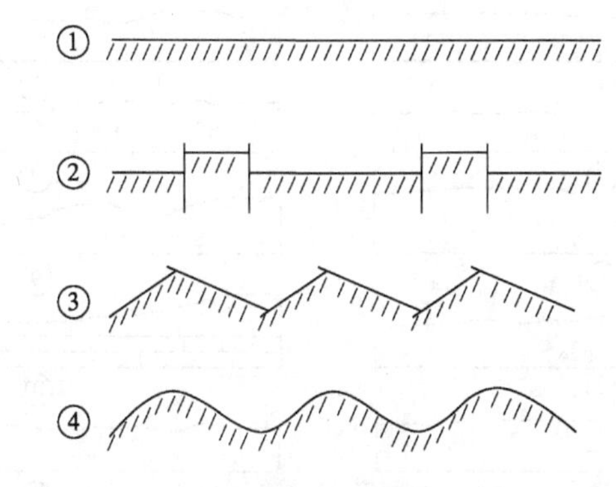

图4.37　结构面起伏形态类型(孙广忠，1988)
①平直结构面；②台阶状结构面；③锯齿状结构面；④波状结构面

由分析可知，国际岩石力学学会建议的不平整度与孙广忠提出的粗糙度是等价的；国际岩石力学学会建议的波动起伏度与孙广忠提出的起伏度是相对应的，但两者对台阶状结构面的定义有区别，孙广忠定义的台阶状结构面描述了结构面组合的表面形态。

2)岩体结构面典型表面轮廓曲线

自1992年起，本书作者进行了大量的野外岩体结构面表面形态调查，利用轮廓曲线仪绘制了小浪底钙质细砂岩节理、黏土岩节理、钙质泥质细砂岩节理、含钙质结核黏土岩节理、含钙质结核黏土岩层理，台州大溪含集块火山角砾岩节理、熔结凝灰岩节理、凝灰岩节理、辉长辉绿岩节理、角砾状凝灰岩节理，安吉天荒坪粗粒花岗岩节理、凝灰岩节理、灰岩节理、硅质岩节理，东阳火山角砾岩节理、熔结凝灰岩节理、含粗砂岩节理、长石石英中砂岩节理、粉砂岩节理、英安玢岩节理、萤石脉石节理、粉砂岩波痕层理，常山千玫岩千玫理、炭质板岩板理，嵊县晶屑凝灰岩节理、玄武岩柱状节理、粗粒花岗岩节理、粗粒闪长岩节理，普舵朱家尖粗粒花岗岩节理、细粒花岗岩节理，诸暨岭北周斜长角闪岩节理、混合角闪岩节理，杭州玉皇山灰岩节理，武当山变质辉绿岩节理、变粒岩节理、片麻岩片麻理，建德钙质细砂岩节理、钙质细砂岩层理、钙质泥岩层理、钙质泥岩节理，丽水熔结凝灰岩节理、砾岩层理、砾岩断层面、砾岩节理、细砂岩层理、细砂岩节理，甘肃北山闪长岩节理等6类硬性结构面(层理、板理、千玫理、片麻理、断层、节理)表面不同取样长度(10cm、20cm、30cm、40cm、50cm、60cm、70cm、80cm、90cm、100cm)的17万条轮廓曲线，抽取了取样长度为10cm的岩体结构面典型表面轮廓曲线(图4.38)、取样长度为15cm的岩体结构面典型表面轮廓曲线(图4.39)和取样长度为22cm的岩体结构面典型表面轮廓曲线(图4.40)，作为岩体结构面表面形态概化模型研究的基本依据。

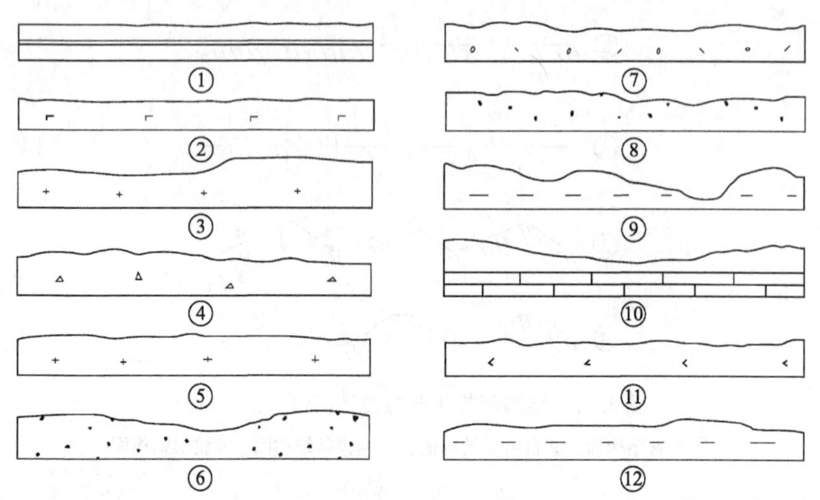

图 4.38 取样长度为 10cm 的岩体结构面典型表面轮廓曲线(比例尺 1∶2)(Du et al.，2014)

①平直光滑(常山炭质板岩板理)；②平直粗糙(嵊县玄武岩柱状节理)；③单台阶状(普舵朱家尖粗粒花岗岩节理)；④多台阶状(东阳火山角砾岩节理)；⑤缓波状(普舵朱家尖细粒花岗岩节理)；⑥波状(东阳粉砂岩波痕层理)；⑦波状(东阳含角砾熔结凝灰岩节理)；⑧波状(小浪底细砂岩节理)；⑨复合波状(小浪底含钙质结核黏土岩节理)；⑩复合波状(杭州玉皇山灰岩节理)；⑪平直-波状(诸暨岭北周混合角闪岩节理)；⑫台阶-波状(小浪底含钙质结核黏土岩节理)

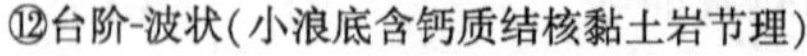

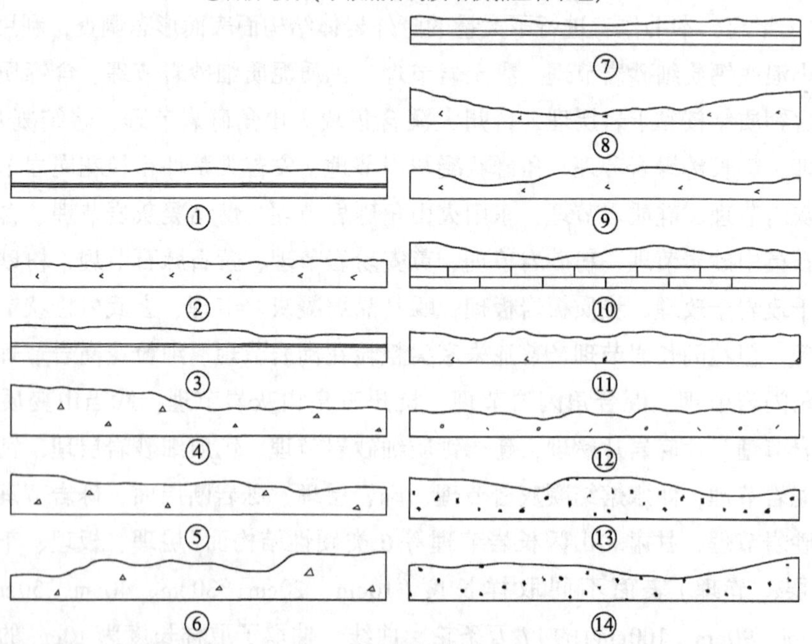

图 4.39 取样长度为 15cm 的岩体结构面典型表面轮廓曲线(比例尺 1∶2)(Du et al.，2014)

①平直光滑(常山炭质板岩板理)；②平直粗糙(诸暨岭北周斜长角闪岩节理)；③单台阶状(常山千玫岩千玫理)；④复合单台阶状(东阳火山角砾岩节理)；⑤多台阶状(东阳火山角砾岩节理)；⑥复合多台阶状(东阳火山角砾岩节理)；⑦波状(常山炭质板岩板理)；⑧波状(诸暨岭北周斜长角闪岩节理)；⑨波状(诸暨岭北周斜长角闪岩节理)；⑩波状(杭州玉皇山灰岩节理)；⑪复合波状(诸暨岭北周混合角闪岩节理)；⑫不对称波状(东阳含角砾熔结凝灰岩节理)；⑬不对称波状(东阳粉砂岩波痕层理)；⑭对称波状(东阳粉砂岩波痕层理)

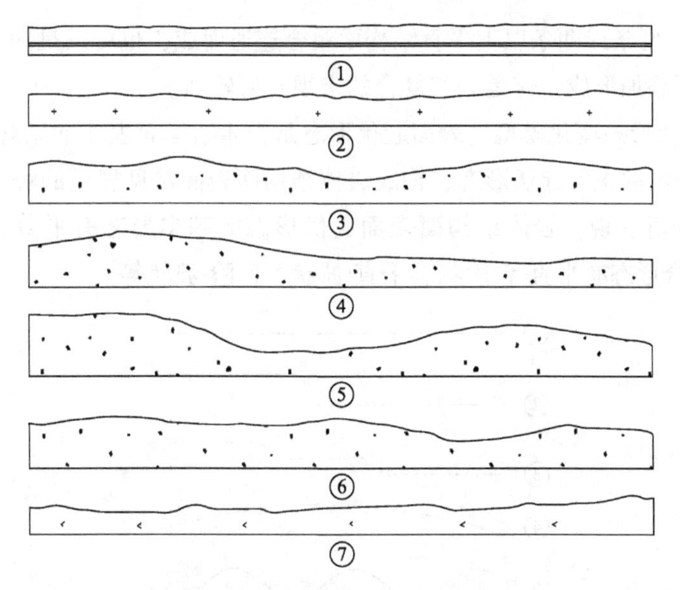

图 4.40　取样长度为 22cm 的岩体结构面典型表面轮廓曲线(比例尺 1:2)(Du et al.，2014)
①平直光滑(常山炭质板岩板理)；②平直粗糙(嵊县粗粒花岗岩节理)；
③波状(东阳粉砂岩波痕层理)；④平直-波状(东阳粉砂岩波痕层理)；⑤台阶-波状(东阳粉砂岩波痕层理)；
⑥台阶-波状(东阳粉砂岩波痕层理)；⑦台阶-波状(诸暨岭北周斜长角闪岩节理)

3)岩体结构面表面形态概化模型

对上述各典型轮廓曲线进行定性描述和表面形态参数的统计分析，得到岩体结构面表面形态概化模型。

(1)宏观几何轮廓概化模型。宏观几何轮廓是对岩体结构面总体几何形态的描述。野外统计调查表明，宏观几何轮廓概化模型可分为如下 3 类(图 4.41)。

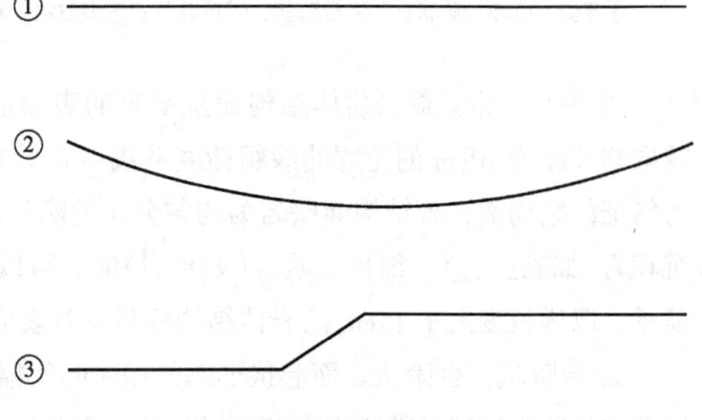

图 4.41　宏观几何轮廓概化模型(Du et al.，2014)
①平直；②弧形；③阶梯状

① 平直。在剪应力环境下形成的以剪切位移为特征的断层一般具有平直的宏观几何轮廓，相互切割形成的不完整节理(野外常见规模的节理)大多具有平直的宏观几何轮廓。海相沉积岩层的层理，变质作用产生的板理、千玫理、片理、片麻理的宏观几何轮廓也大多是平直的。

② 弧形。在张应力环境下形成的以张性位移为特征的节理(完整的节理，一般规模较大)，陆相沉层岩层的层理多具有弧形的宏观几何轮廓。

③ 阶梯状。两条或两条以上平直结构面组合连通而成，也可以是同一结构面在多期地质构造作用下叠加形成，这是一类复合的宏观几何轮廓。

(2)表面起伏形态概化模型。表面起伏形态是岩体结构面表面常见规模的起伏形状，反映了结构面表面的正常起伏形态，构成岩体结构面表面常见规模的峰谷起伏轮廓。野外调查和统计分析发现，岩体结构面表面起伏形态的基本形态有平直、台阶状、波状(图4.42)，复合形态有平直-台阶状、平直-波状、台阶-波状等。

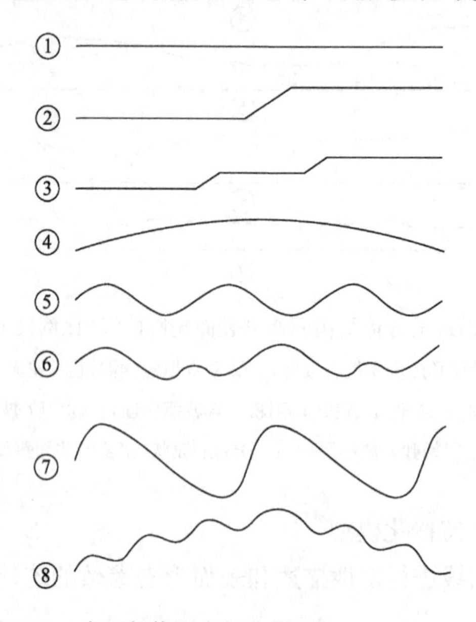

图4.42　表面起伏形态概化模型(Du et al.，2014)

①平直；②单台阶状；③多台阶状；④单波状；⑤多波状；⑥不均匀波状；⑦不对称波状；⑧复合波状

① 平直。常见规模岩体结构面呈平直的表面形态，一般相对起伏幅度 $R_A \leqslant 1/200$，或取样长度为10cm的轮廓曲线粗糙度系数不大于2。在剪应力环境下形成的以剪切位移为特征的结构面，若结构面壁岩为均匀分布的隐晶质或玻璃质岩浆岩(如玄武岩)、细粒沉积岩(如黏土岩)、细粒变质岩(如板岩)时，可以形成平直的表面起伏形态。统计结果显示，取样长度大于15cm的岩体结构面呈平直表面起伏形态的可能性很小。

② 台阶状。台阶状表面起伏形态的相对起伏幅度 $R_A > 1/200$。台阶状结构面形成于以剪切位移为特征的剪应力环境，其结构面壁岩也是细粒均质的岩石，当结构面两盘岩石在相对错动过程中因摩擦、撕裂等作用形成阶步、反阶步等形态时，表面起伏形态呈台阶状。在以张开位移为特征的张应力环境下，结构面表面往往形成羽饰构造，两个羽饰构造的边缘过渡部位可以形成台阶状的形态。

③ 波状。波状是岩体结构面最常见的表面起伏形态，也是节理和层理最常见的表面起伏形态，波状表面起伏形态的相对起伏幅度 $R_A \leqslant 1/200$。无论是以剪切位移为特征的

剪应力环境还是以张开位移为特征的张应力环境，不管是均质的结构面壁岩还是非均质的结构面壁岩，细粒物质构成的结构面壁岩或粗粒物质构成的结构面壁岩都可以形成波状的表面起伏形态。野外调查发现，波状起伏形态的坡面通常有单坡状和复合坡状两种坡形。图4.43所示为岩体结构面表面坡面形态的概化模型，分析波状结构面的坡面形态的力学效应可知，单坡状结构面表面起伏形态的起伏角即为坡的仰角(图4.43①)。复合坡状结构面表面起伏形态的起伏角有两种情况：当次级波的仰坡角比较均匀时，次级波的波峰包络线构成的仰角作为复合坡的起伏角(图4.43②)；当次级波的仰坡角不均匀，某一个次级波的仰坡角明显大于其他次级波的仰坡角时，这个大的次级波仰坡角将起控制作用，即应以大的次级波仰坡角代表复合波的仰坡角(图4.43③中的i_3)。

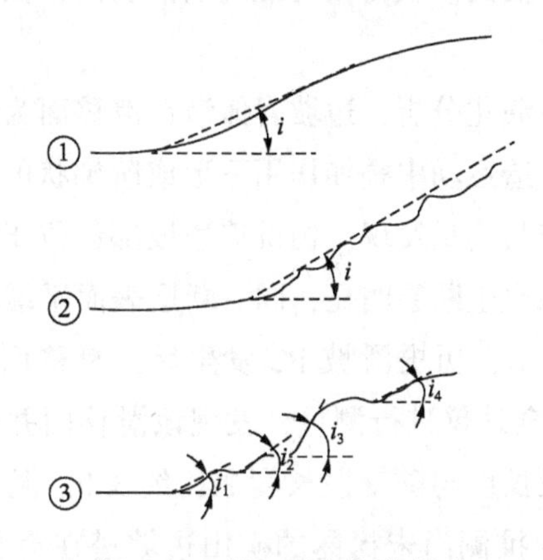

图4.43　坡面形态概化模型

试验结果显示，拉断形成的新鲜节理表面可以形成锯齿状的表面起伏形态。拉张应力环境下形成的锯齿状岩体结构面，由于受后期地质营力的改造，锯齿状表面起伏形态被改造成波状。也就是说，自然岩体结构面中，锯齿状的表面起伏形态难以保存。

综上所述，岩体结构面的表面起伏形态概化模型为波状或以波状为主的波状-平直、波状-台阶状等复合形态。波状形态是工程岩体绝大多数硬性结构面的表面起伏形态概化模型。通常，若结构面规模较小，表面起伏形态以单形态(平直、台阶状、波状)为主；随着结构面规模增大(大于20cm)，表面起伏形态表现为复合形态的特点。

(3)微观粗糙度概化模型。微观粗糙度是岩体结构面表面最小一级的粗糙起伏形态，反映表面起伏形态峰谷坡面上次一级的微小几何特征，微观粗糙度的基本形态有光滑和粗糙两种(图4.44)。

① 光滑。相对起伏幅度$R_A \leqslant 1/600$，板岩、黏土岩等结构面壁岩由均匀分布的细粒物质构成，表面常具有光滑的微观粗糙度形态(图4.44①)。

② 粗糙。相对起伏幅度$1/600 \leqslant R_A \leqslant 1/200$，结构面壁岩组成颗粒不均匀或颗粒粗大，或结构面形成时应力传播不连续、不均匀时，结构面表面的微观粗糙度往往表现为

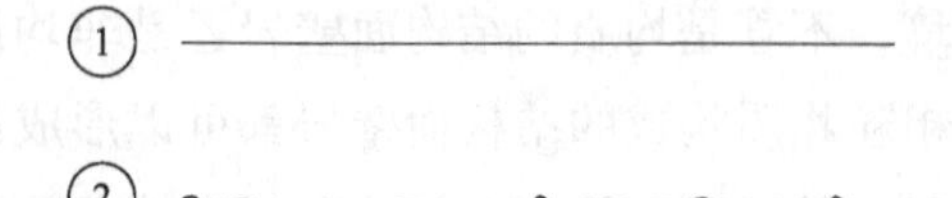

图 4.44　微观粗糙度概化模型(Du et al.，2014)
①光滑；②粗糙

粗糙的形态(图 4.44②)。自然界绝对光滑的微观粗糙度形态非常少见，一般结构面的微观粗糙度是粗糙的。

4)边坡岩体潜在滑移面概化模型

潜在滑移面所对应的岩体结构面的宏观几何轮廓决定了潜在滑移面的形态。滑移面的合理确定对边坡稳定性准确评价起到非常重要的作用。现场调查发现，杨桃坞台阶边坡、组合台阶边坡的稳定性受岩体结构面控制。前人将杨桃坞边坡岩体简单视为破碎岩体，依据圆弧滑动法搜索最危险滑移面进而评价边坡稳定性的做法是不妥的。获得较为准确的潜在滑移面几何特征是进行边坡稳定性分析的前提。

根据边坡岩体地质构造演化分析，边坡岩体潜在滑移面为追踪板理或千枚理形成的断层，结构面在多期地质构造运动中叠加作用下形成阶梯状的形态，这是一类复合的宏观几何轮廓。根据现场调查与测量发现，杨桃坞边坡部位位于背斜西翼一侧的部分，缓坡长、陡坡短，沿陡坡追踪次生断层明显，同一断层表面平缓段长度与陡变段长度之比为2.5～3.5。如图 4.45 所示，历史滑坡 B2 发生后，滑移面完全暴露，滑移面(断层F3)表面光滑、连续，采用全站仪进行测量，发现该滑移面并非完全平直，而是呈阶梯状分布，滑移面表面平缓段长度与陡变段长度之比约 3.0。基于构造演化的断层形成过程分析与现场测量结果，为推测尚未揭露的矿山边坡潜在滑移面表面起伏形态提供了依据。

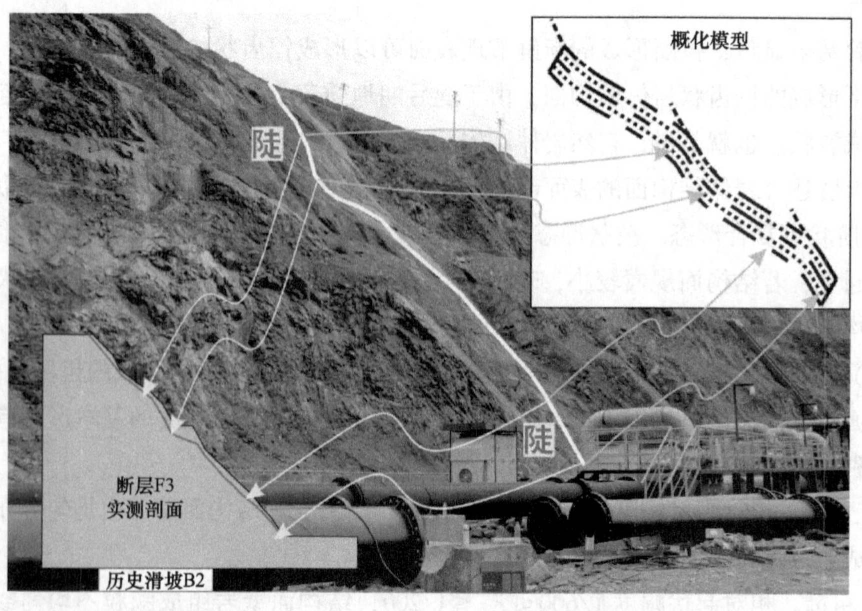

图 4.45　岩体潜在滑移面概化模型(以断层 F3 为例)

3. 边坡潜在滑移面及潜在滑移方向确定

断层F2为B(-10T)组合台阶边坡发生单平面型滑移破坏的潜在滑移面，断层F2产状为345°∠45°，其倾向与B(-10T)组合台阶边坡倾向交角为5°，顺坡向。

断层F3为C(-10T)组合台阶边坡发生单平面型滑移破坏的潜在滑移面，断层F3产状为347°∠42°，其倾向与C(-10T)组合台阶边坡倾向交角为29°，顺坡向。

断层F4为C(-10T)组合台阶边坡发生单平面型滑移破坏的潜在滑移面，断层F4产状为348°∠44°，其倾向与C(-10T)组合台阶边坡倾向交角为28°，顺坡向。

断层F6为B(50T)组合台阶边坡发生单平面型滑移破坏的潜在滑移面，断层F6产状为333°∠41°，其倾向与边坡倾向交角为37°，倾向坡外。

台阶边坡B(-10T)-U、B(-10T)-D的潜在滑移面为断层F2。台阶边坡C(-10T)-U、C(-10T)-D的潜在滑移面为与断层F3(板岩与千枚岩接触带断层滑移面)或者断层F4(千枚岩断层滑移面)产状相同的板理。

台阶边坡B(50T)-U、B(50T)-D的潜在滑移面为与断层F6产状相同的千枚理。

第 5 章　杨桃坞多级边坡潜在滑移面抗剪强度精确获取

基于第 4 章中矿山边坡稳定性分级分析结果，依据判断的潜在变形破坏模式，在边坡潜在滑移面上进行了现场试验，并沿着潜在滑动方向进行了统计测量，结合结构面尺寸效应客观规律，提出了一套大型露天矿山边坡岩体结构面抗剪强度精细取值方法，对杨桃坞边坡岩体结构面进行了取值研究，为边坡稳定性评价提供了可靠的计算参数。

5.1　结构面表面形态分级与表面形态基本特性

5.1.1　结构面表面形态分级

1. 宏观几何轮廓

宏观几何轮廓构成岩体结构面表面最大一级的几何轮廓，反映结构面宏观总体的几何形态。在边坡稳定性分析时，如果结构面构成边坡岩体潜在滑移面，则宏观几何轮廓决定了该潜在滑移面的形状：平直的宏观几何轮廓构成平直状潜在滑移面，弧型的宏观几何轮廓构成弧型潜在滑移面，折线型的宏观几何轮廓构成折线型潜在滑移面。

2. 表面起伏形态

表面起伏形态构成岩体结构面表面常见的一级形态，它构成结构面表面常见规模的峰谷起伏轮廓，体现了结构面表面的起伏程度。表面起伏程度通常用爬坡角或起伏角来表征，是影响结构面力学性质的主导因素。

Patton(1966)分析了具有规则峰谷起伏结构面的普遍化模型，推导了粗糙起伏结构的抗剪强度关系式(5.1)。由式(5.1)不难看出，结构面峰值摩擦角 φ_{peak} 由残余摩擦角 φ_r 和起伏角 i 两部分构成：

$$\varphi_{peak} = i + \varphi_r \tag{5.1}$$

就规则起伏结构面而言，起伏角 i 即表面起伏形态峰的仰角[图 5.1(a)]。郭志(1996)的结构面模型试验结果表明，在两盘接触比较吻合的、具有多重起伏的结构面

[图5.1(b)]中，大起伏角控制结构面的力学效应。因此，表面起伏形态是控制结构面起伏角 i 的决定性因素，宏观几何轮廓对结构面起伏角 i 有一定的影响。

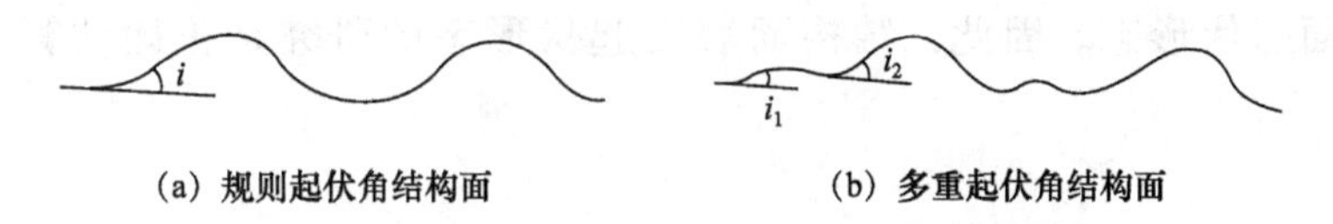

(a) 规则起伏角结构面　　(b) 多重起伏角结构面

图5.1　结构面起伏角的确定(杜时贵，1999)

3. 微观粗糙度

微观粗糙度是岩体结构面表面最小一级的粗糙起伏形态，是矿物颗粒或细小矿物晶体在结构面表面的分布排列特征的具体体现。

就表面起伏角 i 为零的平直结构面而言，式(5.1)可表示为

$$\varphi_{\text{peak}}=\varphi_{\text{r}} \tag{5.2}$$

可见，摩擦角不受表面起伏形态和宏观几何轮廓影响的平直结构面(相当于表面起伏形态峰或谷坡面的放大)，其峰值摩擦角即残余摩擦角。若将残余摩擦角 φ_{r} 分解成几何组分 φ_{rs} 和物质组分 φ_{rm}，显然，微观粗糙度构成几何意义上的残余摩擦角，即 φ_{rs}。

岩体结构面表面形态力学机制研究认为，表面起伏形态是控制结构面起伏角 i 或粗糙度系数JRC的决定性因素，而宏观几何轮廓对结构面起伏角 i 或粗糙度系数JRC的影响可忽略不计，微观粗糙度的作用是构成几何意义上的残余摩擦角 φ_{rs}(图5.2)。

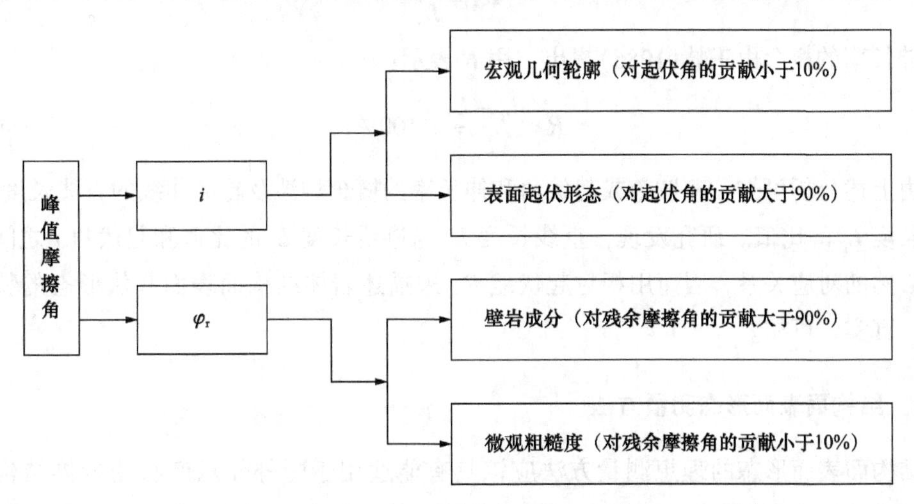

图5.2　结构面表面形态力学机制(杜时贵和樊良本，1995)

以上分析结果提示我们，岩体结构面力学机制是结构面表面起伏形态和微观粗糙度共同特征的函数。壁岩成分相同的结构面，φ_r 是某一确定的值，决定结构面峰值摩擦角的主要是表面起伏形态。因此，结构面表面起伏形态的研究是正确估算力学参数的关键。

5.1.2 结构面表面形态描述指标

由前一节分析可知，结构面表面形态可分为宏观几何轮廓、表面起伏形态和微观粗糙度三个级别，其中，对结构面力学性质起决定性影响的是表面起伏形态。因此，对结构面表面形态基本特征的研究主要考虑表面起伏形态的基本特征，其描述指标有爬坡角或起伏角、相对起伏差、伸长率等。

爬坡角或起伏角是结构面表面形态描述和力学性质研究中最常用的指标，其定义为结构面表面轮廓曲线仰坡的最大坡角，以 i 表示，一般用 Turk 和 Dearman(1985)提出的直接测量法求得：

$$\cos i = \frac{L_d}{L_t} \tag{5.3}$$

式中：L_d 为轮廓曲线的直线长度；L_t 为轮廓曲线的迹线长度。

相对起伏差是直边法(Barton et al.，1982；杜时贵，1992)求取岩体结构面粗糙度系数 JRC 必不可少的指标，常用 R_A 表示，相对起伏差 R_A 等于结构面表面轮廓曲线起伏幅度 R_y 与取样长度 L_n 的比值，即

$$R_A = \frac{R_y}{L_n} \tag{5.4}$$

伸长率的概念由王岐(1986)提出，用 R 表示：

$$R = \frac{L_t - L_d}{L_d} \times 100\% \tag{5.5}$$

由上述分析可知，爬坡角或起伏角和伸长率的概念均涉及轮廓曲线的直线长度 L_d 与迹线长度 L_t 的比值。研究发现，直线长度 L_d 与迹线长度 L_t 的比值和起伏角 i 之间并不存在必然的对应关系，因而用相对起伏差 R_A 来描述岩体结构面表面起伏形态的特征更客观、真实、可靠。

5.1.3 结构面表面形态测量方法

结构面表面形态的理想测量方法应该具有能适用于野外任意产状的岩体结构面测量、可连续地绘制任意方向的结构面表面轮廓曲线和进行表面形态测量的优点，即具有精度满足要求、重量轻、体积小、携带方便、操作简便、绘制或测量速度快等特点。轮廓曲线仪(图 5.3)和粗糙度尺(图 5.4)能较好地满足上述要求。

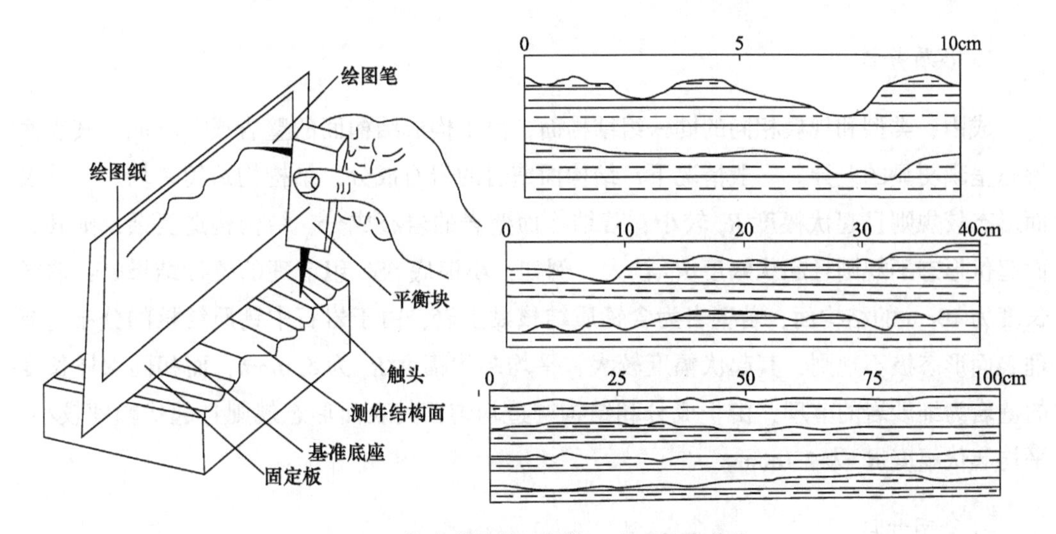

图 5.3　轮廓曲线仪及结构面表面轮廓曲线

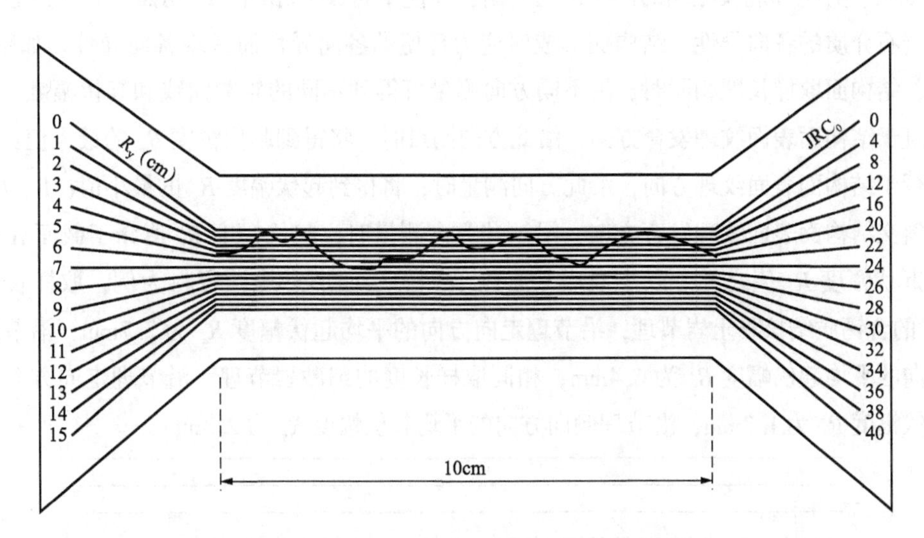

图 5.4　测量结构面表面轮廓曲线起伏幅度(R_y)的粗糙度尺(杜时贵，1999)

JRC_0——标准尺寸 10cm 时结构面的 JRC

5.1.4　岩体结构面表面形态基本特性

为分析岩体结构面表面形态特征，对小浪底、朱家尖、大溪岭、常山、杭州等地的结构面进行了大量的野外调查和统计测量。分析发现，岩体结构面表面形态具有各质异性、各向异性、非均一性和尺寸效应等特征。

1. 各质异性

成因、类型和规模相同的同一组结构面，由于构成结构面的壁岩成分不同，其表面形态呈现明显的差异。一般情况下，结构面壁岩的岩石成分、结构构造简单均一，其表面形态较规则且起伏幅度 R_y 较小；若结构面壁岩的岩石成分、结构构造复杂，则其表面起伏形态不规则且起伏幅度 R_y 较大。例如，小浪底 SSE 组节理的统计结果是：取样长度为 10cm 的结构面，若壁岩为含钙质结核黏土岩，由于岩石中钙质结核的分布，节理表面形态极不规则，其起伏幅度较大，平均起伏幅度 R_y 为 5. 0mm；而相同取样长度的壁岩为细砂岩的节理，由于成分和结构构造均匀，其表面形态规则且起伏幅度较小，平均起伏幅度 R_y 为 2. 0mm。

2. 各向异性

成因、类型和规模相同的同一组结构面，即使壁岩成分相同，结构面的表面形态也会由于岩石介质的各向异性、结构面形成时应力环境的各向异性而呈现各向异性。如图 5. 5 所示，结构面取样长度相同时，沿不同方向测量可得到不同的轮廓曲线和起伏幅度。A 截面垂直于结构面表面纹理发育方向，沿此方向测量时，将得到起伏幅度 R_y 的最大值；E 截面平行于结构面表面纹理方向，沿此方向测量时，将得到起伏幅度 R_y 的最小值；B、C、D 截面斜交结构面表面纹理发育方向，沿这些方向测量时，起伏幅度 R_y 值介于截面 A 和截面 B 起伏幅度 R_y 值之间。以小浪底 SSE 组节理的表面形态统计资料为例，取样长度为 10cm 的含钙质结核黏土岩节理，沿节理走向方向的平均起伏幅度 R_y 为 3. 7mm，沿节理倾向方向的平均起伏幅度 R_y 为 6. 4mm；相同取样长度的细砂岩节理，沿节理走向方向的平均起伏幅度 R_y 为 1. 7mm，沿节理倾向方向的平均起伏幅度 R_y 为 2. 3mm。

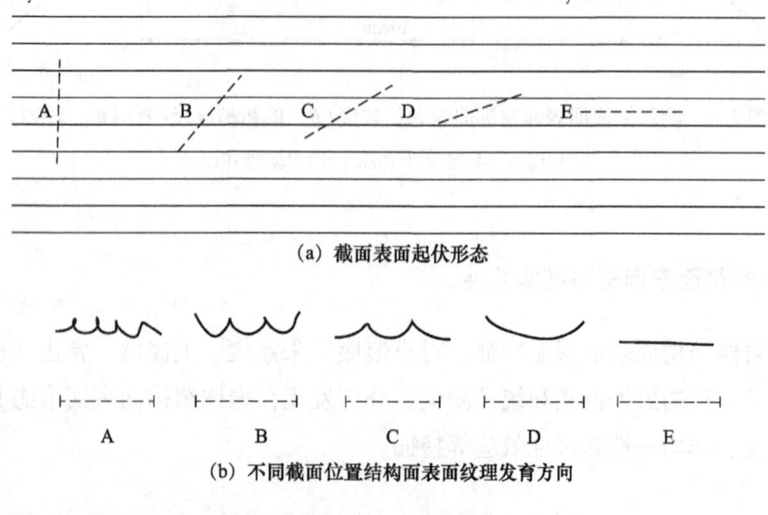

图 5. 5　结构面表面形态的各向异性(杜时贵，1994)

3. 非均一性

壁岩成分相同的同一组结构面，即使沿同一方向测量，各测量段的表面形态也存在差异。如图 5.6 所示，将小浪底 SSE 组含钙质结核黏土岩节理沿节理倾向方向的表面轮廓曲线，等间距分割成 10 条取样长度为 10cm 的轮廓曲线，发现不同测段的结构面表面形态各不相同，测段 1 至测段 10 各表面形态的起伏幅度 R_y 分别为 9.8mm、10.2mm、2.0mm、6.0mm、5.5mm、4.0mm、8.8mm、11mm、6.5mm 和 6.5mm。

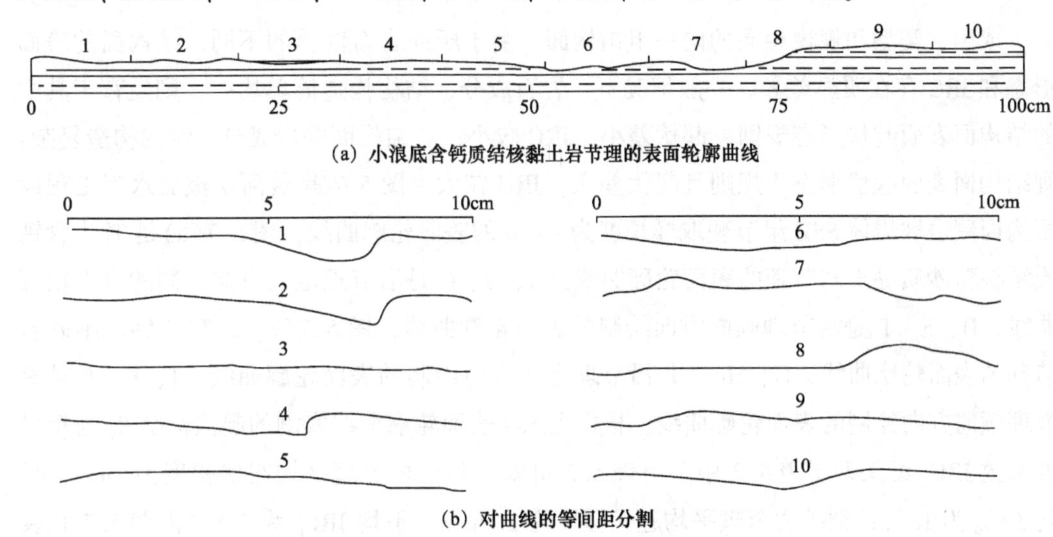

图 5.6 结构面表面形态的非均一性(杜时贵，1994)

4. 尺寸效应

岩体结构面表面形态的尺寸效应指轮廓曲线的起伏幅度 R_y 随结构面取样长度增大而降低的特性。表 5.1 是小浪底 SSE 组含钙质结核黏土岩节理沿走向方向起伏幅度 R_y 的测量统计结果。由表 5.1 可知，随着结构面取样长度增大，平均起伏幅度值明显减小。

表 5.1 小浪底 SSE 组含钙质结核黏土岩节理沿走向方向起伏幅度 R_y 测量统计结果

取样长度/cm	10	20	30	40	50	100	300
测量样本数/条	88	84	83	87	43	35	12
平均起伏幅度/mm	3.89	3.14	3.00	2.98	2.53	1.80	1.03

5.2 结构面粗糙度系数和抗剪强度基本特性

5.1 节中讨论了结构面表面形态的基本特征，结构面粗糙度系数是结构面表面形态特征的定量表达，粗糙度系数可体现结构面表面形态的基本特征。同时，结构面粗糙度系数与抗剪强度具有高度的一致性，在相同试验条件下且结构面两侧壁岩性质相近时，结构面试样的抗剪强度由结构面表面自身粗糙起伏性质决定。因此，结构面粗糙度系数、抗剪强度也存在各质异性、各向异性、非均一性及尺寸效应现象。

5.2.1　各质异性

成因、类型和规模相同的同一组结构面，由于所处岩石性质的不同，结构面的表面形态和 JRC 存在明显差异。一般情况下，岩石成分、结构构造简单均一，则发育于其中的结构面表面起伏形态规则、起伏差小，JRC 较小；若结构面壁岩成分、结构构造复杂，则结构面表面起伏形态不规则且起伏差大，JRC 较大。图 5.7 是黄河小浪底水库工程风雨沟西侧边坡岩体 SSE 组节理取样长度为 10cm 的表面轮廓曲线，图 5.7(a)是 T_1^{6-1} 含钙质结核粉砂质黏土岩节理的表面轮廓曲线，A、B、C 是沿节理走向方向绘制的表面轮廓曲线，D、E、F 是沿节理倾向方向绘制的表面轮廓曲线；图 5.7(b)是 T_1^{6-3} 钙质细砂岩节理的表面轮廓曲线，G、H、I 是沿节理走向方向绘制的表面轮廓曲线，J、K、L 是沿节理倾向方向绘制的表面轮廓曲线。根据图 5.7 表面轮廓曲线实测的起伏幅度 R_y 与粗糙度系数 JRC_0 结果列于表 5.2 中。由表 5.2 可知，黏土岩节理平均起伏幅度为 5mm，平均 JRC_0 为 18.2；细砂岩节理平均起伏幅度为 2.0mm，平均 JRC_0 为 7.8。由图 5.7 和表 5.2 资料充分证明，结构面表面形态和粗糙度系数存在各质异性。

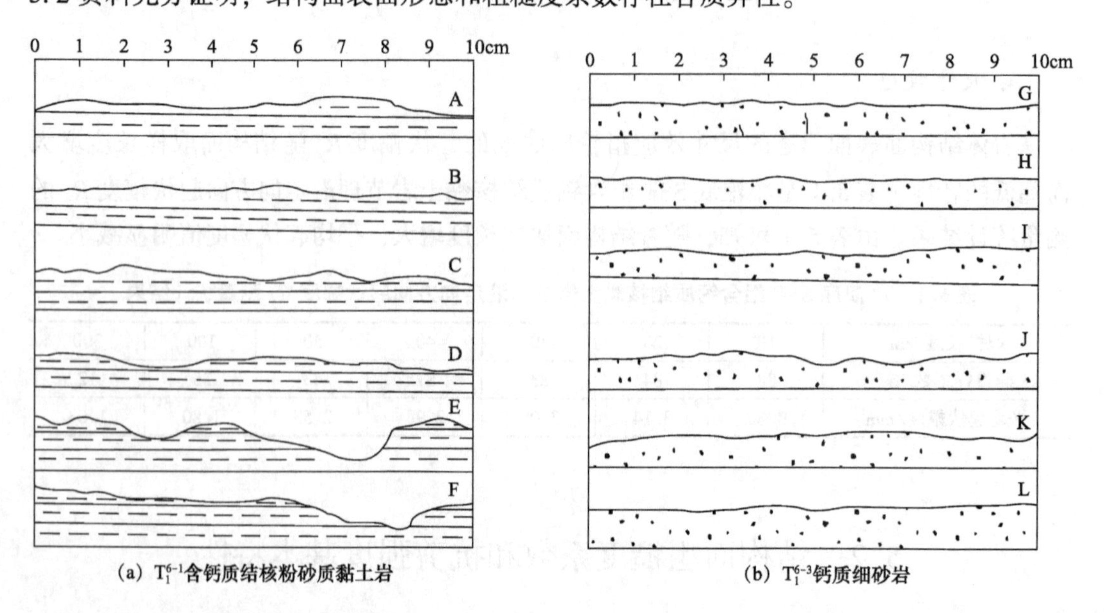

(a) T_1^{6-1}含钙质结核粉砂质黏土岩　(b) T_1^{6-3}钙质细砂岩

图 5.7　结构面表面形态和 JRC 的各质异性(杜时贵，1994)

表 5.2　SSE 组节理起伏幅度 R_y 和粗糙度系数 JRC_0 实测结果(杜时贵，1994)

<table>
<tr><th rowspan="2">曲线编号</th><th rowspan="2">壁岩成分</th><th colspan="3">起伏幅度 R_y/mm</th><th colspan="3">粗糙度系数 JRC_0</th></tr>
<tr><th>实测值</th><th colspan="2">平均值</th><th>实测值</th><th colspan="2">平均值</th></tr>
<tr><td>A</td><td rowspan="6">T_1^{6-1} 含钙质结核粉砂质黏土岩</td><td>4.0</td><td rowspan="3">3.7</td><td rowspan="6">5.0</td><td>16</td><td rowspan="3">14.7</td><td rowspan="6">18.2</td></tr>
<tr><td>B</td><td>3.5</td><td>14</td></tr>
<tr><td>C</td><td>3.5</td><td>14</td></tr>
<tr><td>D</td><td>3.2</td><td rowspan="3">6.4</td><td>13</td><td rowspan="3">21.7</td></tr>
<tr><td>E</td><td>10.0</td><td>30</td></tr>
<tr><td>F</td><td>6.0</td><td>22</td></tr>
<tr><td>G</td><td rowspan="6">T_1^{6-3} 钙质细砂岩</td><td>1.5</td><td rowspan="3">1.5</td><td rowspan="6">1.9</td><td>6</td><td rowspan="3">6.0</td><td rowspan="6">7.8</td></tr>
<tr><td>H</td><td>1.0</td><td>4</td></tr>
<tr><td>I</td><td>2.0</td><td>8</td></tr>
<tr><td>J</td><td>3.2</td><td rowspan="3">2.3</td><td>14</td><td rowspan="3">9.7</td></tr>
<tr><td>K</td><td>2.2</td><td>9</td></tr>
<tr><td>L</td><td>1.5</td><td>6</td></tr>
</table>

5.2.2　各向异性

成因、类型和规模相同的同一组结构面，即使处于同一岩石中，结构面的表面形态和粗糙度系数 JRC 也会因为岩石介质的各向异性、结构面形成时应力环境的各向异性而呈现各向异性。杜时贵和唐辉明(1993)结合不同方向粗糙度系数实测值的统计结果，系统地阐述了小浪底硅质细砂岩结构面粗糙度系数尺寸效应的各向异性规律，如图 5.8 所示。可见，结构面表面 JRC 的各向异性具有普遍意义。受结构面粗糙度各向异性的影响，结构面试样沿着不同剪切方向进行剪切时，抗剪强度参数也会出现很大的差异性。岩质边坡发生失稳时，往往沿着结构面表面特定方向发生滑移。因此，结构面的抗剪特性应该与滑坡沿滑移面发生滑移破坏的方向相对应，只有沿着潜在滑移方向剪切获得的结构面抗剪强度参数，才能表征该结构面对边坡稳定性影响的剪切性质。

5.2.3　非均一性

处于同一岩石中的同一组结构面，即使沿同一方向进行量测，各量测段粗糙度系数 JRC 也存在差异(图 5.9)。以一块 100cm 长的板岩结构面为例，按取样长度沿结构面方向可以划分为不同的试样[图 5.9(a)]。相同试样长度下，结构面粗糙度系数出现了很大的离散性，而且试样越小，JRC 数据的离散性越大[图 5.9(b)]。

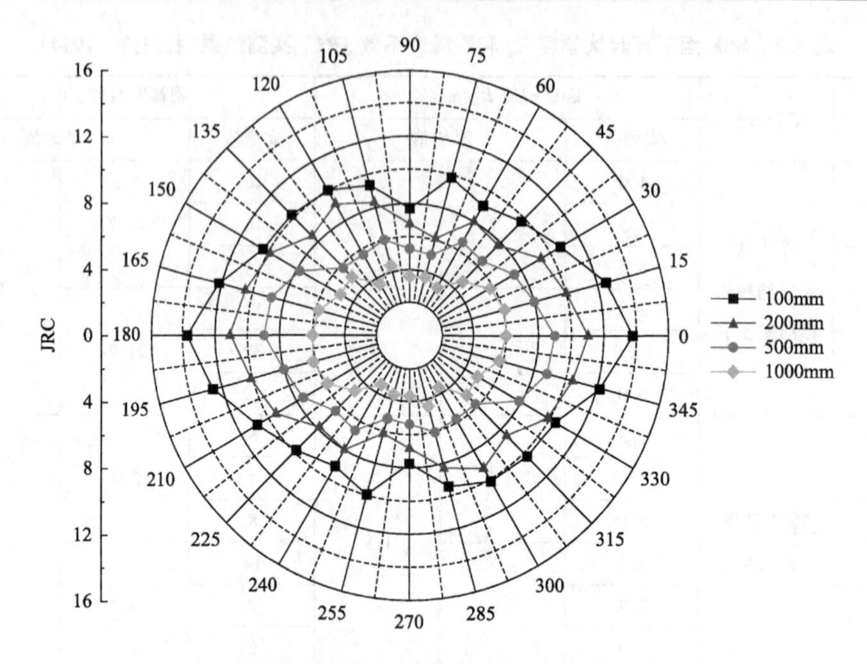

图 5.8　结构面粗糙度系数的各向异性特征（Yong et al.，2020）

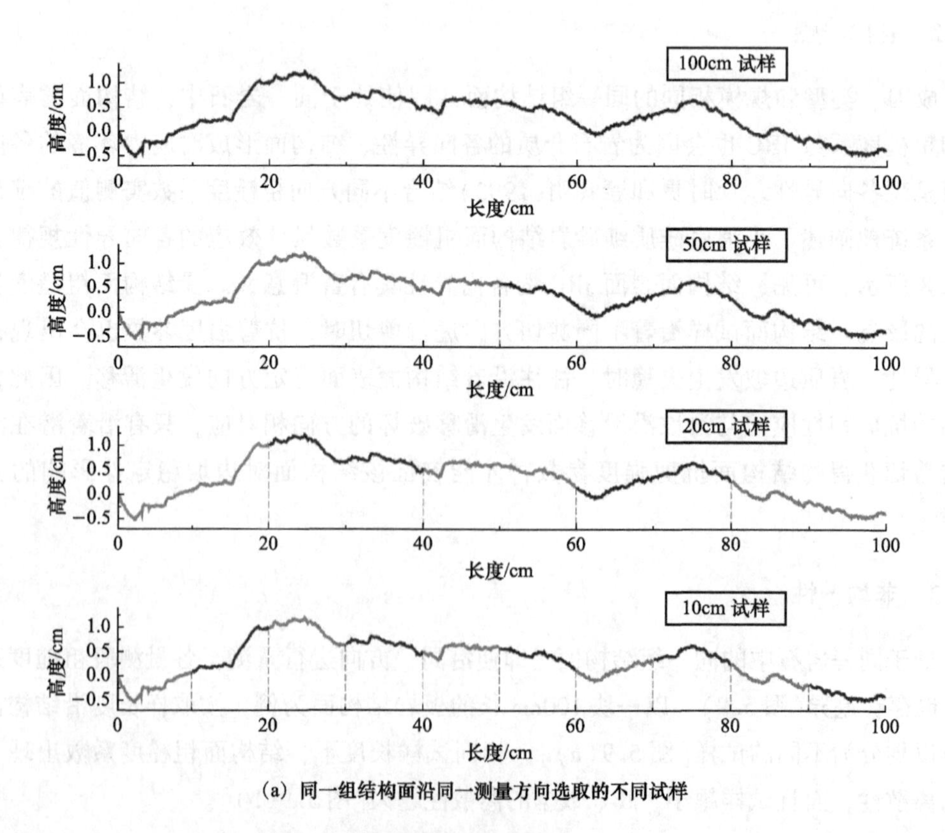

(a) 同一组结构面沿同一测量方向选取的不同试样

图 5.9　结构面粗糙度系数的非均一特征（Yong et al.，2021）

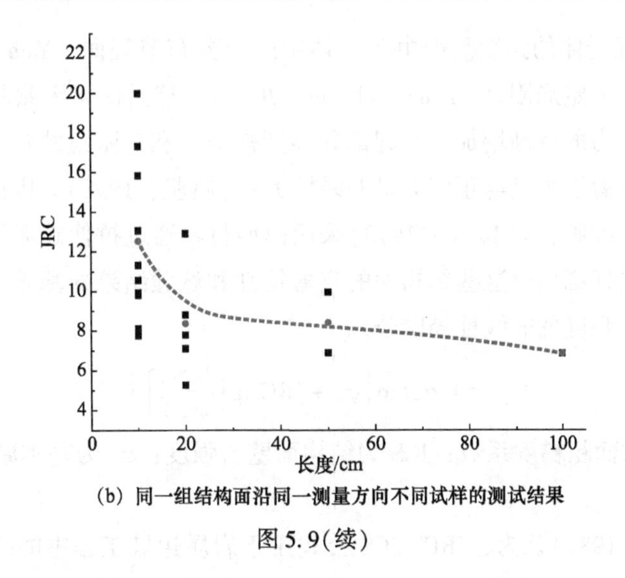

(b) 同一组结构面沿同一测量方向不同试样的测试结果

图5.9(续)

5.2.4 尺寸效应

尺寸效应现象不仅存在于岩体抗拉、抗剪、抗压和流变性质中，还存在于结构面的强度和变形行为中(孙广忠，1988)。结构面力学行为的尺寸效应是普遍存在的，它是由结构面粗糙度系数JRC和壁岩强度JCS的尺寸效应引起的，并且受法向应力水平及荷载特点的影响(章仁友 等，1993)。20世纪60年代以来，人们从原状结构面尺寸效应试验和模型结构面尺寸效应试验两个方面，试图揭示岩体结构面抗剪强度尺寸效应的一般规律(Krsmanovic and Popovic，1966；Locher and Rieder，1970；Pratt et al.，1974；Muralha et al.，1990；Yoshinaka et al.，1993)，开展了基于结构面粗糙度系数尺寸效应规律的试验研究。例如，Barton(1973)利用不同尺度的原岩张拉结构面的倾斜试验，证明了结构面粗糙度系数随结构面尺寸的增大而减小的规律；Barton和Bandis(1980)通过模型试验研究表明，岩体模拟结构面的粗糙度系数存在尺寸效应；杜时贵(2005)通过对小浪底、北山等地区的大量结构面野外调查和统计测量发现岩体结构面粗糙度系数也具有尺寸效应特征。研究表明，结构面粗糙度系数与抗剪强度具有很好的一致性，粗糙度系数尺寸效应是结构面力学性质尺寸效应的本质根源(Ueng et al.，2010；Fardin et al.，2001；Grasselli，2006)。在相同试验条件下且结构面两侧壁岩性质相近时，相同大小的结构面试样的抗剪强度由结构面表面自身粗糙起伏性质决定。

5.2.5 JRC-JCS强度准则

强度预测是岩体稳定性分析的重要内容。目前，大部分研究者采用Mohr-Coulomb线性准则描述岩体的强度(Maghous et al.，2008；Galic et al.，2008；Singh et al.，2008；何忠明 等，2008)，大部分软件也基于Mohr-Coulomb线性准则，该准则采用黏聚力 c 和

内摩擦角 φ 来表征岩体的强度。但由于岩体中广泛分布节理面，Mohr - Coulomb 准则对岩体强度的描述有一定局限性(Yang and Yin，2004)。这是由于天然粗糙节理面剪切强度的增长率随正应力的逐渐增加、凸起部分逐渐被剪切和扩张角的减小而减小，从而导致天然粗糙节理面剪切强度与正应力呈非线性关系(赵坚，1998)。因此，一些研究者提出了相应的曲线型准则，如 Barton(1973)采用模型材料通过拉伸破坏形成的粗糙起伏面来模拟结构面，在仔细研究这些结构面的直剪特性和试验结果的基础上，提出了用于估算岩体结构面抗剪强度的非线性经验公式，

$$\tau = \sigma_n \tan\left[\varphi_b + \mathrm{JRC}\ \lg\left(\frac{\mathrm{JCS}}{\sigma_n}\right)\right] \tag{5.6}$$

式中：JRC 为结构面粗糙度系数；JCS 为结构面壁岩强度；φ_b 为基本摩擦角；σ_n 为有效法向应力。

Hoek 和 Bray(1981)认为，JRC - JCS 公式用于岩质边坡工程中的结构面抗剪强度估算是非常有用的。Barton 等提出的 Barton - Bandis 节理剪切强度经验准则是目前最常用的剪切强度模型，具有较好的工程应用价值(Choi and Chung，2004；Barton and Choubey，1977；李永红 等，2009；师华鹏 等，2016；罗强 等，2013)。

然而，传统方法还存在很大的局限性。例如，确定结构面 JRC 一般通过参照 Barton 给出的典型曲线对比取值，测量结果受人为因素干扰大、结果可比性较差；缺少结构面 JR 尺寸效应规律的系统研究，确定工程尺度结构面抗剪强度参数存在困难；没有考虑结构面抗剪强度参数的统计规律，忽视了结构面抗剪强度的不确定性。

5.2.6 边坡潜在滑移面抗剪强度精确获取的必要性

岩体结构面是控制矿山边坡稳定性的重要因素。矿山边坡稳定性评价时，边坡潜在滑移面抗剪强度获取的精确性对边坡稳定性评价结果有至关重要的影响。前面两节介绍了结构面表面形态、结构面粗糙度系数与结构面抗剪强度的基本特征，为了获得准确的矿山边坡稳定性评价结论，必须对边坡潜在滑移面所对应的结构面实施抗剪强度精确获取。

首先，必须根据矿山边坡破坏模式，判断岩质边坡的潜在滑移面和潜在滑动方向。在相同的岩体中，不同结构面力学性质存在很大的差异，非潜在滑移面的结构面抗剪强度参数不能用于边坡稳定性评价与分析，只有潜在滑移面对应的结构面的力学性质才能反映岩质边坡的变形破坏行为。各向异性是结构面中普遍存在的现象，只有沿潜在滑移方向研究分析得到的结构面抗剪强度参数，才能体现结构面对矿山边坡稳定性的真实影响。

其次，结构面力学性质随取样尺寸的增大而变化是众所周知的现象，尺寸效应已成为研究结构面力学行为不可忽略的一个部分(冯夏庭 等，2012；刘泉声 等，2010；陈云娟 等，2014)。工程实践中，常规尺寸(15cm × 15cm 至 30cm × 30cm)的结构面试验结果必须根据力学性质稳定阈值经过尺寸效应折减取值才能应用于工程岩体(结构面尺寸几百厘米 ×

几百厘米至几千厘米×几千厘米)的稳定性计算评价。然而，这种做法掩盖了具体工程岩石结构面抗剪强度尺寸效应的特殊性，既不科学也不合理，可靠度低，而且受人为因素的影响，导致结构面力学参数评价结果的不可重复性。在进行矿山岩质边坡稳定性分析时，迫切需要研究岩体结构面抗剪强度参数的尺寸效应规律，进而得到可以直接用于指导工程实践的结构面抗剪强度参数。

5.3　总体边坡潜在滑移面抗剪强度精确获取

根据第 4 章中杨桃坞总体边坡的整体稳定性分析可知，控制岩体稳定性的断层面倾角大于坡角，总体边坡的整体稳定性较好，不会沿着层面、断层发生整体破坏。同时，由于本次矿山边坡调查的重点在 -10m 组合台阶边坡和 50m 组合台阶边坡，尚未涉及总体边坡的局部稳定性分析。因此，无须进行总体边坡结构面抗剪强度精确获取。

5.4　组合台阶边坡潜在滑移面抗剪强度精确获取

5.4.1　A(-10T)组合台阶边坡

依据赤平投影分析结果，A(-10T)组合台阶边坡整体稳定性和局部稳定性均较好，无须进行岩体结构面抗剪强度精确获取。

5.4.2　B(-10T)组合台阶边坡

依据赤平投影分析结果，在滑坡发生前，B(-10T)组合台阶边坡的整体稳定性和局部稳定性都差。在断层 F2、断层 F3 的作用下，边坡有可能分别沿这两个结构面发生单平面型滑移破坏。由于断层 F2 和断层 F3 这两组结构面在岩性和产状上基本一致，且空间位置接近，粗糙起伏特征相同，具备相同的物理力学性质，因此，可共同开展板岩结构面抗剪强度精确获取的研究。

1. 结构面粗糙度统计测量

在野外现场断层 F2 表面，沿着断层 F2 的倾向方向，以 10cm 为间隔均匀布置测线，运用轮廓曲线仪绘制了 35 条结构面表面轮廓曲线(图 5.10)。采用大型工程扫描仪将结构面轮廓曲线的图纸进行扫描，并转换成图片格式文件，

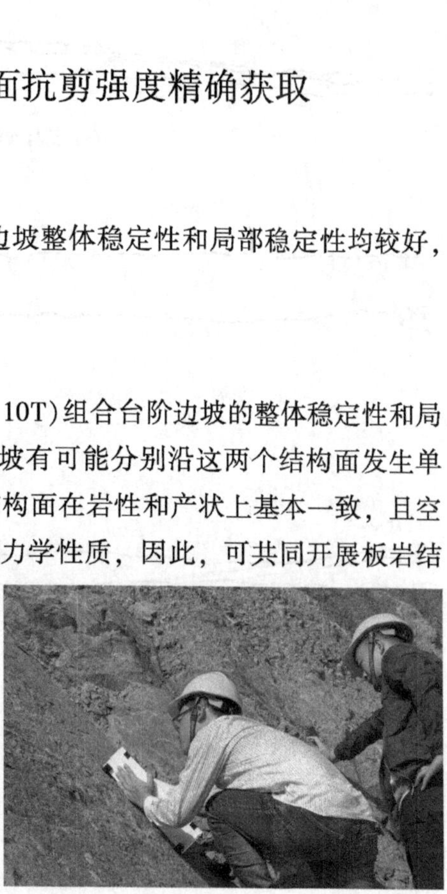

图 5.10　结构面表面轮廓曲线绘制

如图 5.11 所示。

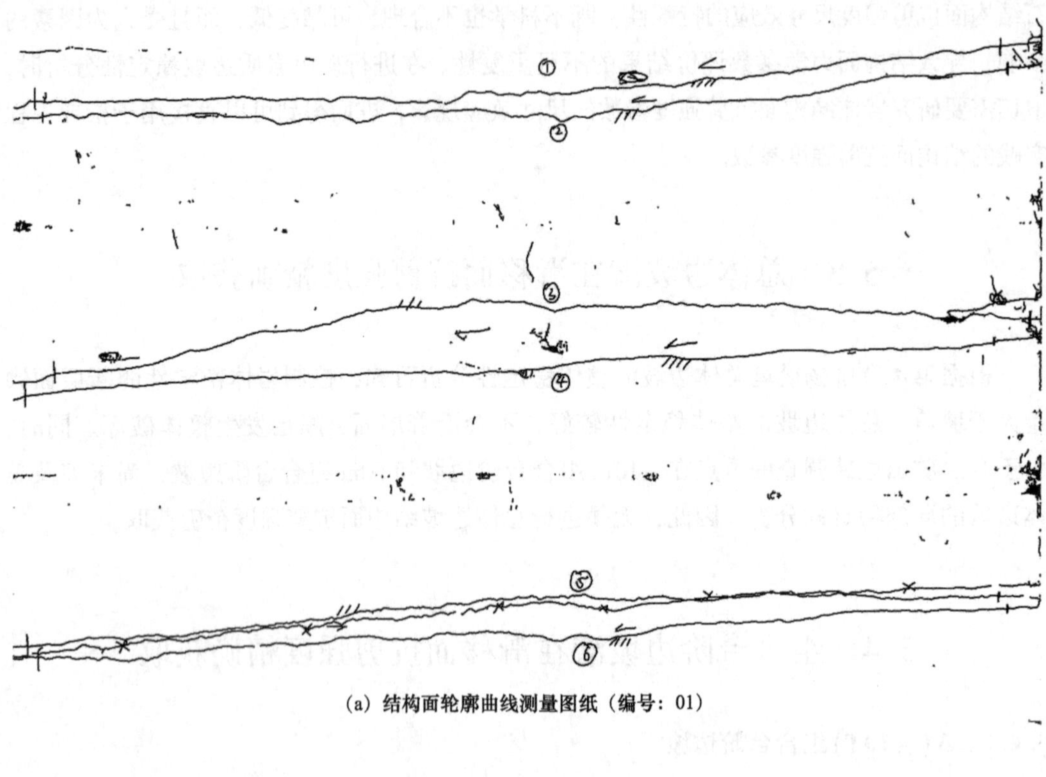

(a) 结构面轮廓曲线测量图纸（编号：01）

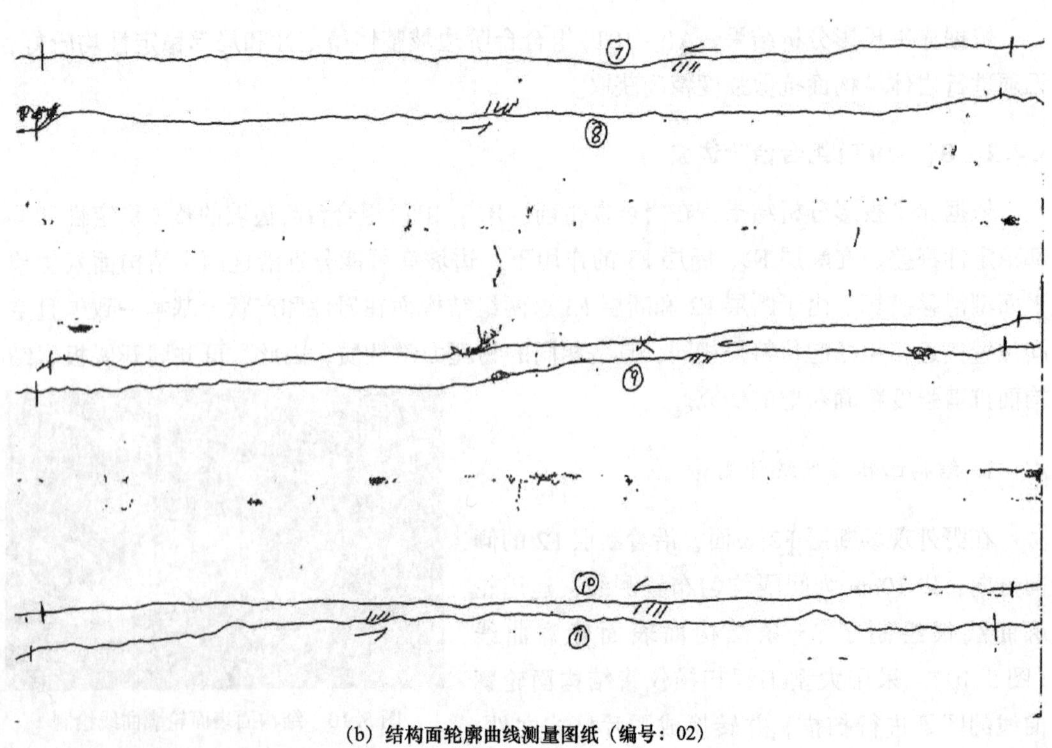

(b) 结构面轮廓曲线测量图纸（编号：02）

图 5.11　结构面表面轮廓曲线扫描图

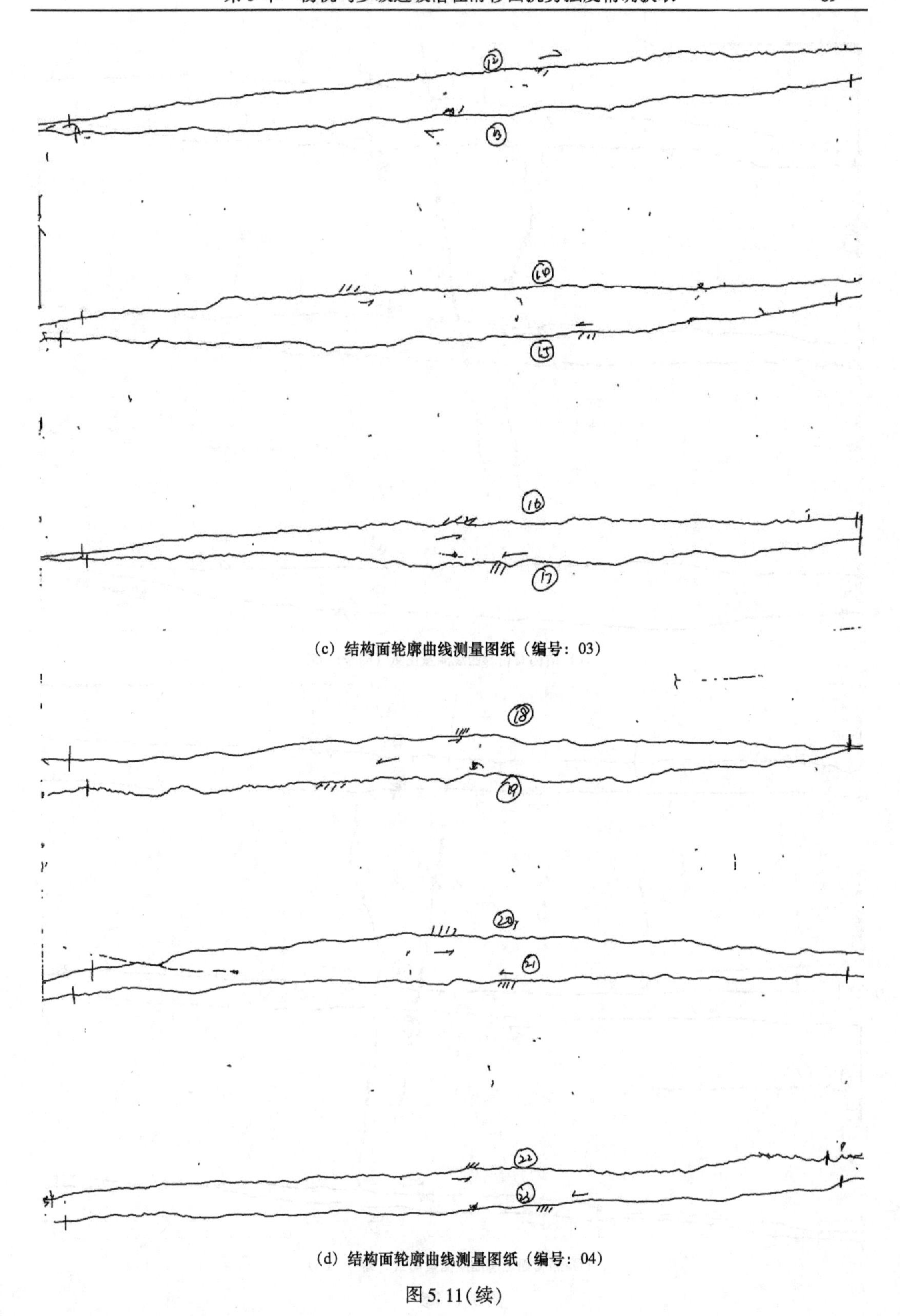

(c) 结构面轮廓曲线测量图纸（编号：03）

(d) 结构面轮廓曲线测量图纸（编号：04）

图 5.11(续)

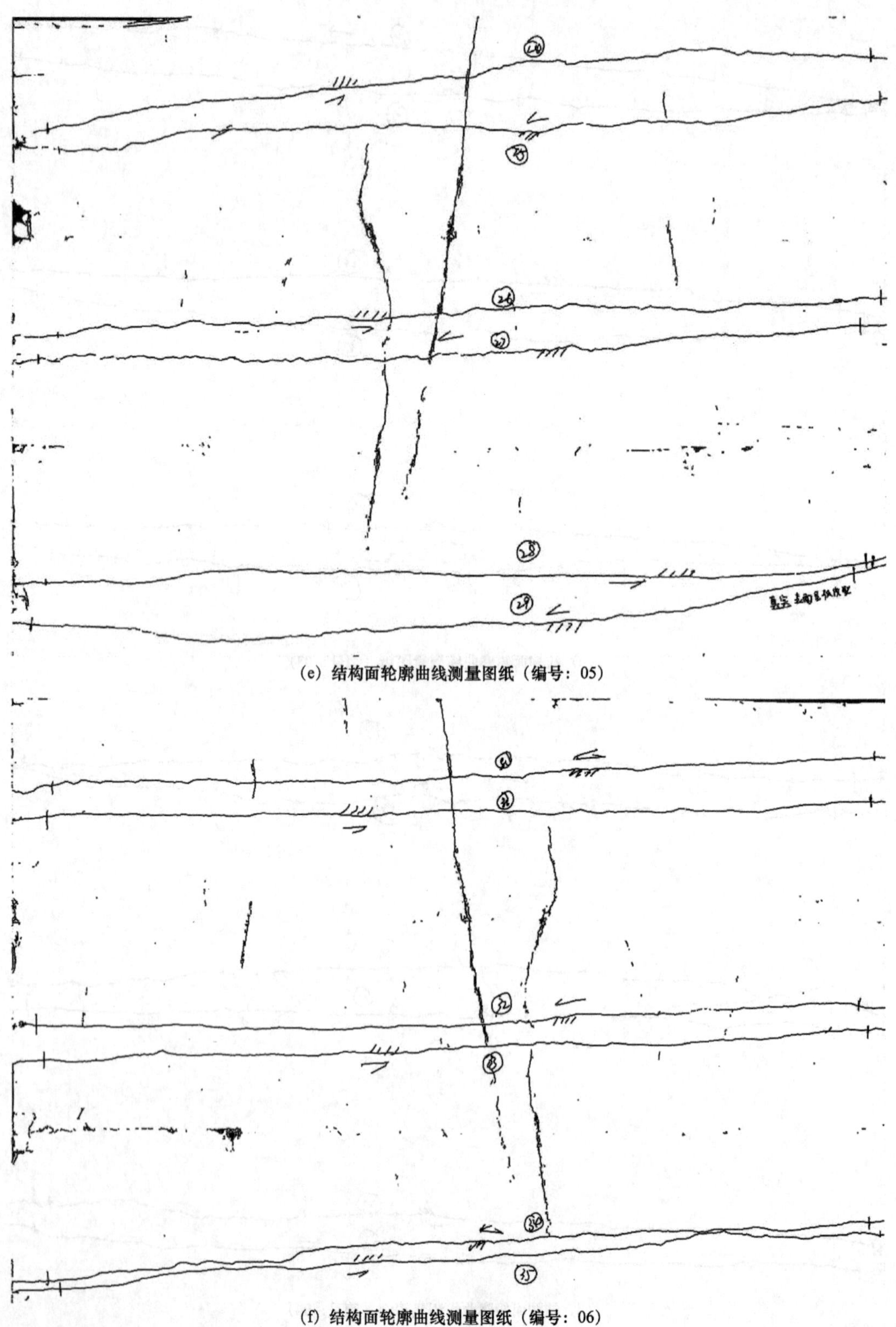

(e) 结构面轮廓曲线测量图纸（编号：05）

(f) 结构面轮廓曲线测量图纸（编号：06）

图 5.11(续)

基于形态学滤波去噪、图像归一化方法，采用 Matlab 软件对结构面轮廓曲线扫描图件按灰度值进行提取，根据结构面实际测量长度与图形数字化矩阵的大小关系，以 0.5mm 为间距，自动化读取并存储每一条结构面轮廓曲线的坐标数据(图 5.12)。

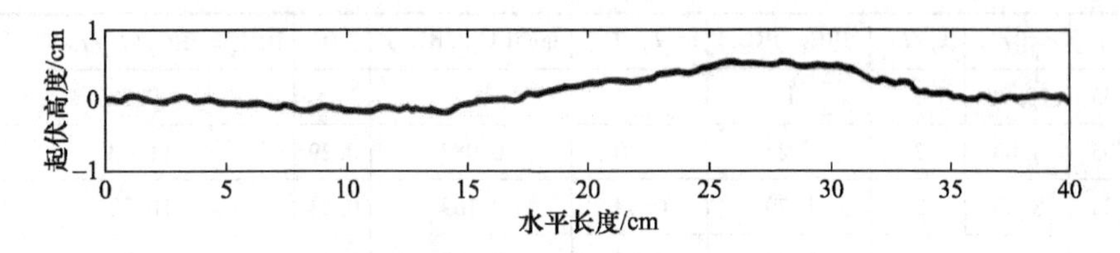

图 5.12　结构面表面轮廓曲线的数值化曲线

采用全域搜索方法，对每条轮廓曲线以 $L_1=10\text{cm}$、$L_2=20\text{cm}$、$L_3=30\text{cm}$、$L_4=40\text{cm}$ 为取样长度，每个取样长度分别以 100 为样本数，进行结构面表面轮廓曲线的粗糙度系数的计算和统计分析，计算结果如表 5.3 所示。

表 5.3　德兴铜矿系列尺寸 S1 - B(−10T)-板岩结构面表面轮廓曲线的 JRC 测量结果

L/cm	曲线 1	曲线 2	曲线 3	曲线 4	曲线 5	曲线 6	曲线 7	曲线 8	曲线 9
10.00	10.48	14.96	13.51	8.07	9.15	12.01	10.71	8.73	11.21
20.00	9.77	12.01	14.25	7.01	8.20	10.14	8.95	5.81	13.08
30.00	10.43	12.46	18.53	5.43	9.66	7.85	8.75	4.99	10.72
40.00	10.32	12.35	19.77	4.27	9.68	6.15	7.90	6.99	8.33
L/cm	曲线 10	曲线 11	曲线 12	曲线 13	曲线 14	曲线 15	曲线 16	曲线 17	曲线 18
10.00	7.38	14.55	8.98	12.09	9.12	12.73	9.20	13.14	12.11
20.00	5.84	11.08	6.22	8.04	7.02	11.16	7.32	10.75	10.39
30.00	5.00	10.05	5.71	6.33	6.45	10.49	7.41	10.52	10.81
40.00	4.47	9.74	6.65	6.62	6.24	12.14	8.67	10.32	10.29
L/cm	曲线 19	曲线 20	曲线 21	曲线 22	曲线 23	曲线 24	曲线 25	曲线 26	曲线 27
10.00	15.45	11.32	10.26	11.74	10.15	12.79	12.63	11.84	10.34
20.00	11.76	10.28	6.90	9.11	7.62	10.66	11.03	9.03	7.84
30.00	9.23	12.49	5.41	8.28	6.51	9.17	9.51	7.57	8.51
40.00	9.75	14.61	4.73	7.08	6.18	12.14	8.54	5.93	8.43
L/cm	曲线 28	曲线 29	曲线 30	曲线 31	曲线 32	曲线 33	曲线 34	曲线 35	曲线 36
10.00	7.27	10.66	8.97	7.79	7.41	8.43	10.70	11.48	—
20.00	6.38	10.36	6.74	5.45	6.12	6.94	7.75	8.08	—
30.00	6.90	11.56	6.36	3.99	6.40	5.19	7.77	7.09	—
40.00	6.88	13.85	5.40	4.23	6.29	5.01	7.52	6.84	—

根据每条结构面轮廓曲线取样长度为 $L_1=10\text{cm}$、$L_2=20\text{cm}$、$L_3=30\text{cm}$、$L_4=40\text{cm}$

所对应的 JRC 测量结果，统计得到取样长度为 10cm、20cm、30cm、40cm 的 JRC 统计平均值 JRC_1、JRC_2、JRC_3、JRC_4（表 5.4）。

表 5.4　系列尺寸结构面表面轮廓曲线的 JRC 统计值及分维数计算结果

L/cm	T	$\overline{JRC}$	L_n/L_1	JRC_1/JRC_n	$\lg(L_n/L_1)$	$\lg(JRC_1/JRC_n)$	D	$JRC_n=JRC_1(L_n/L_1)^{-D^*}$	k/%
$L_1=10$	35	10.78	1	1				10.78	0.00
$L_2=20$	35	8.83	2	1.22	0.30	0.087	0.29	11.02	24.73
$L_3=30$	35	8.39	3	1.29	0.48	0.109	0.23	10.22	21.87
$L_4=40$	35	8.41	4	1.28	0.60	0.108	0.18	9.69	15.24

注：T 为样本数；$\overline{JRC}$为粗糙度系数的统计平均值；D 为分维数；D^* 为分维数的预测值；k 为预测值与真实值间的相对误差。

2. 结构面粗糙度系数尺寸效应分维数预测值的确定

基于 JRC 尺寸效应分形模型式(5.7)，可得结构面粗糙度系数尺寸效应分维数的表达式(5.8)：

$$JRC_n = JRC_1\left[\frac{L_n}{L_1}\right]^{-D_n} \tag{5.7}$$

$$D_n = \frac{\lg\left[\dfrac{JRC_1}{JRC_n}\right]}{\lg\left[\dfrac{L_n}{L_1}\right]} \tag{5.8}$$

其中，$n=2$，3，4。

将 10cm、20cm、30cm、40cm 和 JRC_1、JRC_2、JRC_3、JRC_4 代入式(5.8)，换算得到结构面粗糙度系数尺寸效应分维数 D_1、D_2、D_3、D_4。

求结构面粗糙度系数的尺寸效应分维数的预测值，即计算 $L_1=10$cm、$L_2=20$cm、$L_3=30$cm、$L_4=40$cm 所对应的结构面粗糙度系数尺寸效应分维数 D_2、D_3、D_4 的尺寸加权平均值：

$$D_n^* = \frac{L_2-L_1}{L_2-L_1+L_3-L_1+L_4-L_1}D_2 + \frac{L_3-L_1}{L_2-L_1+L_3-L_1+L_4-L_1}D_3 + \frac{L_4-L_1}{L_2-L_1+L_3-L_1+L_4-L_1}D_4 \tag{5.9}$$

结构面粗糙度系数的尺寸效应分维数的预测值 D_n^* 与实际值 D_n 近似相等，即取 $D_n \approx D_n^*$，将表 5.4 中的数据代入式(5.9)，计算可得 $D_n^*=0.214$，因此，结构面粗糙度系数的尺寸效应分维数的实际值 D_n 近似等于 0.214。

将测量得到的 10cm 结构面轮廓曲线 JRC_1 值，代入结构面粗糙度系数尺寸效应分形模型式(5.7)，就可以得到取样长度为 L_n 的实际尺寸结构面的 JRC_n 值。

3. 实际结构面取样长度的确定

岩体结构面粗糙度系数存在尺寸效应，随着结构面尺寸的增大，粗糙度系数呈减小趋势。当结构面尺寸达到某一值后，结构面粗糙度系数随着尺寸的增长无明显变化，基本处于稳定状态，此时结构面的尺寸为结构面粗糙度系数稳定阈值长度 L_n^*。进行结构面JRC尺寸效应和抗剪强度尺寸效应折减取值时，L_n^* 可作为实际结构面的取样长度 L_n。结构面粗糙度系数稳定阈值长度 L_n^* 可以根据式(5.10)进行计算：

$$f=\frac{(0.1L_n)^{-D_n^*}-(0.1L_n-1)^{-D_n^*}}{2^{-D_n^*}-1} \tag{5.10}$$

式(5.10)即为JRC尺寸效应率公式，在 L_n-f 关系图上(图5.13)，取 $f=5\%$ 时，L_n-f 关系曲线上对应的取样长度即岩体结构面粗糙度系数稳定阈值 $L_n^*=170\text{cm}$，故断层F2的取样长度为 $L_n=L_n^*=170\text{cm}$。

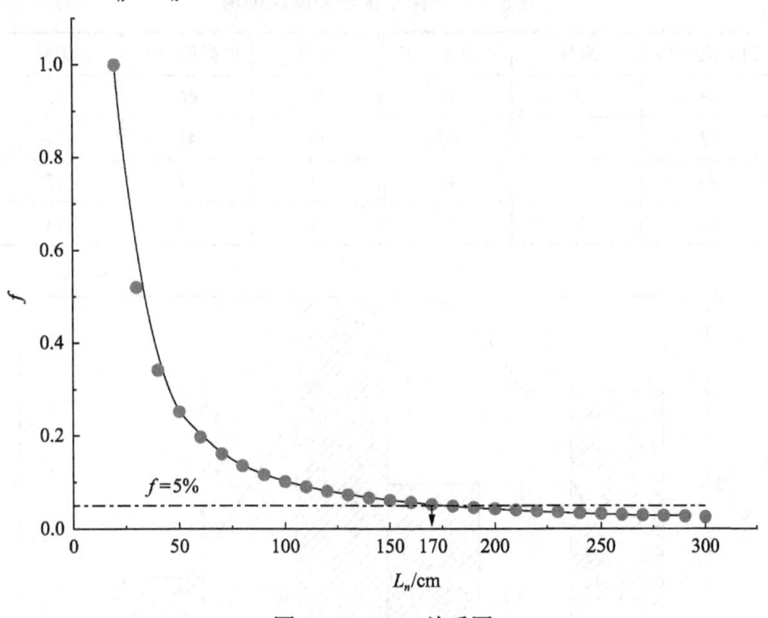

图5.13 L_n-f 关系图

4. 实际结构面粗糙度系数预测值的确定

将所得到的结构面粗糙度系数的尺寸效应分维数的实际值 D_n 与断层F2的取样长度 $L_n=L_n^*=170\text{cm}$ 代入JRC尺寸效应分形模型式(5.7)，就可以得到实际尺寸结构面的 JRC_n 值。计算可得，潜在滑移面所对应的 JRC_n 值为5.883。

5. 结构面壁岩强度的确定

在测量完结构面表面轮廓曲线的潜在滑移面(断层F2)上，用施密特回弹仪测定至少

图 5.14　结构面壁岩强度回弹值的测量

16 个测点数据(图 5.14，表 5.5，图 5.15)，剔除 3 个最大值、3 个最小值，取剩余回弹值的算术平均值。测量时，测点应避开空洞、剥皮和边缘部位。从统计图上可以看出，滑移面回弹值主要分布在 40～48MPa，进一步计算可得该组结构面壁岩强度所对应的回弹平均值为 41.7MPa。测量期间，测量区域受到连续的强烈台风暴雨的影响，岩体湿润处于饱水状态下。因此，测试的岩石力学参数体现出饱和状态下岩石的基本力学性质。

表 5.5　结构面壁岩强度回弹值

编号	回弹值/MPa	编号	回弹值/MPa	编号	回弹值/MPa	编号	回弹值/MPa
1	48	5	46	9	46	13	45
2	43	6	43	10	41	14	40
3	43	7	42	11	37	15	37
4	37	8	42	12	37	16	41

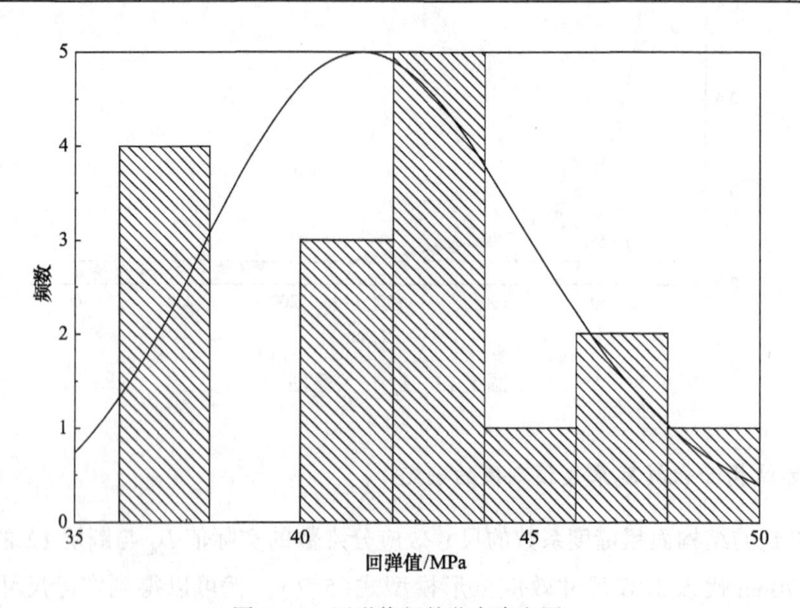

图 5.15　回弹值频数分布直方图

1) 饱和状态下

依据迪尔和米勒所提出的回弹值与壁岩强度关系，查图 5.16，取岩体容重为 25kN/m^3，可得饱和状态下壁岩强度值为 81.99MPa。

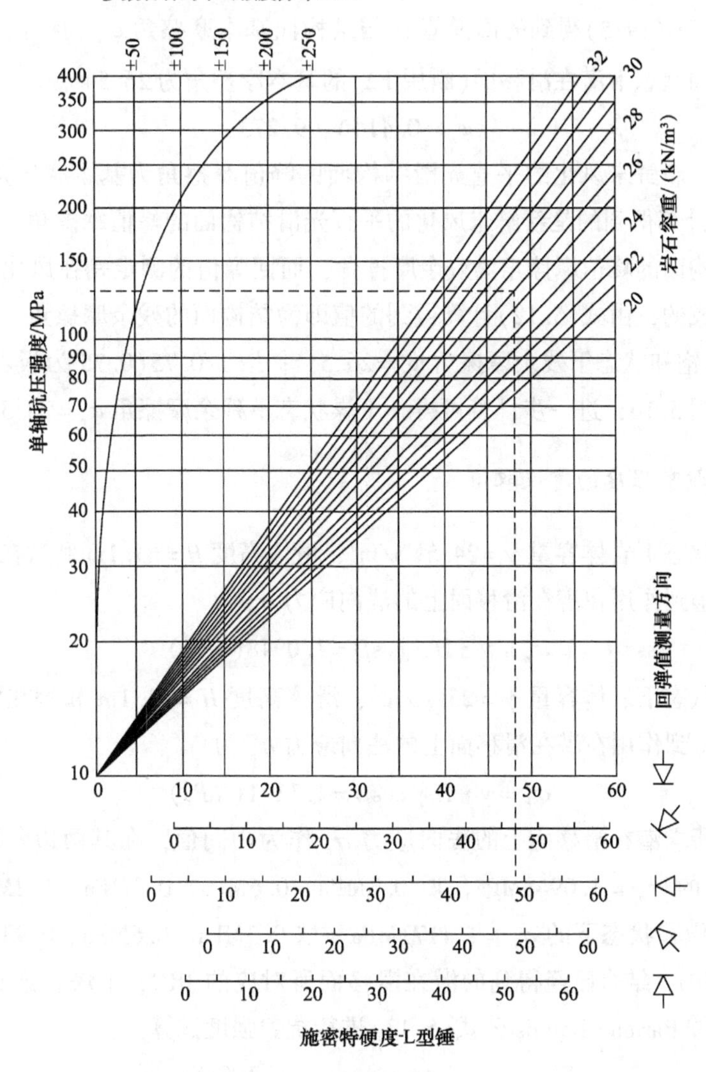

图 5.16　结构面壁岩强度与回弹值的关系(Deere and Miller, 1996)

2)干燥状态下

干燥状态下的结构面壁岩强度值高于饱和状态下的壁岩强度值，按 1/0.75(0.75 为板岩软化系数)进行反推，得干燥状态下壁岩强度值为 109.32MPa。

根据前文所述可知，断层 F2 的取样长度为 $L_n = L_n^* = 170\text{cm}$，依据式(5.11)计算可得，干燥状态下 JCS_n 等于 44.07MPa；饱和状态下 JCS_n 等于 33.05MPa。

$$JCS_n = JCS_1 \left(\frac{L_n}{L_1}\right)^{-1.5D} \tag{5.11}$$

6. 结构面残余摩擦角的确定

依据 Richards(1975)得到的回弹值 N 与结构面基本摩擦角 φ_b 的线性关系式(5.12)计算可得，饱和状态下潜在滑移面(断层 F2)的基本摩擦角为26.54°。

$$\varphi_b = 0.414N + 9.273 \tag{5.12}$$

根据定义，新鲜未风化的平直光滑结构面的峰值摩擦角为基本摩擦角，也就是说，根据式(5.12)计算得到的是新鲜未风化的平直光滑结构面的峰值摩擦角；相应地，风化的平直光滑结构面的峰值摩擦角为残余摩擦角，而回弹值的测定是在风化状态下的岩体结构面表面完成的，由式(5.12)计算得到的值即为结构面的残余摩擦角。因此，潜在滑移面(断层 F2)饱和状态下残余摩擦角 $\varphi_r = 26.54°$；按 1/0.75(0.75 为板岩软化系数)进行反推，并查图5.16，进一步计算可得，干燥状态下残余摩擦角 $\varphi_r = 28.53°$。

7. 结构面抗剪强度的建议取值

根据干燥状态下岩体容重 $\gamma = 24.5\text{kN/m}^3$、滑体高度 $H = 61.1\text{m}$ 和潜在滑移面视倾角 $\beta = 43°$，计算得到作用在潜在滑移面上的法向应力 σ_n 为

$$\sigma_n = \gamma \cdot H \cdot \cos\beta = 1.0948(\text{MPa})$$

根据饱和状态下岩体容重 $\gamma = 25\text{kN/m}^3$、滑体高度 $H = 61.1\text{m}$ 和潜在滑移面视倾角 $\beta = 43°$，计算得到作用在潜在滑移面上的法向应力 σ_n 为

$$\sigma_n = \gamma \cdot H \cdot \cos\beta = 1.1171(\text{MPa})$$

然后，以所求潜在滑移面上的法向应力 σ_n 作为中间值，在其两边各取三个值，对应干燥状态下的 $\sigma_n = 1.0948\text{MPa}$，取 0.3MPa、0.6MPa、0.9MPa、1.2MPa、1.5MPa、1.8MPa；对应饱和状态下的 $\sigma_n = 1.1171\text{MPa}$，取 0.3MPa、0.6MPa、0.9MPa、1.2MPa、1.5MPa、1.8MPa，结合已经得到的潜在滑移面所对应的 JRC、干燥和饱和状态下 JCS、φ_r 的计算值，按 Barton - Bandis 公式(5.13)进行抗剪强度试算：

$$\tau_p = \sigma_n \tan\left[\varphi_r + \text{JRC}_n \lg\left(\frac{\text{JCS}_n}{\sigma_n}\right)\right] \tag{5.13}$$

法向应力所对应的抗剪强度如表5.6、表5.7所示，进一步对相关数据点进行拟合，见图5.17、图5.18。

表5.6 干燥状态下结构面抗剪强度估算值

编号	法向应力/MPa	抗剪强度/MPa	编号	法向应力/MPa	抗剪强度/MPa
1	0.3	0.2634	4	1.2	0.9288
2	0.6	0.4948	5	1.5	1.1373
3	0.9	0.7153	6	1.8	1.3419

表 5.7　饱和状态下结构面抗剪强度估算值

编号	法向应力/MPa	抗剪强度/MPa	编号	法向应力/MPa	抗剪强度/MPa
1	0. 3	0. 2391	4	1. 2	0. 8408
2	0. 6	0. 4487	5	1. 5	1. 0289
3	0. 9	0. 6480	6	1. 8	1. 2133

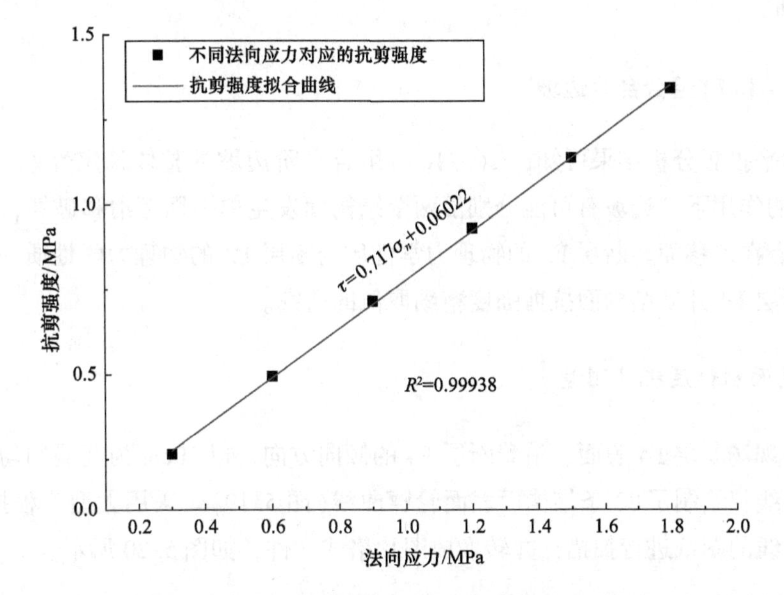

图 5. 17　干燥状态下结构面抗剪强度线性回归分析

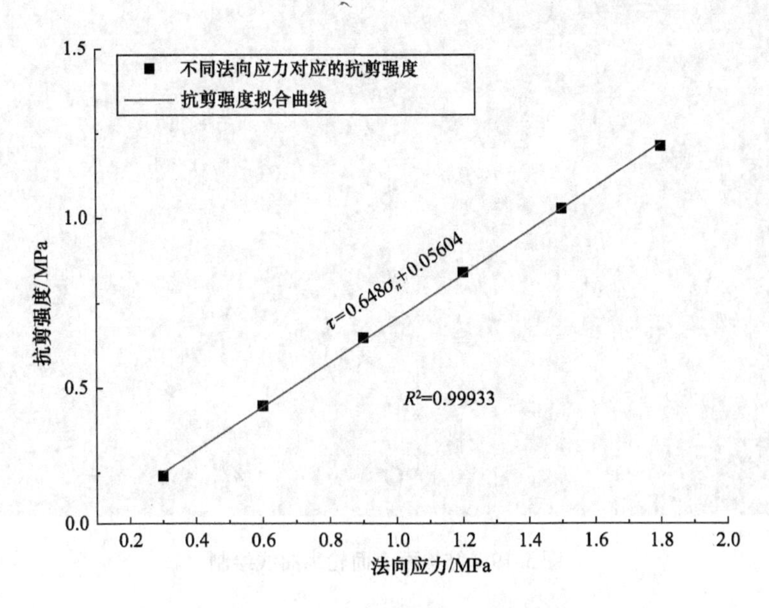

图 5. 18　饱和状态下结构面抗剪强度线性回归分析

由图 5. 17 可知，在干燥状态下，结构面抗剪强度线性回归的斜率为 0. 717，截距为 0. 06022，R^2 等于 0. 99938；由图 5. 18 可知，在饱和状态下，结构面抗剪强度线性回归的斜率为 0. 648，截距为 0. 05604，R^2 等于 0. 99933。

由计算可得，干燥状态下该潜在滑移面所对应的峰值摩擦角为 $\varphi_i = 35.66°$，黏聚力为 0. 06022MPa。饱和状态下该潜在滑移面所对应的峰值摩擦角为 $\varphi_i = 32.94°$，黏聚力为 0. 05604MPa。

5. 4. 3 C(-10T)组合台阶边坡

根据赤平投影分析结果可知，C(-10T)组合台阶边坡的整体稳定性差。在断层 F4 和断层 F3 的作用下，边坡有可能分别沿两个结构面发生单平面型滑移破坏，断层 F4 和断层 F3 为潜在滑移面。断层 F3 的物理力学性质与断层 F2 的物理力学性质一致，因此，仅需要对断层 F4 开展结构面抗剪强度精细取值的研究。

1. 结构面粗糙度统计测量

在野外现场断层 F4 表面，沿着断层 F4 的倾向方向，以 10cm 为间隔均匀布置测线，运用轮廓曲线仪绘制了 33 条结构面表面轮廓曲线(图 5. 19)。采用大型工程扫描仪将结构面轮廓曲线的图纸进行扫描，并转换成图片格式文件，如图 5. 20 所示。

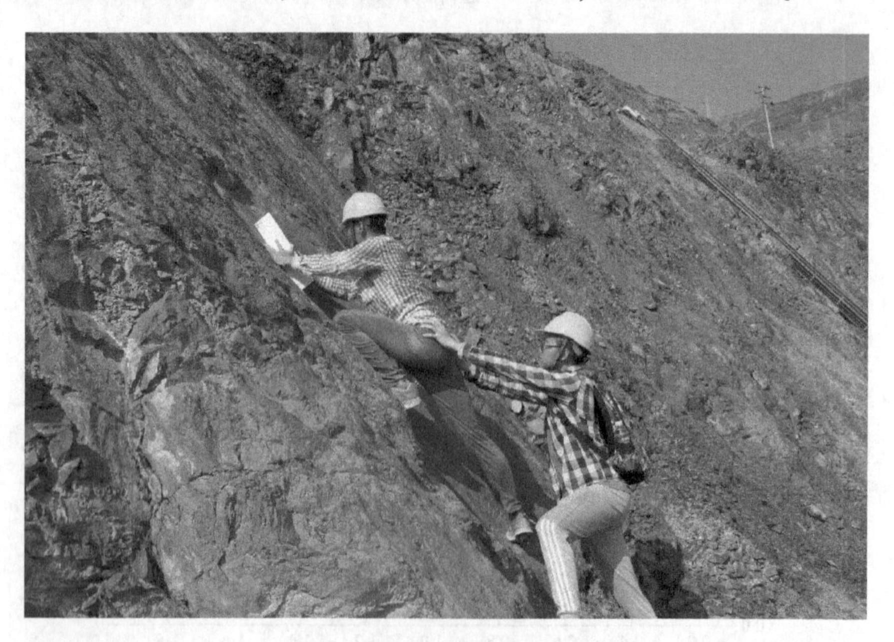

图 5. 19 结构面表面轮廓曲线绘制

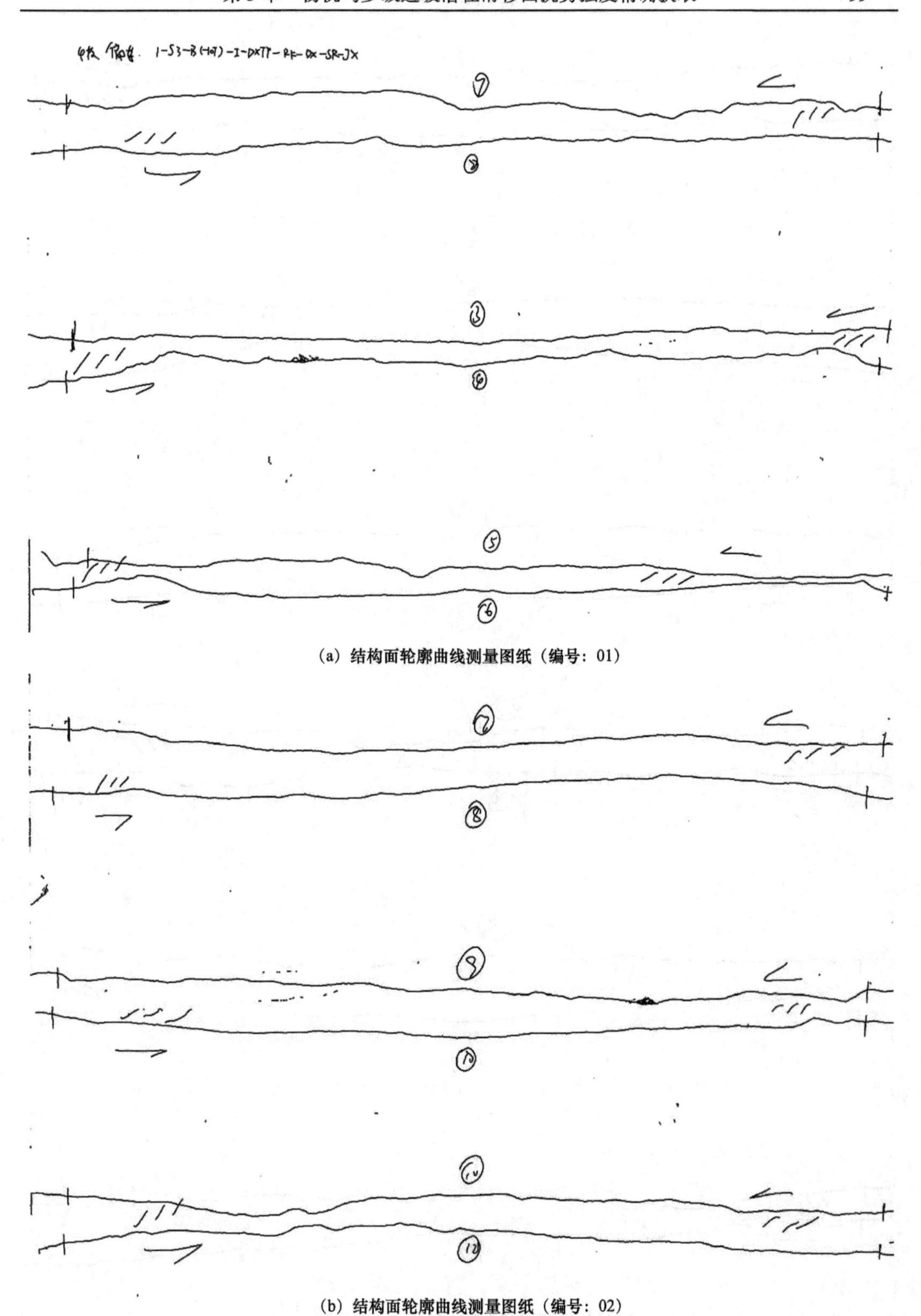

(a) 结构面轮廓曲线测量图纸（编号：01）

(b) 结构面轮廓曲线测量图纸（编号：02）

图5.20 结构面表面轮廓曲线扫描图

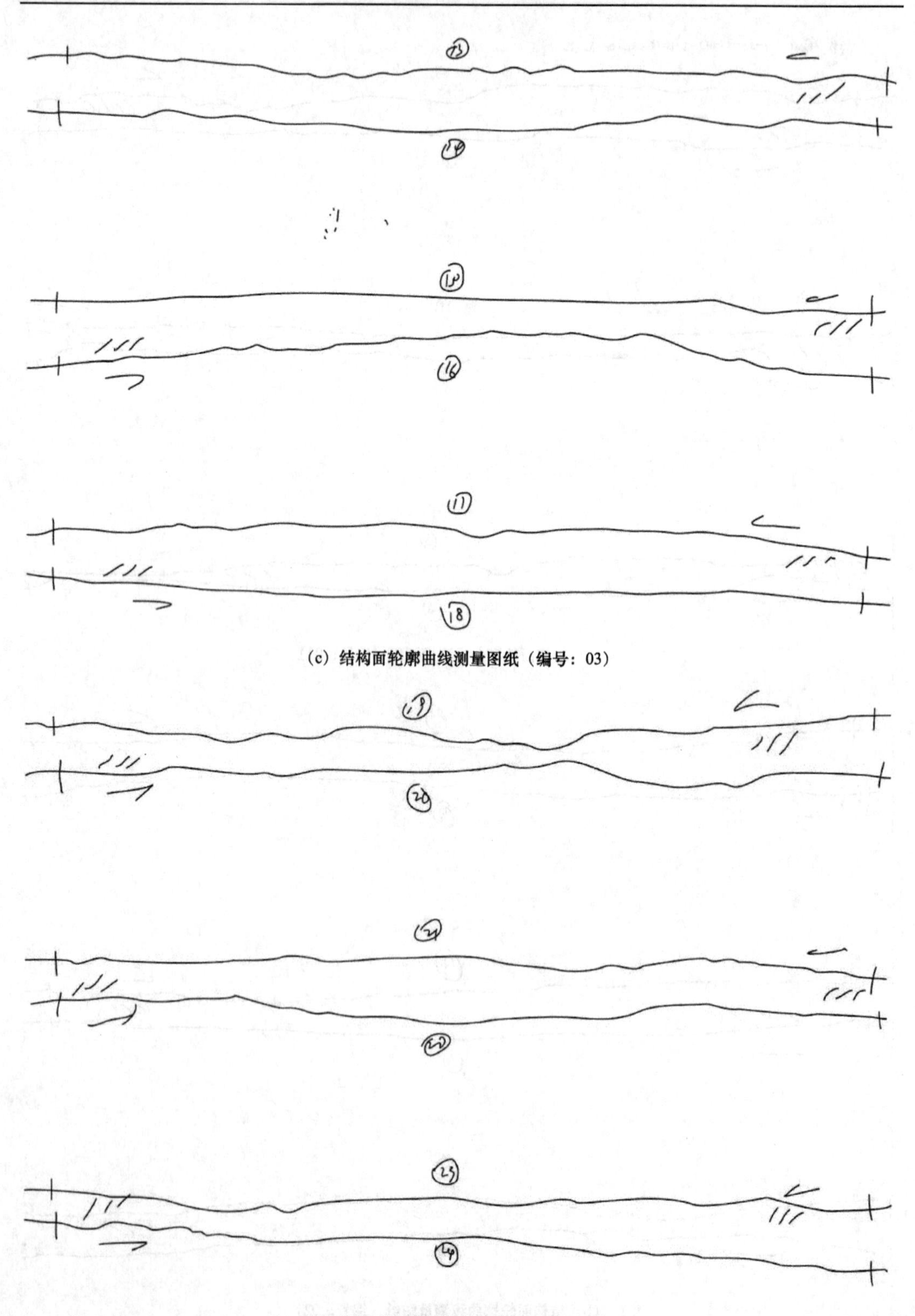

(c) 结构面轮廓曲线测量图纸（编号：03）

(d) 结构面轮廓曲线测量图纸（编号：04）

图 5.20(续)

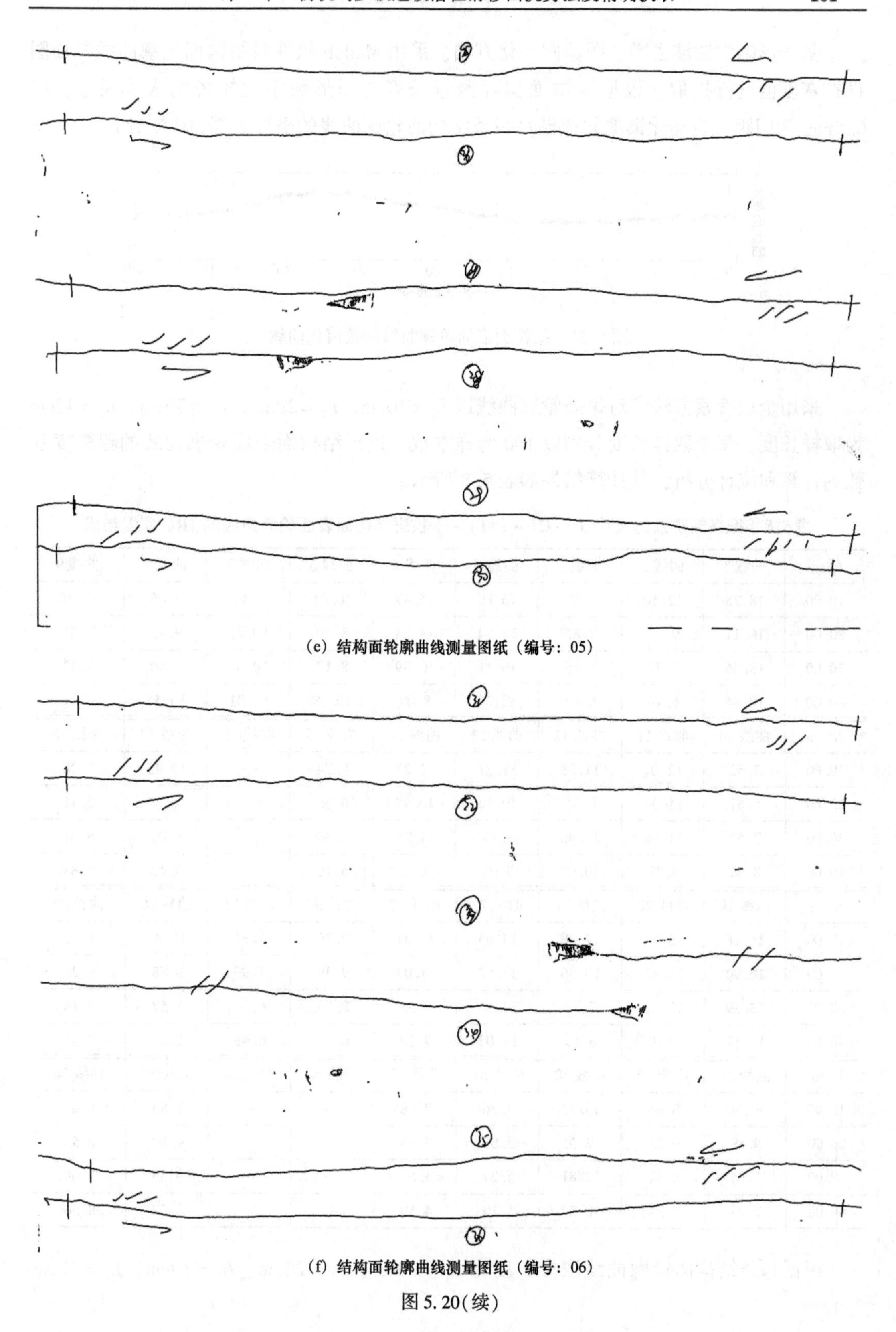

(e) 结构面轮廓曲线测量图纸（编号：05）

(f) 结构面轮廓曲线测量图纸（编号：06）

图5.20(续)

基于形态学滤波去噪、图像归一化方法，采用 Matlab 软件对结构面轮廓曲线扫描图件按灰度值进行提取，根据结构面实际测量长度与图形数字化矩阵的大小关系，以 0.5mm 为间距，自动化读取并存储每一条结构面轮廓曲线的坐标数据(图 5.21)。

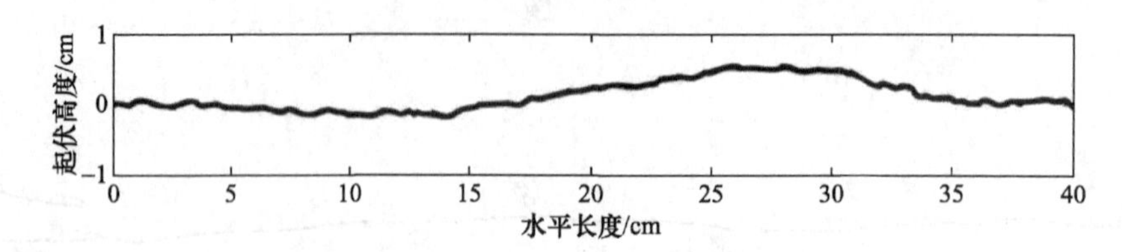

图 5.21　结构面表面轮廓曲线的数值化曲线

采用全域搜索方法，对每条轮廓曲线以 $L_1=10\mathrm{cm}$、$L_2=20\mathrm{cm}$、$L_3=30\mathrm{cm}$、$L_4=40\mathrm{cm}$ 为取样长度，每个取样长度分别以 100 为样本数，进行结构面表面轮廓曲线的粗糙度系数的计算和统计分析，其计算结果如表 5.8 所示。

表 5.8　德兴铜矿系列尺寸 S1 – C(–10T) – 千枚岩结构面表面轮廓曲线的 JRC 测量结果

L/cm	曲线 1	曲线 2	曲线 3	曲线 4	曲线 5	曲线 6	曲线 7	曲线 8	曲线 9
10.00	18.78	12.50	7.72	16.80	15.47	10.01	8.42	8.86	11.10
20.00	16.11	9.05	7.85	12.84	14.24	8.10	10.27	9.70	7.91
30.00	13.36	7.72	8.15	10.11	10.89	8.17	10.61	9.50	7.32
40.00	10.84	6.40	6.47	12.00	8.09	10.18	11.01	10.55	6.91
L/cm	曲线 10	曲线 11	曲线 12	曲线 13	曲线 14	曲线 15	曲线 16	曲线 17	曲线 18
10.00	7.52	12.01	11.38	11.71	12.27	8.74	—	12.45	7.08
20.00	6.87	11.34	8.95	10.56	10.95	6.66	—	11.37	6.41
30.00	7.52	11.06	10.48	9.27	11.24	6.30	—	8.01	6.21
40.00	8.94	8.77	10.99	8.07	9.31	6.16	—	8.42	5.83
L/cm	曲线 19	曲线 20	曲线 21	曲线 22	曲线 23	曲线 24	曲线 25	曲线 26	曲线 27
10.00	18.26	16.64	11.48	14.65	14.31	9.36	8.31	12.84	8.48
20.00	16.90	15.35	10.36	13.52	11.07	9.38	7.99	9.88	8.26
30.00	13.39	13.63	7.98	14.26	9.36	8.03	6.63	7.57	7.14
40.00	14.17	10.48	6.45	11.03	9.10	6.55	6.48	7.83	5.61
L/cm	曲线 28	曲线 29	曲线 30	曲线 31	曲线 32	曲线 33	曲线 34	曲线 35	曲线 36
10.00	10.46	8.64	13.53	7.36	7.58	—	—	7.83	6.60
20.00	9.89	9.25	12.55	5.89	5.74	—	—	9.59	6.55
30.00	7.84	8.31	12.81	5.27	4.69	—	—	9.55	7.09
40.00	7.23	7.24	10.27	5.19	4.50	—	—	8.57	8.56

根据每条结构面轮廓曲线取样长度为 $L_1=10\mathrm{cm}$、$L_2=20\mathrm{cm}$、$L_3=30\mathrm{cm}$、$L_4=40\mathrm{cm}$

所对应的 JRC 测量结果，统计得到取样长度为 10cm、20cm、30cm、40cm 的 JRC 统计平均值 JRC_1、JRC_2、JRC_3、JRC_4（表 5.9）。

表 5.9　系列尺寸结构面表面轮廓曲线的 JRC 统计值及分维数计算结果

L/cm	T	$\overline{JRC}$	L_n/L_1	JRC_1/JRC_n	$\lg(L_n/L_1)$	$\lg(JRC_1/JRC_n)$	D	$JRC_n = JRC_1(L_n/L_1)^{-D^*}$	k/%
$L_1=10$	33	11.19	1	1	—	—	—	11.19	0.00
$L_2=20$	33	10.04	2	1.11	0.30	0.047	0.16	11.02	9.70
$L_3=30$	33	9.07	3	1.23	0.48	0.091	0.19	10.22	12.62
$L_4=40$	33	8.43	4	1.33	0.60	0.123	0.20	9.69	14.95

注：T 为样本数；$\overline{JRC}$为粗糙度系数的统计平均值；D 为分维数；D^* 为分维数的预测值；k 为预测值与真实值间的相对误差。

2. 结构面粗糙度系数尺寸效应分维数预测值的确定

将 10cm、20cm、30cm、40cm 和 JRC_1、JRC_2、JRC_3、JRC_4 代入式(5.8)换算得到结构面粗糙度系数尺寸效应分维数 D_1、D_2、D_3、D_4。

求结构面粗糙度系数的尺寸效应分维数的预测值，即按式(5.9)计算 $L_1=10$cm、$L_2=20$cm、$L_3=30$cm、$L_4=40$cm 所对应的结构面粗糙度系数尺寸效应分维数 D_2、D_3、D_4 的尺寸加权平均值。

结构面粗糙度系数的尺寸效应分维数的预测值 D_n^* 与实际值 D_n 近似相等，即取 $D_n \approx D_n^*$，将表 5.9 中的数据代入式(5.9)，计算可得 $D_n^*=0.192$，因此，结构面粗糙度系数的尺寸效应分维数的实际值 D_n 近似等于 0.192。

将测量得到的 10cm 结构面轮廓曲线 JRC_1 值，代入结构面粗糙度系数尺寸效应分形模型式(5.7)，就可以得到取样长度为 L_n 的实际尺寸结构面的 JRC_n 值。

3. 实际结构面取样长度的确定

岩体结构面粗糙度系数存在尺寸效应，随着结构面尺寸的增大，粗糙度系数呈减小趋势。当结构面尺寸达到某一值后，结构面粗糙度系数随着尺寸的增长无明显变化，基本处于稳定状态，此时结构面的尺寸为结构面粗糙度系数稳定阈值长度 L_n^*。进行结构面 JRC 尺寸效应和抗剪强度尺寸效应折减取值时，L_n^* 可作为实际结构面的取样长度 L_n。结构面粗糙度系数稳定阈值长度 L_n^* 可以根据式(5.10)进行计算。

在 L_n-f 关系图(图 5.22)上，取 $f=5\%$ 时，L_n-f 关系曲线上对应的取样长度即岩体结构面粗糙度系数稳定阈值 $L_n^*=180$cm，故断层 F4 的取样长度为 $L_n=L_n^*=180$cm。

4. 实际结构面粗糙度系数预测值的确定

将所得到的结构面粗糙度系数的尺寸效应分维数的实际值 D_n 与断层 F4 的取样长度

$L_n = L_n^* = 180\text{cm}$ 代入 JRC 尺寸效应分形模型式(5.7)，就可以得到实际尺寸结构面的 JRC_n 值。计算可得，潜在滑移面所对应的 JRC_n 值为 6.432。

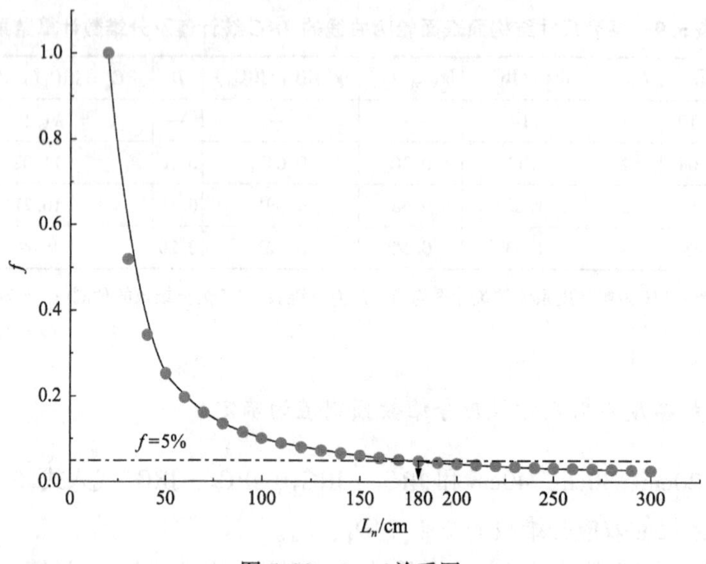

图 5.22　L_n - f 关系图

5. 结构面壁岩强度的确定

在测量完结构面表面轮廓曲线的潜在滑移面(断层 F4)上，用施密特回弹仪测定壁岩回弹值并进行统计分析，计算回弹值的算术平均值(图 5.23，表 5.10，图 5.24)。测量时，测点应避开空洞、剥皮和边缘部位。从图 5.24 上可以看出，滑移面回弹值主要分布在 25～45MPa，进一步计算可得该组结构面壁岩强度所对应的回弹值为 36.6MPa。

图 5.23　结构面壁岩强度回弹值的测量

表 5.10　结构面壁岩强度回弹值

编号	回弹值/MPa	编号	回弹值/MPa	编号	回弹值/MPa	编号	回弹值/MPa
1	47	9	46	17	46	25	45
2	45	10	14	18	45	26	45
3	44	11	42	19	41	27	42
4	38	12	20	20	29	28	41
5	36	13	18	21	27	29	41
6	34	14	18	22	25	30	40
7	32	15	10	23	23	31	38
8	31	16	9	24	23	32	38

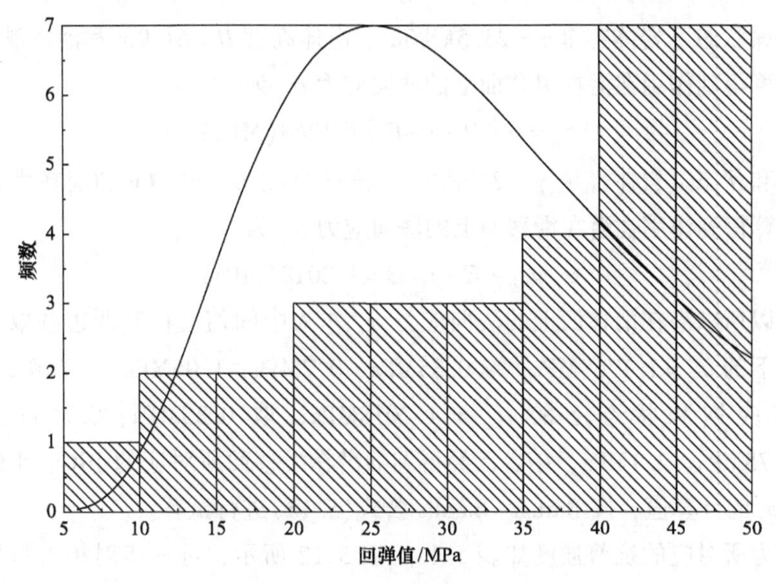

图 5.24　回弹值频数分布直方图

1）饱和状态下

依据迪尔和米勒所提出的回弹值与壁岩强度关系，查图 5.16，对应于回弹仪垂直结构面的情况，取岩体容重为 24kN/m^3，可得饱和状态下壁岩强度值为 66.14MPa。

2）干燥状态下

干燥状态下的结构面壁岩强度值高于饱和状态下的壁岩强度值，按 1/0.7（0.7 为千枚岩软化系数）进行反推，得干燥状态下壁岩强度值为 94.49MPa。

根据前文内容可知，断层 F4 的取样长度为 $L_n = L_n^* = 180$cm，依据式（5.11）计算可得，干燥状态下 JCS$_n$ 等于 41.19MPa；饱和状态下 JCS$_n$ 等于 28.83MPa。

6. 结构面残余摩擦角的确定

依据理查兹（1975）得到的回弹值与结构面基本摩擦角 φ_b 的线性关系式（5.12）计算

可得，饱和状态下潜在滑移面(断层 F4)的基本摩擦角为 23.97°。

根据定义，新鲜未风化的平直光滑结构面的峰值摩擦角为基本摩擦角，也就是说，根据式(5.12)计算得到的是新鲜未风化的平直光滑结构面的峰值摩擦角；相应地，风化的平直光滑结构面的峰值摩擦角为残余摩擦角，而回弹值的测定是在风化状态下的岩体结构面表面完成的，由式(5.12)计算得到的值即为结构面的残余摩擦角，即 $\varphi_r=\varphi_b$。因此，潜在滑移面(断层 F4)饱和状态下残余摩擦角 $\varphi_r=\varphi_b=23.97°$；按 1/0.7(0.7 为千枚岩软化系数)进行反推，查图 5.16，进一步计算可得，干燥状态下残余摩擦角 $\varphi_r=\varphi_b=27.99°$。

7. 结构面抗剪强度的建议取值

根据干燥状态下岩体容重 $\gamma=23.5\text{kN/m}^3$、滑体高度 $H=61.9\text{m}$ 和潜在滑移面视倾角 $\beta=36°$，计算得到作用在潜在滑移面上的法向应力 σ_n 为

$$\sigma_n=\gamma\cdot H\cdot\cos\beta=1.1768(\text{MPa})$$

根据饱和状态下岩体容重 $\gamma=24\text{kN/m}^3$、滑体高度 $H=61.9\text{m}$ 和潜在滑移面视倾角 $\beta=36°$，计算得到作用在潜在滑移面上的法向应力 σ_n 为

$$\sigma_n=\gamma\cdot H\cdot\cos\beta=1.2018(\text{MPa})$$

然后，以所求潜在滑移面上的法向应力 σ_n 作为中间值，在其两边各取三个值，对应干燥状态下的 $\sigma_n=1.1768\text{MPa}$，取 0.35MPa、0.7MPa、1.05MPa、1.4MPa、1.75MPa、2.1MPa；对应饱和状态下的 $\sigma_n=1.2018\text{MPa}$，取 0.35MPa、0.7MPa、1.05MPa、1.4MPa、1.75MPa、2.1MPa，结合已经得到的潜在滑移面所对应的 JRC、干燥和饱和状态下 JCS、φ_r 的计算值，按 Barton - Bandis 公式(5.13)进行试算。

法向应力所对应的抗剪强度如表 5.11、表 5.12 所示，进一步对相关数据点进行拟合，见图 5.25、图 5.26。

表 5.11　干燥状态下结构面抗剪强度估算值

编号	法向应力/MPa	抗剪强度/MPa	编号	法向应力/MPa	抗剪强度/MPa
1	0.35	0.3076	4	1.4	1.0719
2	0.7	0.5745	5	1.75	1.3099
3	1.05	0.8275	6	2.1	1.5430

表 5.12　饱和状态下结构面抗剪强度估算值

编号	法向应力/MPa	抗剪强度/MPa	编号	法向应力/MPa	抗剪强度/MPa
1	0.35	0.2571	4	1.4	0.8892
2	0.7	0.4786	5	1.75	1.0850
3	1.05	0.6878	6	2.1	1.2763

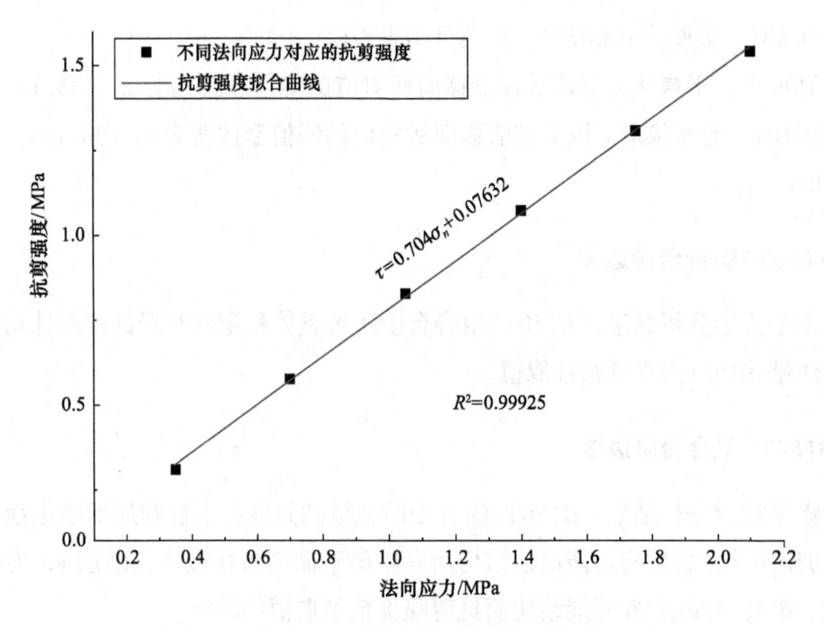

图 5.25　干燥状态下结构面抗剪强度线性回归分析

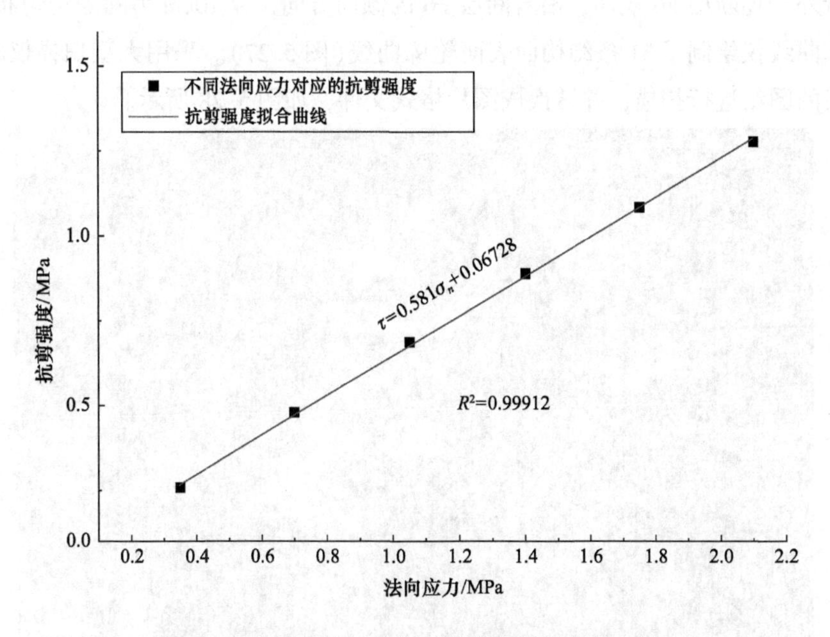

图 5.26　饱和状态下结构面抗剪强度线性回归分析

由图 5. 25 可知，在干燥状态下，结构面抗剪强度线性回归的斜率为 0. 704，截距为 0. 07632，R^2 等于 0. 99925；由图 5. 26 可知，在饱和状态下，结构面抗剪强度线性回归的斜率为 0. 581，截距为 0. 06728，R^2 等于 0. 99912。

由计算可得，干燥状态下该潜在滑移面所对应的峰值摩擦角为 $\varphi_i = 35.16°$，黏聚力为 0. 07632MPa。饱和状态下该潜在滑移面所对应的峰值摩擦角为 $\varphi_i = 30.16°$，黏聚力为 0. 06728MPa。

5. 4. 4　A(50T)组合台阶边坡

依据赤平投影分析结果，A(50T)组合台阶边坡整体稳定性和局部稳定性均较好，无须进行岩体结构面抗剪强度精细取值。

5. 4. 5　B(50T)组合台阶边坡

依据赤平投影分析结果，B(50T)组合台阶边坡的整体稳定性和局部稳定性都差。在断层 F6 的作用下，边坡有可能沿该结构面发生单平面型滑移破坏，断层 F6 为潜在滑移面。因此，需要对断层 F6 开展结构面抗剪强度精细取值的研究。

1. 结构面粗糙度统计测量

在野外现场断层 F6 表面，沿着断层 F6 的倾向方向，以 10cm 为间隔均匀布置测线，运用轮廓曲线仪绘制了 31 条结构面表面轮廓曲线(图 5. 27)。采用大型扫描仪将结构面轮廓曲线的图纸进行扫描，并转换成图片格式文件，如图 5. 28 所示。

图 5. 27　结构面表面轮廓曲线绘制

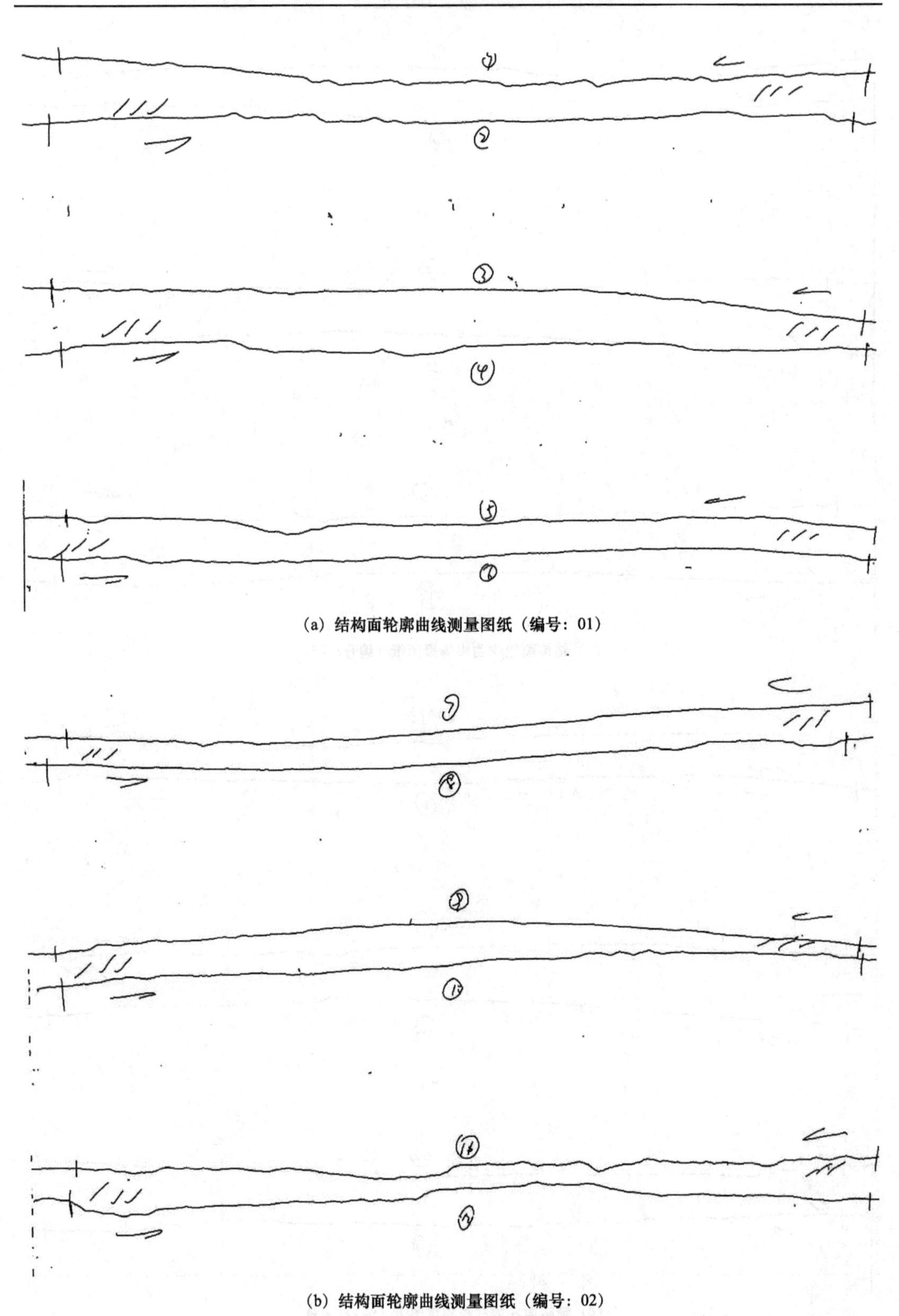

(a) 结构面轮廓曲线测量图纸（编号：01）

(b) 结构面轮廓曲线测量图纸（编号：02）

图 5.28　结构面表面轮廓曲线扫描图

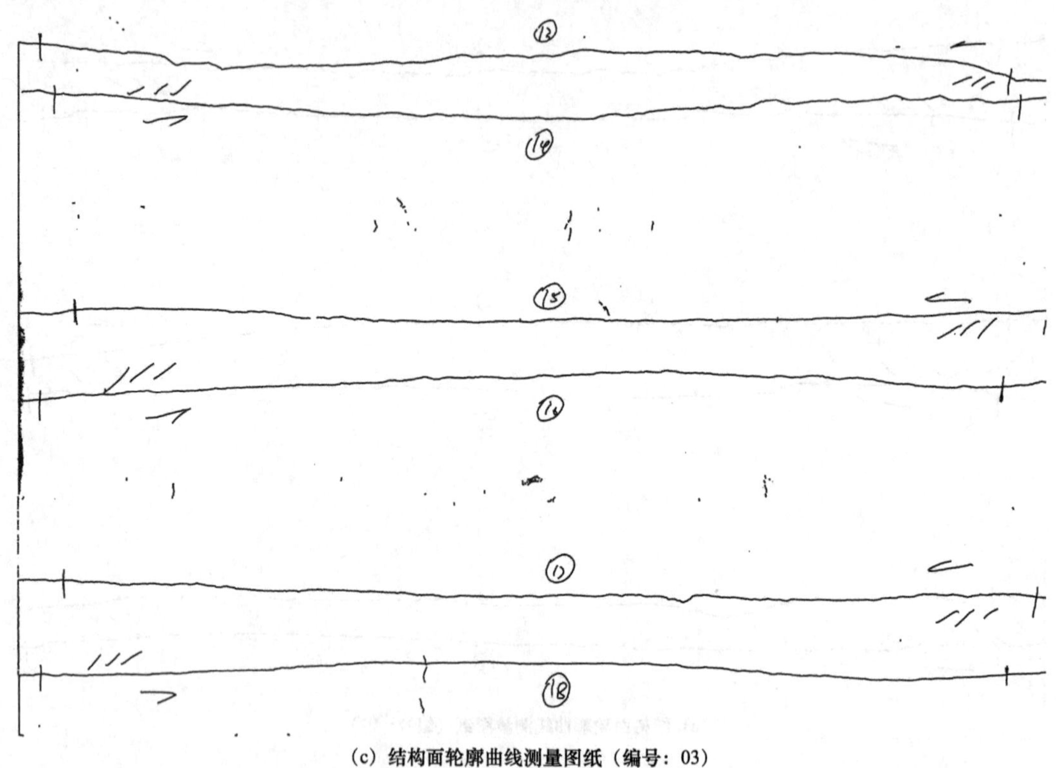

(c) 结构面轮廓曲线测量图纸（编号：03）

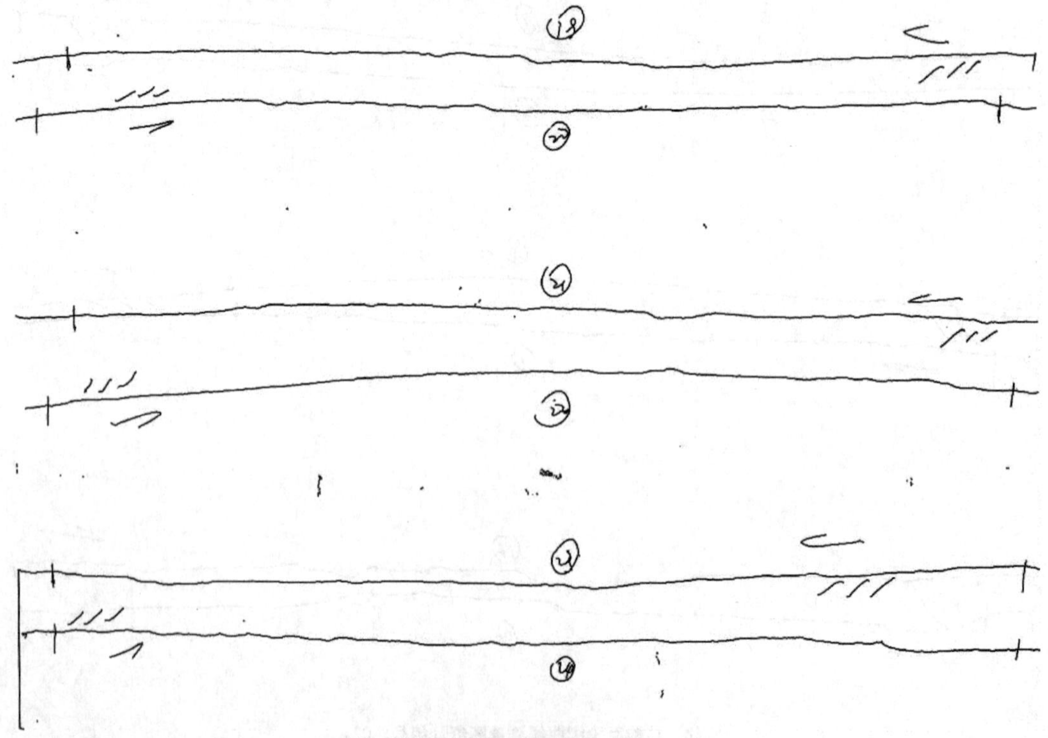

(d) 结构面轮廓曲线测量图纸（编号：04）

图 5.28(续)

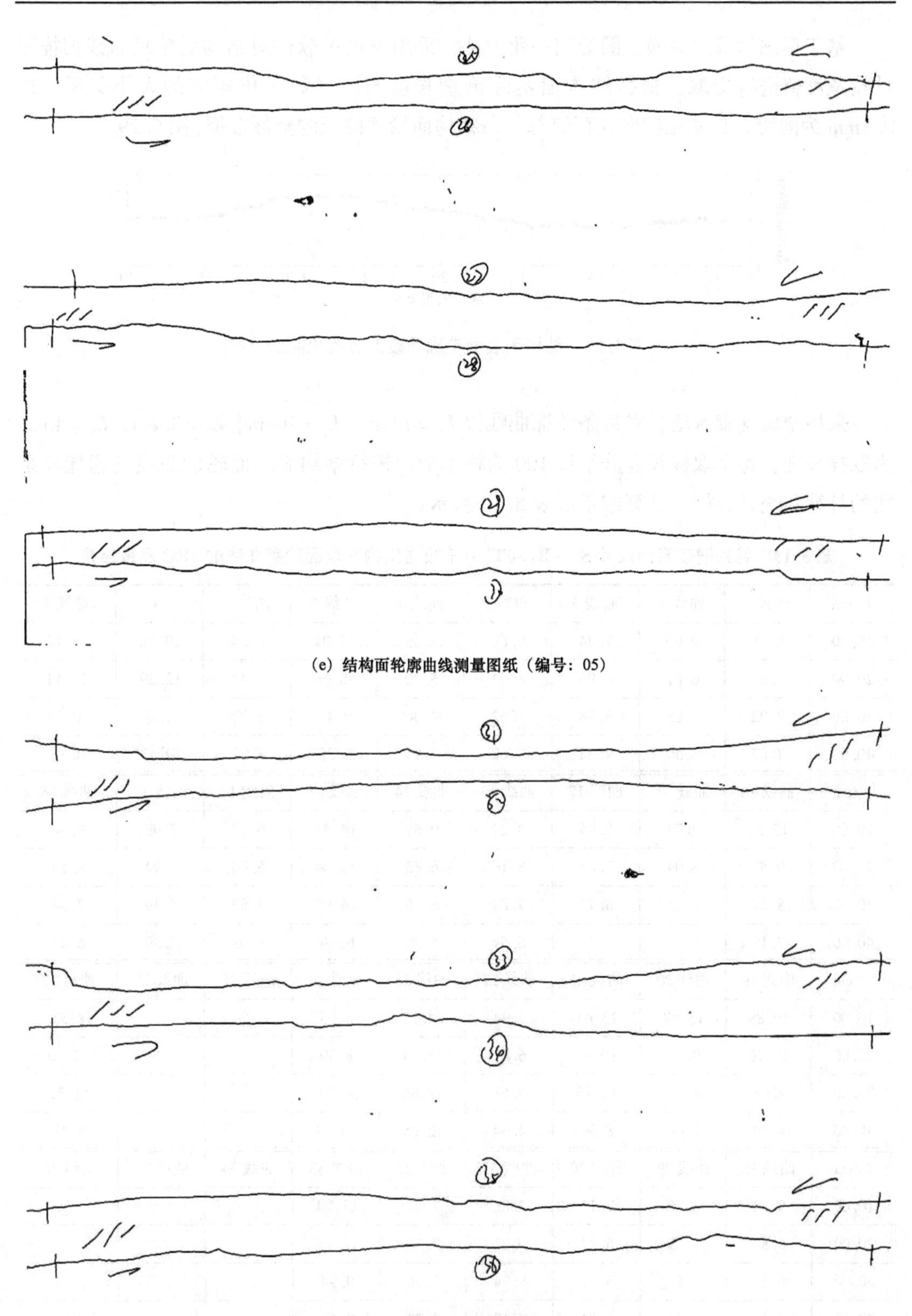

(e) 结构面轮廓曲线测量图纸（编号：05）

(f) 结构面轮廓曲线测量图纸（编号：06）

图 5.28(续)

基于形态学滤波去噪、图像归一化方法，采用Matlab软件对结构面轮廓曲线扫描图件按灰度值进行提取，根据结构面实际测量长度与图形数字化矩阵的大小关系，以0.5mm为间距，自动化读取并存储每一条结构面轮廓曲线的坐标数据(图5.29)。

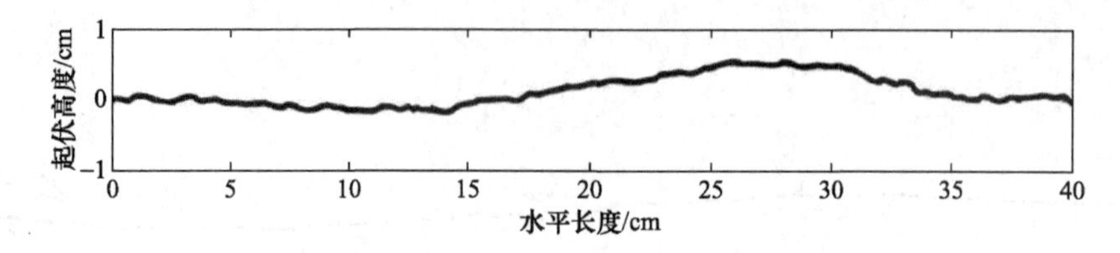

图5.29　结构面表面轮廓曲线的数值化曲线

采用全域搜索方法，对每条轮廓曲线以$L_1=10$cm、$L_2=20$cm、$L_3=30$cm、$L_4=40$cm为取样长度，每个取样长度分别以100为样本数，进行结构面表面轮廓曲线的粗糙度系数的计算和统计分析，计算结果如表5.13所示。

表5.13　德兴铜矿系列尺寸S1-B(50T)-千枚岩结构面表面轮廓曲线的JRC测量结果

L/cm	曲线1	曲线2	曲线3	曲线4	曲线5	曲线6	曲线7	曲线8	曲线9
10.00	8.38	9.00	7.24	9.87	7.36	11.04	8.54	10.58	16.12
20.00	7.09	6.87	4.95	8.54	5.20	10.68	7.44	12.29	12.44
30.00	7.92	5.85	3.78	7.62	4.06	9.47	7.77	11.07	10.54
40.00	7.87	5.50	4.36	6.02	3.91	8.22	9.29	10.13	8.75
L/cm	曲线10	曲线11	曲线12	曲线13	曲线14	曲线15	曲线16	曲线17	曲线18
10.00	12.57	9.74	8.95	8.24	9.65	14.41	6.22	7.99	9.54
20.00	9.87	8.04	7.83	8.16	6.88	15.04	5.80	5.94	8.14
30.00	8.27	7.74	6.97	7.84	6.25	14.09	7.57	4.49	7.54
40.00	7.19	7.29	7.43	6.64	5.30	10.84	8.02	4.39	6.42
L/cm	曲线19	曲线20	曲线21	曲线22	曲线23	曲线24	曲线25	曲线26	曲线27
10.00	10.88	13.68	13.41	7.44	14.11	8.95			8.53
20.00	10.16	9.76	10.47	6.07	14.04	8.39			12.10
30.00	8.65	8.17	10.26	5.51	12.86	8.70			11.32
40.00	8.50	7.46	8.59	4.64	12.05	10.08			9.42
L/cm	曲线28	曲线29	曲线30	曲线31	曲线32	曲线33	曲线34	曲线35	曲线36
10.00	9.58	8.86	7.11	7.88	7.77	11.24			
20.00	6.88	7.75	6.87	9.22	7.78	10.15			
30.00	6.25	7.19	6.41	8.94	7.26	9.94			
40.00	5.30	6.49	5.64	7.19	7.72	9.14			

根据每条结构面轮廓曲线取样长度为 $L_1=10\text{cm}$、$L_2=20\text{cm}$、$L_3=30\text{cm}$、$L_4=40\text{cm}$ 所对应的JRC测量结果，统计得到取样长度为10cm、20cm、30cm、40cm的JRC统计平均值 JRC_1、JRC_2、JRC_3、JRC_4(表5.14)。

表5.14　系列尺寸结构面表面轮廓曲线的JRC统计值及分维数计算结果

L/cm	T	$\overline{\text{JRC}}$	L_n/L_1	$\text{JRC}_1/\text{JRC}_n$	$\lg(L_n/L_1)$	$\lg(\text{JRC}_1/\text{JRC}_n)$	D	$\text{JRC}_n=\text{JRC}_1(L_n/L_1)^{-D^*}$	k/%
$L_1=10$	31	9.83	1	1				9.83	0.00
$L_2=20$	31	8.74	2	1.13	0.30	0.051	0.17	8.62	−1.35
$L_3=30$	31	8.07	3	1.22	0.48	0.086	0.18	7.98	−1.18
$L_4=40$	31	7.41	4	1.33	0.60	0.123	0.20	7.55	1.92

注：T 为样本数；$\overline{\text{JRC}}$为粗糙度系数的统计平均值；D 为分维数；D^* 为分维数的预测值；k 为预测值与真实值间的相对误差。

2. 结构面粗糙度系数尺寸效应分维数预测值的确定

将10cm、20cm、30cm、40cm和 JRC_1、JRC_2、JRC_3、JRC_4 代入式(5.8)换算得到结构面粗糙度系数尺寸效应分维数 D_1、D_2、D_3、D_4。

求结构面粗糙度系数的尺寸效应分维数的预测值，即按式(5.9)计算 $L_1=10\text{cm}$、$L_2=20\text{cm}$、$L_3=30\text{cm}$、$L_4=40\text{cm}$ 所对应的结构面粗糙度系数尺寸效应分维数 D_2、D_3、D_4 的尺寸加权平均值。

结构面粗糙度系数的尺寸效应分维数的预测值 D_n^* 与实际值 D_n 近似相等，即取 $D_n\approx D_n^*$，将表5.14中的数据代入式(5.9)，计算可得 $D_n^*=0.190$，因此，结构面粗糙度系数的尺寸效应分维数的实际值 D_n 近似等于0.190。

将测量得到的10cm结构面轮廓曲线 JRC_1 值，代入结构面粗糙度系数尺寸效应分形模型式(5.7)，就可以得到取样长度为 L_n 的实际尺寸结构面的 JRC_n 值。

3. 实际结构面取样长度的确定

岩体结构面粗糙度系数存在尺寸效应，随着结构面尺寸的增大，粗糙度系数呈减小趋势。当结构面尺寸达到某一值后，结构面粗糙度系数随着尺寸的增长无明显变化，基本处于稳定状态，此时结构面的尺寸为结构面粗糙度系数稳定阈值长度 L_n^*。进行结构面JRC尺寸效应和抗剪强度尺寸效应折减取值时，L_n^* 可作为实际结构面的取样长度 L_n。结构面粗糙度系数稳定阈值长度 L_n^* 可以根据式(5.10)进行计算。

在 L_n-f 关系图(图5.30)上，取 $f=5\%$ 时，L_n-f 关系曲线上对应的取样长度即岩体结构面粗糙度系数稳定阈值 $L_n^*=180\text{cm}$，故断层F6的取样长度为 $L_n=L_n^*=180\text{cm}$。

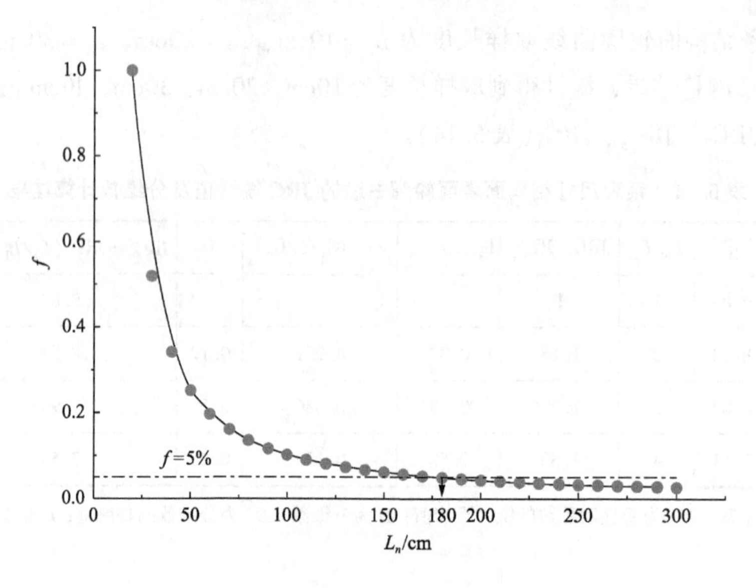

图 5.30 L_n-f 关系图

4. 实际结构面粗糙度系数预测值的确定

将所得到的结构面粗糙度系数的尺寸效应分维数的实际值 D_n 与断层 F6 的取样长度 $L_n = L_n^* = 180\text{cm}$ 代入 JRC 尺寸效应分形模型式(5.7)，就可以得到实际尺寸结构面的 JRC_n 值。计算可得，潜在滑移面所对应的 JRC_n 值为 5.67。

图 5.31 结构面壁岩强度回弹值的测量

5. 结构面壁岩强度的确定

在测量完结构面表面轮廓曲线的潜在滑移面（断层 F6）上，用施密特回弹仪测定至少 16 个测点数据（图 5.31，表 5.15，图 5.32），剔除 6 个最大值，6 个最小值，取剩余回弹值的算术平均值。测量时，测点应避开空洞、剥皮和边缘部位。从图 5.32 上可以看出，滑移面回弹值主要分布在 25～40MPa，进一步计算可得该组结构面壁岩强度所对应的回弹值为 36.7MPa。

表 5.15　结构面壁岩强度回弹值

编号	回弹值/MPa	编号	回弹值/MPa	编号	回弹值/MPa	编号	回弹值/MPa
1	60	5	42	9	35	13	30
2	54	6	38	10	34	14	26
3	50	7	36	11	34	15	26
4	50	8	36	12	32	16	24

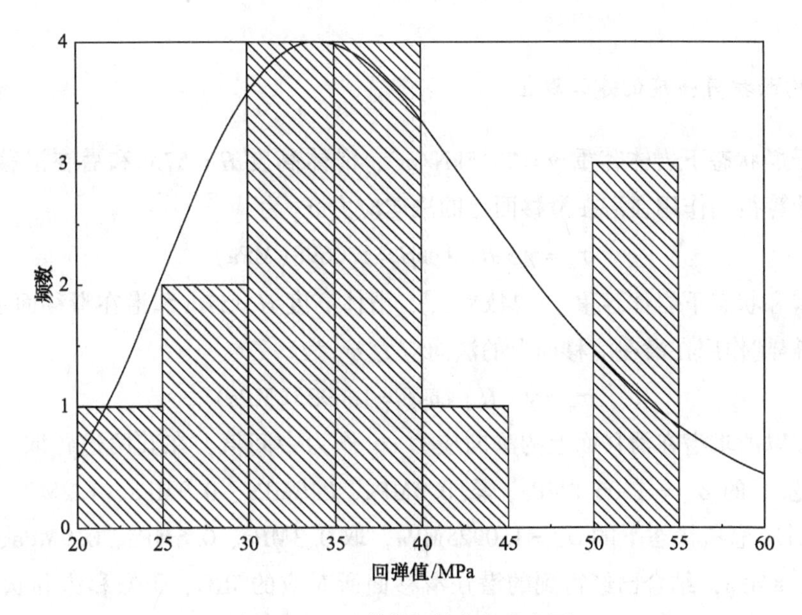

图 5.32　回弹值频数分布直方图

1）饱和状态下

依据迪尔和米勒所提出的回弹值与壁岩强度关系，查图 5.16，对应于回弹仪垂直结构面的情况，取岩体容重为 24kN/m³，可得饱和状态下壁岩强度值为 68.66MPa。

2）干燥状态下

干燥状态下的结构面壁岩强度值高于饱和状态下的壁岩强度值，按 1/0.7(0.7 为千枚岩软化系数)进行反推，得干燥状态下壁岩强度值为 98.09MPa。

根据前文内容可知，断层 F6 的取样长度为 $L_n = L_n^* = 180\text{cm}$，依据式(5.11)计算可得，干燥状态下 JCS_n 等于 46.32MPa；饱和状态下 JCS_n 等于 32.43MPa。

6. 结构面残余摩擦角的确定

依据理查兹(1975)得到的回弹值与结构面基本摩擦角 φ_b 的线性关系式(5.12)计算可得，饱和状态下潜在滑移面(断层 F6)的基本摩擦角为 24.47°。

根据定义，新鲜未风化的平直光滑结构面的峰值摩擦角为基本摩擦角，也就是说，根据式(5.12)计算得到的是新鲜未风化的平直光滑结构面的峰值摩擦角；相应地，风化的平直光滑结构面的峰值摩擦角为残余摩擦角，而回弹值的测定是在风化状态下的岩体结构面表面完成的，由式(5.12)计算得到的值即为结构面的残余摩擦角，即 $\varphi_r=\varphi_b$。因此，潜在滑移面(断层F6)饱和状态下残余摩擦角 $\varphi_r=\varphi_b=24.47°$；按1/0.7(0.7为千枚岩软化系数)进行反推，查图5.16，进一步计算可得，干燥状态下残余摩擦角 $\varphi_r=\varphi_b=28.71°$。

7. 结构面抗剪强度的建议取值

根据干燥状态下岩体容重 $\gamma=23.5\text{kN/m}^3$、滑体高度 $H=57\text{m}$ 和潜在滑移面视倾角 $\beta=37°$，计算得到作用在潜在滑移面上的法向应力 σ_n 为

$$\sigma_n=\gamma\cdot H\cdot\cos\beta=1.0698(\text{MPa})$$

根据饱和状态下岩体容重 $\gamma=24\text{kN/m}^3$、滑体高度 $H=57\text{m}$ 和潜在滑移面视倾角 $\beta=37°$，计算得到作用在潜在滑移面上的法向应力 σ_n 为

$$\sigma_n=\gamma\cdot H\cdot\cos\beta=1.0925(\text{MPa})$$

然后，以所求潜在滑移面上的法向应力 σ_n 作为中间值，在其两边各取三个值，对应干燥状态下的 $\sigma_n=1.0698\text{MPa}$，取0.3MPa、0.6MPa、0.9MPa、1.2MPa、1.5MPa、1.8MPa；对应饱和状态下的 $\sigma_n=1.0925\text{MPa}$，取0.3MPa、0.6MPa、0.9MPa、1.2MPa、1.5MPa、1.8MPa，结合已经得到的潜在滑移面所对应的JRC、干燥和饱和状态下JCS、φ_r 的计算值，按Barton-Bandis公式(5.13)进行试算。

法向应力所对应的抗剪强度如表5.16、表5.17所示，进一步对相关数据点进行拟合，见图5.33、图5.34。

表5.16 干燥状态下结构面抗剪强度估算值

编号	法向应力/MPa	抗剪强度/MPa	编号	法向应力/MPa	抗剪强度/MPa
1	0.3	0.2541	4	1.2	0.9036
2	0.6	0.4793	5	1.5	1.1080
3	0.9	0.6946	6	1.8	1.3088

表5.17 饱和状态下结构面抗剪强度估算值

编号	法向应力/MPa	抗剪强度/MPa	编号	法向应力/MPa	抗剪强度/MPa
1	0.3	0.2114	4	1.2	0.7467
2	0.6	0.3976	5	1.5	0.9144
3	0.9	0.5750	6	1.8	1.0787

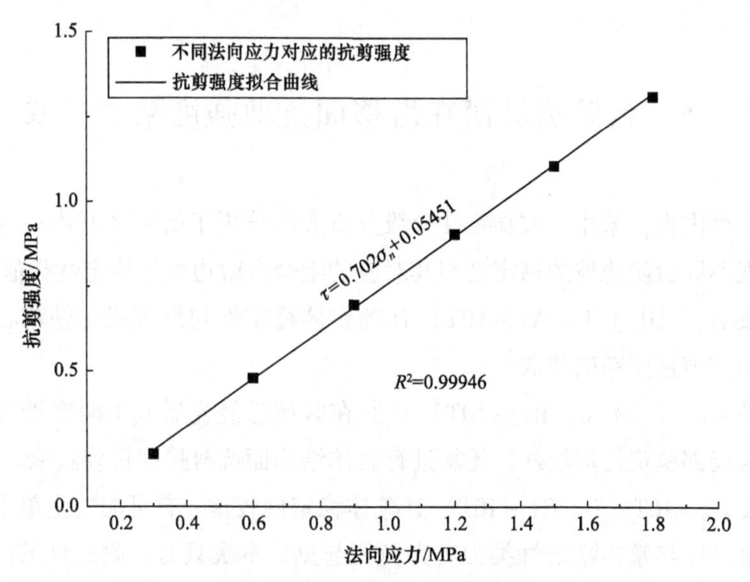

图5.33　干燥状态下结构面抗剪强度线性回归分析

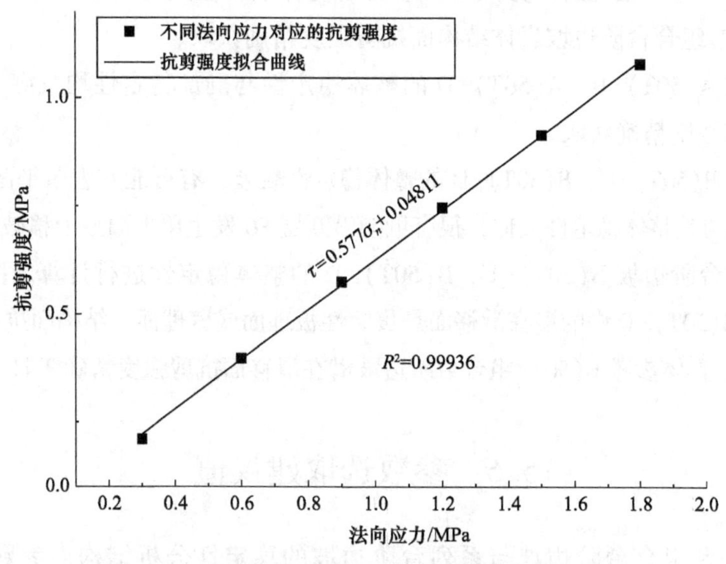

图5.34　饱和状态下结构面抗剪强度线性回归分析

由图5.33可知，在干燥状态下，结构面抗剪强度线性回归的斜率为0.702，截距为0.05451，R^2 等于0.99946；由图5.34可知，在饱和状态下，结构面抗剪强度线性回归的斜率为0.577，截距为0.04811，R^2 等于0.99936。

由计算可得，干燥状态下该潜在滑移面所对应的峰值摩擦角为 $\varphi_i=35.06°$，黏聚力为0.05451MPa；饱和状态下该潜在滑移面所对应的峰值摩擦角为 $\varphi_i=29.98°$，黏聚力为0.04811MPa。

5.5 台阶边坡潜在滑移面抗剪强度精确获取

根据第4章内容，采用边坡稳定性分级分析方法分析了研究区域内所有台阶边坡的稳定性，发现不同台阶边坡的稳定性与其对应的组合台阶边坡的稳定性类似。

台阶边坡A(-10T)-U、A(-10T)-D的整体稳定性与局部稳定性均较好，无须进行岩体结构面抗剪强度精确获取。

台阶边坡B(-10T)-U、B(-10T)-D所在区域已经先后发生两次滑移破坏，目前整体稳定性与局部稳定性均较好，无须进行岩体结构面抗剪强度精确获取。

台阶边坡C(-10T)-U、C(-10T)-D整体稳定性较差，有可能发生单平面型滑移破坏，其局部稳定性与整体稳定性类似。为简便起见，本次只对台阶边坡C(-10T)-U、C(-10T)-D的整体稳定性进行计算。由于台阶边坡C(-10T)-U、C(-10T)-D中的潜在滑移面是贯穿性板理面或劈理面，结构面抗剪强度性质与断层F3、F4相同，具体参考C(-10T)组合台阶边坡岩体结构面抗剪强度精确获取。

台阶边坡A(50T)-U、A(50T)-D的整体稳定性与局部稳定性均较好，无须进行岩体结构面抗剪强度精确获取。

台阶边坡B(50T)-U、B(50T)-D的整体稳定性较差，有可能发生单平面型滑移破坏；其局部稳定性与其整体稳定性类似，很有可能沿断层F6发生单平面型滑移破坏。为简便起见，本次只对台阶边坡B(50T)-U、B(50T)-D的整体稳定性进行计算。由于台阶边坡B(50T)-U、B(50T)-D中的潜在滑移面是贯穿性板理面或劈理面，结构面抗剪强度性质与断层F6相同，具体参考B(50T)组合台阶边坡潜在滑移面抗剪强度精确获取。

5.6 参数选取建议值

-10m平台组合台阶边坡与系列台阶边坡的稳定性分析结构面参数建议取值如表5.18所示。

表5.18 -10m平台组合台阶边坡与系列台阶边坡稳定性分析结构面参数建议取值

岩性	状态	粗糙度系数	壁岩强度/kPa	残余摩擦角/(°)	容重/(kN/m³)	爆破等效振动加速度系数
板岩	干燥	5.88	44070	28.53	24.5	0.0392g
	饱和	5.88	33052	26.54	25	
千枚岩	干燥	6.43	41191	27.99	23.5	
	饱和	6.43	28832	23.97	24	

50m平台组合台阶边坡与系列台阶边坡的稳定性分析结构面参数建议取值如表5.19所示。

表5.19　50m平台组合台阶边坡与系列台阶边坡稳定性分析结构面参数建议取值

岩性	状态	粗糙度系数	壁岩强度/kPa	残余摩擦角/(°)	容重/(kN/m³)	爆破等效振动加速度系数
千枚岩	干燥	5.67	46321	28.71	23.5	0.0392g
	饱和	5.67	32425	24.47	24	

第6章 杨桃坞多级边坡稳定性等精度评价

基于第5章中介绍的杨桃坞边坡岩体结构面抗剪强度精细取值结果，首先，采用极限平衡方法对历史滑坡进行稳定性评价，验证稳定性计算方法和参数取值方法的有效性；其次，对边坡稳定性影响因素进行敏感性分析，确定各因素对边坡稳定性的影响程度；最后，在各种工况条件下，将验证准确有效的稳定性计算方法和计算参数用于评价组合台阶边坡与系列台阶边坡的稳定性。

6.1 边坡稳定性分析方法与许用安全系数的确定

6.1.1 边坡稳定性分析方法

极限平衡分析是根据边坡上的滑体或滑体分块的静力平衡原理分析边坡各种破坏模式下的受力状态，利用边坡滑体上的抗滑力和下滑力之间的关系来评价边坡的稳定性(蔡美峰 等，2002；王文星，2004)。极限平衡法是边坡稳定性定量分析计算的主要方法，也是工程实践中应用最多的一种方法。目前工程中用到的极限平衡稳定性分析方法有：瑞典条分法、Bishop法、Janbu法、Morgenstern - Price法、Spencer法、Sarma法、剩余推力法和楔形体法、平面破坏计算法等(陈祖煜 等，2005；黄醒春 等，2005)。在工程实践中，主要是根据边坡破坏滑移面的形态来选择合适的极限平衡计算方法(廖国华，1995)。根据现场工程地质调查、边坡工程地质分区和边坡破坏模式识别的研究结果可知，杨桃坞边坡潜在破坏模式主要为平面滑动破坏，其潜在滑移面由结构面控制。本书依据滑坡破坏模式，采用Morgenstern - Price法分析边坡稳定性，该方法的特点是严格满足力、力矩平衡条件，收敛性好，滑面形状可以任意调整，特别适用于滑面为折线形的露天矿山边坡的稳定性评价。

Morgenstern - Price法的基本原理(郑颖人 等，2010)如下。

该极限平衡方法首先对任意曲线形状的滑裂面进行分析，见图6.1，导出满足力、力矩平衡条件的微分方程式，然后假定两相邻条块法向条间力和切向条间力之间存在的对水平方向的函数关系，根据整个滑体的边界条件解决问题。

如图6.1(a)所示，将任意形状边坡的地表线、浸润线、推力线及滑动面分别以函数

$y=g(x)$，$y=h(x)$，$y=f_t(x)$及$y=s(x)$表示。如图6.1(b)所示，取任一微分条块，其上作用有体力dW，地震力$K_s dW$，坡面外力dQ，条块两侧的法向条间力E、$E+dE$及切向条间力T、$T+dT$，条块两侧的孔隙水压力P_w、P_w+dP_w，条底法向力dN，条底剪力dS，条底孔隙水压力dU。

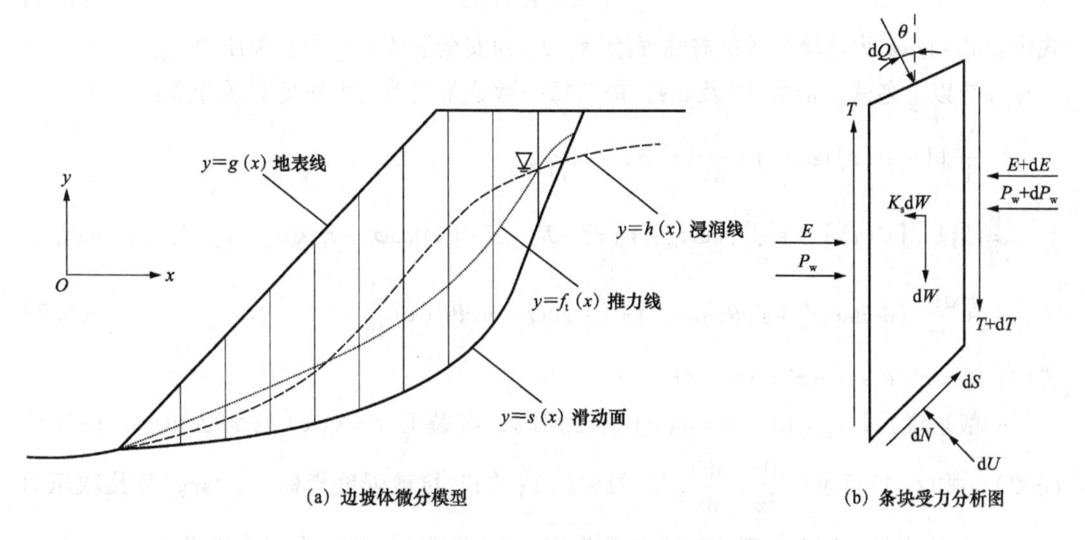

图6.1 边坡体的微分及微分条块的受力分析(郑颖人 等，2010)

将作用在微分条块上的力对条块底部中点取力矩平衡，并且认为dU的作用点与dS、dN合力的作用点重合，则有

$$E\left[f_t(x)-s(x)-\frac{1}{2}s'(x)dx\right]-(E+dE)\left[f_t(x+dx)-s(x+dx)-\frac{1}{2}s'(x+dx)dx\right]$$
$$+T\frac{dx}{2}+(T+dT)\frac{dx}{2}-K_s dW\left[y_c-s(x)+\frac{1}{2}s'(x)dx\right]$$
$$+dQ\sin\theta\left[y_q-s(x)+\frac{1}{2}s'(x)dx\right]+dQ\cos\theta\left(x_q-x-\frac{dx}{2}\right)=0 \tag{6.1}$$

式中：y_c为条块重心作用点纵坐标；x_q、y_q为边坡外力作用点坐标。

将式(6.1)整理简化，略去高阶微量，得到每一微分条块满足力矩平衡的微分方程：

$$T=\frac{d}{dx}[Ef_t(x)]-s(x)\frac{dE}{dx}+K_s[y_c-s(x)]\frac{dW}{dx}-\{[y_q-s(x)]\sin\theta+(x_q-x)\cos\theta\}\frac{dQ}{dx} \tag{6.2}$$

根据条块底部法线方向力的平衡条件，可得

$$dN=dT\cos\alpha-dE\sin\alpha+dW\cos\alpha-K_s dW\sin\alpha+dQ\sin(\theta-\alpha) \tag{6.3}$$

式中：α为条块底部倾角。

同时根据平行条块底部方向力的平衡条件，可得

$$dS=dE\cos\alpha+dT\sin\alpha+dW\sin\alpha+K_s dW\cos\alpha-dQ\sin(\theta-\alpha) \tag{6.4}$$

根据安全系数定义及 Mohr - Coulmb 强度准则，可得

$$dS=\frac{c'dx\sec\alpha+(dN-dU)\tan\varphi'}{F_s} \tag{6.5}$$

同时引用 Bishop 等有关孔隙压力比的定义，得

$$dU=r_u dW\sec\alpha \tag{6.6}$$

式中：c'、$\tan\varphi'$为条块有效抗剪强度指标；F_s 为安全系数；r_u 为孔隙压力比。

综合以上各式，消去 dT 及 dN，得到每一微分条块满足力平衡的微分方程：

$$\begin{aligned}&\frac{dE}{dx}[1+s'(x)\tan\varphi'_m]+\frac{dT}{dx}[s'(x)-\tan\varphi'_m]\\&=c'_m\{1+[s'(x)]^2\}+\frac{dW}{dx}\{\tan\varphi'_m-s'(x)-K_s-K_s s'(x)\tan\varphi'_m-r_u\tan\varphi'_m-r_u[s'(x)]^2\tan\varphi'_m\}\\&\quad+\frac{dQ}{dx}[\cos\theta\tan\varphi'_m+\sin\theta\tan\varphi'_m s'(x)+\sin\theta-\cos\theta s'(x)]\end{aligned} \tag{6.7}$$

式中：$c'_m=c'/F_s$；$\tan\varphi'_m=\tan\varphi'/F_s$。

一般来说，$y=g(x)$、$y=h(x)$是已知的，滑裂面 $y=s(x)$也是已知的，根据式(6.2)、式(6.7)可求出$\frac{dW}{dx}$、$\frac{dQ}{dx}$、y_c 及 $s'(x)$；同时抗剪强度指标 c'、$\tan\varphi'$及孔隙压力比 r_u 也是给定的。因此，要求的未知量为 E、T、函数 $y=f_t(x)$及安全系数 F_s。

假定 E 和 T 之间存在如下函数关系：

$$T=\lambda f(x)E \tag{6.8}$$

式中：λ 为任意选择的一个常数；$f(x)$为一个预先给定的函数。

对于每一微分条块来说，令 dx 取值无限小，使 $s(x)$和 $f(x)$在微分条块范围内近似为一直线，即 $s'(x)$和 $f'(x)$在微分条块范围内为一常数。令

$$Ax+D=\lambda f(x)[s'(x)-\tan\varphi'_m] \tag{6.9}$$

$$B-D=1+s'(x)\tan\varphi'_m \tag{6.10}$$

$$\begin{aligned}C=&c'_m\{1+[s'(x)]^2\}+\frac{dW}{dx}\{\tan\varphi'_m-s'(x)-K_s-K_s s'(x)\tan\varphi'_m-r_u\tan\varphi'_m\\&-r_u[s'(x)]^2\tan\varphi'_m\}+\frac{dQ}{dx}[\cos\theta\tan\varphi'_m+\sin\theta\tan\varphi'_m s'(x)+\sin\theta-\cos\theta s'(x)]\end{aligned} \tag{6.11}$$

式中：A、B、D 为任意常数。

经过以上各式的转化，基本微分方程式(6.7)可简化为

$$(Ax+B)\frac{dE}{dx}+AE=C \tag{6.12}$$

现在取条块两侧的边界条件为

$$E=E_{i-1}\quad(x=x_{i-1})$$

$$E=E_i\quad(x=x_i)$$

对方程(6.12)从 x_{i-1} 到 x_i 进行积分，可以求得

$$E_i = \frac{Ax_{i-1} + B}{Ax_i + B}E_{i-1} + \frac{1}{Ax_i + B}\int_{x_{i-1}}^{x_i} C\mathrm{d}x \tag{6.13}$$

这样就可以从上到下，逐条求出法向条间力 E，然后根据式(6.8)求出切向条间力 T。当滑动土体外部没有其他外力作用时，边界条件为

$$E_n = 0,\ M_n = 0$$

同时，条块侧面的力矩可以用微分方程求积分得出：

$$M_i = M_{i-1} + M_0 \tag{6.14}$$

式中：

$$\begin{cases} M_i = E_i[f_t(x_i) - s(x_i)] \\ M_{i-1} = E_{i-1}[f_t(x_{i-1}) - s(x_{i-1})] \\ M_0 = \int_{x_{i-1}}^{x_i}\left\{T - Ef'_t(x_i) - K_s[\gamma_c - s(x)]\frac{\mathrm{d}W}{\mathrm{d}x} + [(\gamma_q - s(x))\sin\theta + (x_q - x)\cos\theta]\frac{\mathrm{d}Q}{\mathrm{d}x}\right\}\mathrm{d}x \end{cases} \tag{6.15}$$

此时，各条间力合力作用点位置 $f_t(x)$ 可以通过式(6.15)求出。

因此，为了找到满足所有平衡条件的 λ 和 F_s 值，可以先假定一个 λ 和 F_s，然后逐条积分得到 E_n 和 M_n，如果不为零，再用一个有规律的迭代步骤不断修正 λ 和 F_s，直到 E_n 和 M_n 为零或无限接近零为止。

该方法考虑了全部平衡条件与边界条件，消除了计算方法上的误差，并对 Janbu 推导出来的近似解法提供了更加精确的解答；对方程式的求解采用数值解法(即微增量法)，滑面形状任意，通过力平衡法所计算出的稳定性系数值可靠程度较高。显然，由于计算的烦琐和复杂，没有电子计算机的辅助，这个方法是无法实际应用的。为了实现露天矿山边坡的稳定性评价，使用 Rocscience 公司推出的 Slide 软件中的 Morgenstern - Price 模块进行计算和分析。

6.1.2　边坡许用安全系数的确定

在边坡稳定性分析中，稳定性系数取多大是安全的，在边坡工程中有着重要的技术经济意义。从理论上来看，安全系数 $F_s = 1.0$ 时，边坡处于极限平衡状态，只要 $F_s > 1.0$($F_s = 1.0 + \varepsilon$，ε 为任意小正数)，边坡就处于安全状态，反之则处于失稳状态。然而影响边坡稳定性的因素很多且很复杂，在工程实际中不可能完全弄清楚各种因素的影响，理论上计算的临界状态并不能真正代表工程实际中边坡的临界状态，人们常以一定的安全储备来衡量边坡的稳定性。因此，边坡许用安全系数[F]的确定无疑是边坡设计和稳定性评价中的重要决策。

一般来说，不同性质的工程对边坡安全性有不同的要求，其许用安全系数[F]有不

同的取值，在确定边坡稳定性许用安全系数这一重要指标时，必须考虑到组成边坡的岩体介质及其地质构造条件和水文地质条件的复杂性，影响边坡稳定性的各种因素的作用方式和变化规律与作用后果的多样性，人们主观上对于这些因素变化规律认识与掌握的局限性，研究过程中采用的各种测试手段和测试方法的准确性，各种研究资料和计算指标的可靠性、计算模型与方法的精度，矿山边坡服务年限等各种主客观因素的影响。由于边坡工程问题是一个极其复杂的系统工程问题，对于影响边坡稳定性的所有因素中，有的我们目前无法定量考虑，有的甚至目前不知道，所以边坡许用安全系数的确定带有经验性。本次研究采用工程类比的方法确定边坡稳定性分析许用安全系数[F]。目前国内外不少学者和政府机构的规范根据不同工程和工程所在地区推荐了不同的稳定性许用安全系数，建议的[F]值多在1.05～1.5范围内。所收集到的国内外部分金属矿山边坡采用的许用安全系数如表6.1所示。

表6.1　国内外部分金属矿山边坡采用的许用安全系数

国家		许用安全系数
英国、加拿大		[F]=1.30
美国		[F]=1.20～1.30
中国	攀钢兰尖矿	[F]=1.15～1.20
	武钢大冶铁矿	[F]=1.15～1.20
	海南铁矿	[F]=1.15～1.25
	福建行洛坑钨矿	[F]=1.17～1.22
	安徽新桥铜矿	[F]=1.10～1.20
	甘肃厂坝铅锌矿	[F]=1.15
	本钢南芬铁矿	[F]=1.25
	首钢水厂铁矿	[F]=1.15～1.20
	鞍钢大孤山铁矿	[F]=1.15～1.20
	广西大新锰矿	[F]=1.15～1.20
	江西永平铜矿	[F]=1.25

根据以上工程类比与综合分析，本次研究边坡稳定性许用安全系数[F]=1.25。

以上述选取的许用安全系数为基础，结合德兴铜矿边坡的实际情况和工程经验，对边坡稳定性计算结论进行评价时，采用四级标准，如表6.2所示。

表6.2　矿山边坡稳定性等级及许用安全系数取值范围

稳定性等级	许用安全系数取值范围	稳定性状态
Ⅰ	[F]≥1.25	稳定
Ⅱ	1.25>[F]≥1.15	基本稳定

续表

稳定性等级	许用安全系数取值范围	稳定性状态
Ⅲ	$1.15>[F]\geqslant1.05$	稳定性差
Ⅳ	$[F]<1.05$	不稳定

6.2　历史滑坡稳定性评价

6.2.1　历史滑坡形成过程

2014年11月前，为了满足矿山边坡境界的要求，对B(－10T)组合台阶边坡区域进行了开挖处理。

2014年11月6日，B(－10T)组合台阶边坡发生了第一期的较大规模的滑塌，滑塌面积达1451m^2，滑塌体积达3550m^3。

2016年3月15日，考虑到潜在滑体对固定泵站施工人员和设备安全的影响，采场工作人员对B(－10T)组合台阶边坡下段进行了爆破削方处理。由于边坡坡脚被掏空，边坡发生了第二期的较大规模的滑塌，滑塌面积达1035m^2，滑塌体积达3200m^3。

6.2.2　滑坡现状

－10m组合台阶边坡中部经过两期边坡滑动破坏后，B(－10T)组合台阶边坡总体处于稳定状态(图6.2)，目前没有出现随着固定泵站的施工明显发生整体或局部滑移破坏的现象。

图6.2　滑坡后B(－10T)组合台阶边坡现状照片

6.2.3　滑坡稳定性评价

1. 计算工况

B(-10T)组合台阶边坡第一期滑坡 B1 的计算工况包括：

(1)干燥 + 自重；

(2)干燥 + 自重 + 爆破振动；

(3)饱和 + 自重；

(4)饱和 + 自重 + 爆破振动；

(5)饱和 + 裂隙水 + 自重；

(6)饱和 + 裂隙水 + 自重 + 爆破振动。

B(-10T)组合台阶边坡第二期滑坡 B2 的计算工况包括：

(1)干燥 + 自重；

(2)干燥 + 自重 + 爆破振动；

(3)干燥 + 自重 + 爆破振动 + 坡脚卸载；

(4)饱和 + 自重；

(5)饱和 + 自重 + 爆破振动；

(6)饱和 + 自重 + 爆破振动 + 坡脚卸载；

(7)饱和 + 裂隙水 + 自重；

(8)饱和 + 裂隙水 + 自重 + 爆破振动；

(9)饱和 + 裂隙水 + 自重 + 爆破振动 + 坡脚卸载。

2. 计算剖面

根据历史滑坡的现场调查与全站仪定向测量结果，确定了历史滑坡 B1 与历史滑坡 B2 的计算模型，见图 6.3、图 6.4。

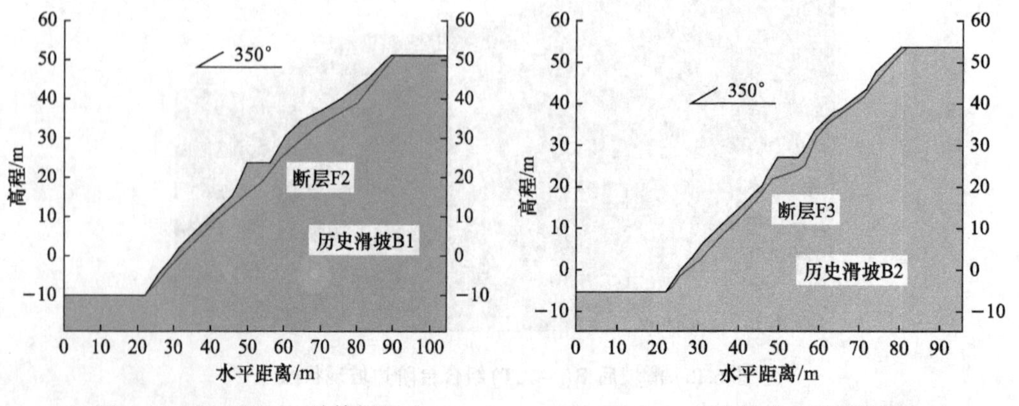

图 6.3　历史滑坡 B1 计算剖面　　　　图 6.4　历史滑坡 B2 计算剖面

3. 计算参数选取

历史滑坡 B1、B2 稳定性计算所用到的基本参数如表 6.3 所示。

表 6.3　−10m 组合台阶历史滑坡稳定性分析参数取值

岩性	状态	粗糙度系数	壁岩强度/kPa	残余摩擦角/(°)	容重/(kN/m^3)	爆破等效振动加速度系数
板岩	干燥	5.88	44070	28.53	24.5	0.0392g
	饱和	5.88	33052	26.54	25	

4. 滑坡稳定性评价

−10m 组合台阶历史滑坡 B1 在不同工况下的稳定性计算模型与计算结果见图 6.5 和表 6.4。

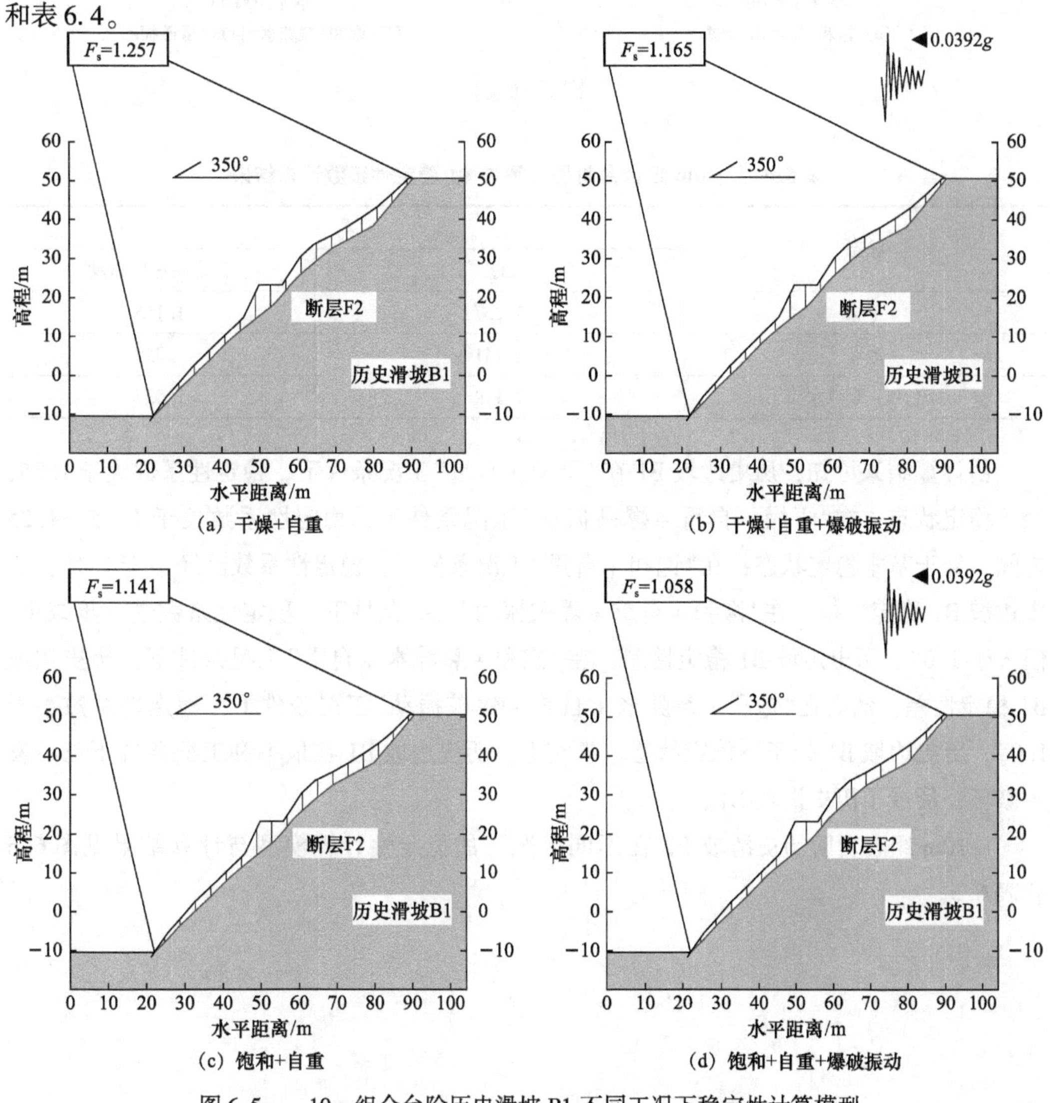

图 6.5　−10m 组合台阶历史滑坡 B1 不同工况下稳定性计算模型

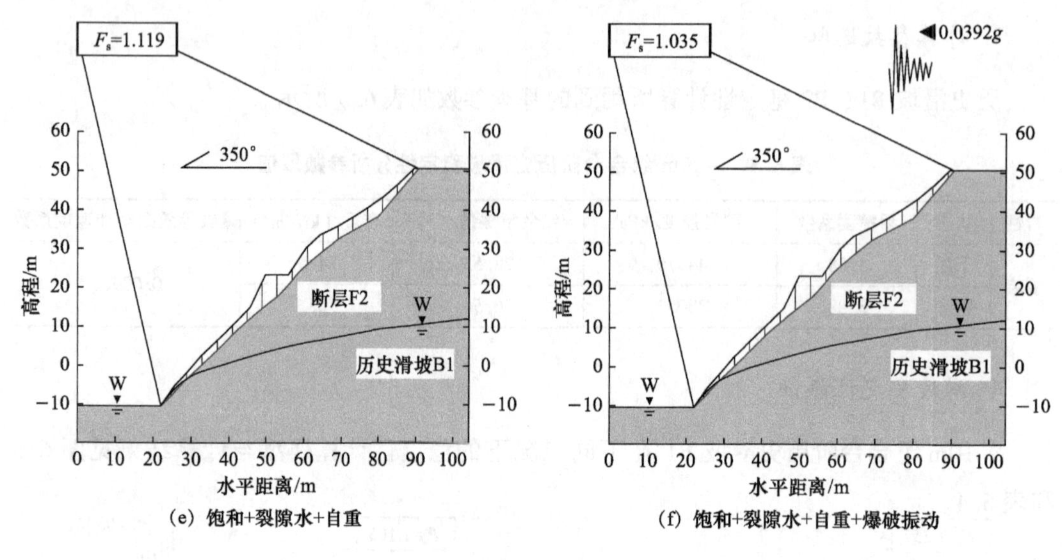

(e) 饱和+裂隙水+自重　　(f) 饱和+裂隙水+自重+爆破振动

图 6.5(续)

表 6.4　-10m 组合台阶历史滑坡 B1 稳定性系数计算结果

状态	F_s	
	自重	自重 + 爆破振动
干燥	1.257	1.165
饱和	1.141	1.058
饱和 + 裂隙水	1.119	1.035

由计算结果可知，历史边坡 B1 在“干燥 + 自重”工况条件下，稳定性系数大于 1.25，处于稳定状态；在“干燥 + 自重 + 爆破振动”工况条件下，稳定性系数位于 1.15～1.25 之间，处于基本稳定状态；在“饱和 + 自重”工况条件下，稳定性系数已经小于 1.15，历史边坡 B1 稳定性差；在“饱和 + 自重 + 爆破振动”工况条件下，稳定性系数进一步减小，但大于 1.05，历史边坡 B1 稳定性差；在“饱和 + 裂隙水 + 自重”工况条件下，历史边坡 B1 稳定性差；然而在“饱和 + 裂隙水 + 自重 + 爆破振动”工况条件下，稳定性系数小于 1.05，历史边坡 B1 处于不稳定状态。事实上，历史边坡 B1 在最不利工况条件下已经发生破坏，形成了历史滑坡 B1。

-10m 组合台阶历史滑坡 B2 在不同工况下的稳定性计算模型与计算结果见图 6.6 和表 6.5。

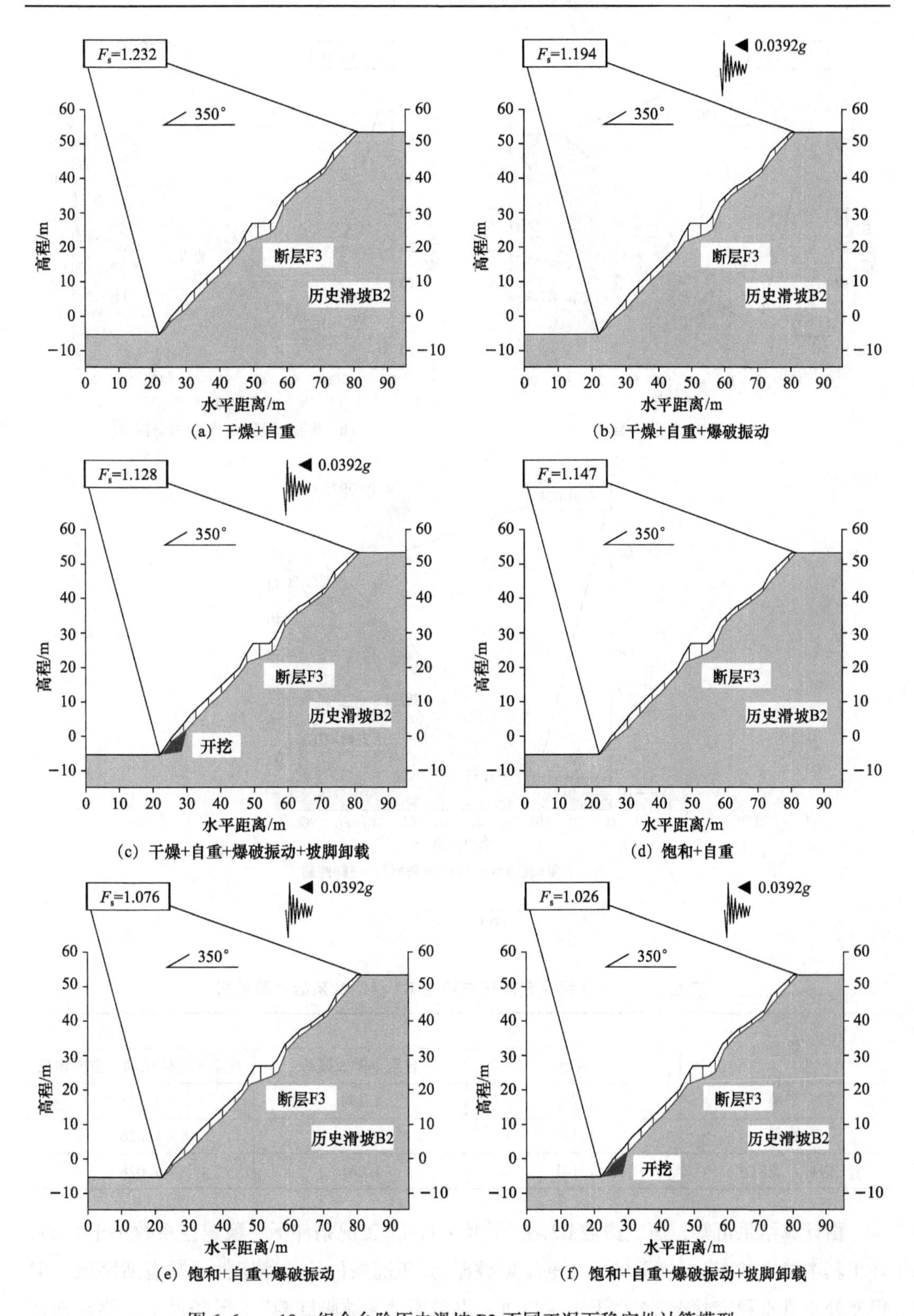

(a) 干燥+自重

(b) 干燥+自重+爆破振动

(c) 干燥+自重+爆破振动+坡脚卸载

(d) 饱和+自重

(e) 饱和+自重+爆破振动

(f) 饱和+自重+爆破振动+坡脚卸载

图 6.6　－10m 组合台阶历史滑坡 B2 不同工况下稳定性计算模型

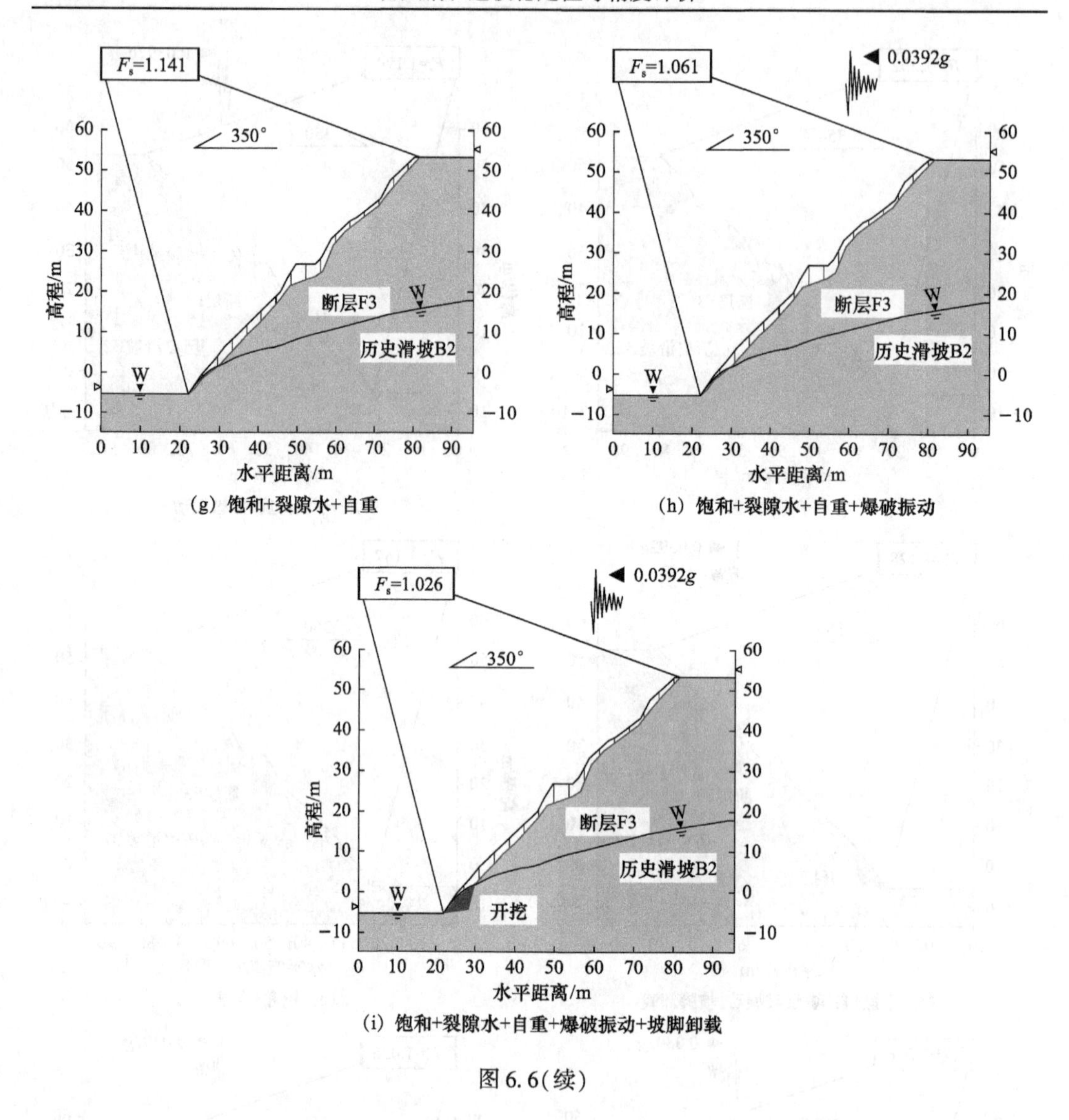

图 6.6(续)

表 6.5　-10m 组合台阶历史滑坡 B2 稳定性系数计算结果

状态	F_s		
	自重	自重 + 爆破振动	自重 + 爆破振动 + 坡脚卸载
干燥	1.232	1.194	1.128
饱和	1.147	1.076	1.026
饱和 + 裂隙水	1.141	1.061	1.026

由计算结果可知，历史边坡 B2 在“干燥 + 自重”工况条件下，稳定性系数小于 1.25，处于基本稳定状态；在“干燥 + 自重 + 爆破振动”工况条件下，稳定性系数有所降低，但仍然处于基本稳定状态；在“干燥 + 自重 + 爆破振动 + 坡脚卸载”工况条件下，稳定性系

数已经小于 1. 15，历史边坡 B2 稳定性差；在“饱和 + 自重”“饱和 + 自重 + 爆破振动”工况条件下，稳定性系数小于 1. 15，但大于 1. 05，历史边坡 B2 稳定性差；在“饱和 + 裂隙水 + 自重、饱和 + 裂隙水 + 自重 + 爆破振动”工况条件下，稳定性系数小于 1. 15，但大于 1. 05，历史边坡 B2 稳定性差；当历史边坡 B2 在饱和状态、爆破振动、坡脚卸载共同作用下，稳定性系数小于 1. 05，历史边坡 B2 处于不稳定状态。事实上，历史边坡 B2 在坡脚卸载后已经发生破坏，形成了历史滑坡 B2。

6. 2. 4　滑坡稳定性参数敏感性分析

在滑坡工程中，影响滑坡稳定的因素(如地形地貌、岩土体性质、岩土体结构面、地下水、地震、工程影响等)较多，并且各因素存在复杂性及不确定性(王明华 等，2006)。在一定工程地质条件下，有些因素对滑坡失稳影响较大，而有些则较小，即影响因素对滑坡失稳的贡献是不同的。面对众多不确定因素，在勘察、设计中不可能同等对待，应将主要精力放在滑坡稳定性的主要影响因素分析上。

滑坡稳定性影响因素的敏感性分析就是定量地分析影响滑坡稳定性的各因素与滑坡安全系数之间的相关性，即分析各因素的变化对于滑坡安全系数的影响。通过敏感性分析，不但可以克服滑坡影响因素复杂性、模糊性和可变性的影响，找出滑坡失稳的主导因素，而且根据敏感性分析得出的主要影响因素，就可以在滑坡治理及优化设计中有针对性地采取相应的整治措施，使滑坡治理达到安全、经济和有效的目的。

1. 敏感性分析的计算方法

敏感性分析是系统分析中分析系统稳定性的一种方法(章光 等，1999)。设有一系统，其系统特性 P 主要由 n 个因素 $\alpha=\{\alpha_1, \alpha_2, \cdots, \alpha_n\}$ 所决定，$P=f(\alpha_1, \alpha_2, \cdots, \alpha_n)$。在某一基准 $\alpha^*=\{\alpha_1^*, \alpha_2^*, \cdots, \alpha_n^*\}$ 下，系统特性为 P^*。分别令各因素在其各自的可能范围内变动，分析由于这些因素的变动，系统特性 P 偏离基准状态的趋势和程度，这种分析方法称为敏感性分析。

对于滑坡系统，敏感性分析可转化为以滑坡安全系数为考察对象的单指标多因素的显著性分析。单指标多因素的显著性分析可采用线性模型，如下：

$$Y=\beta_0+\beta_1X_1+\cdots+\beta_pX_p+e \tag{6.16}$$

式中：β_0 为常数项；$\beta_i(i=1, 2, \cdots, p)$ 为自变量 $X_i(i=1, 2, \cdots, p)$ 的回归系数；e 为随机误差，服从标准正态分布。

如果在模型中令某些因素的主效应或交互效应为零，而其余效应的最小二乘估计不受影响，即与在不假定上述效应为零时所得的估计一致。这保证对每个效应的估计不受到其他效应的影响。则设计矩阵 $\boldsymbol{X}$ 必须满足如下条件：

$$S = X'X = \begin{pmatrix} S_{11} & & & 0 \\ & S_{22} & & \\ & & \ddots & \\ 0 & & & S_{rr} \end{pmatrix} \tag{6.17}$$

式中：S_{11}，S_{22}，…，S_{rr}都是方阵，每一块相应于一组效应。

对于某个因素变量 X_i 对指标 Y 的显著性次序分析，不要求做定量结论，只要求辨明自变量 X_i 对因变量 Y 的显著性影响次序。因此，无须求解式(6.16)中的回归系数，只需按式(6.17)设计试验。此时，正交试验可满足模型要求。

1）极差分析

设 A，B，…表示不同的因素；r 为各因素水平数；A_i 表示因素 A 的第 i 水平($i=1$，2，…，r)；X_{ij}表示因素 j 的第 i 水平的值($i=1$，2，…，r；$j=A$，B，…)。在 X_{ij} 下进行试验得到因素 j 第 i 水平的试验结果指标 Y_{ij}，Y_{ij}是服从正态分布的随机变量。在 X_{ij} 下做了 n 次试验得到 n 个试验结果，分别为 Y_{ijk}($k=1$，2，…，n)。计算参数如下：

$$K_{ij} = \sum_{k=1}^{n} Y_{ijk} \tag{6.18}$$

式中：K_{ij}为因素 j 在第 i 水平下的统计参数；n 为因素 j 在第 i 水平下的试验次数；Y_{ijk}为因素 j 在第 i 水平下第 k 个试验结果指标值。

评价因素显著性的参数为极差 R_j，其计算公式如下：

$$R_j = \max\{K_{1j},\ K_{2j},\ \cdots,\ K_{rj}\} - \min\{K_{1j},\ K_{2j},\ \cdots,\ K_{rj}\} \tag{6.19}$$

极差分析方法就是先求出各因素每一水平下试验指标的平均值，然后计算出同一因素不同水平下试验指标均值的极差，极差越大的因素对试验指标的影响越大，即可判定为主要影响因素，反之亦然。然而，极差分析方法只能得出各因素对试验指标影响的相对大小而不能确定每个因素对试验指标的影响是否显著及显著性的大小。

2)方差分析

方差分析方法是对正交设计计算的结果进行分析，它能够弥补极差分析方法的不足，可以对影响因素进行显著性检验，同时还可以与极差分析的结果进行对比。

方差分析，就是在假设各总体均为正态变量且方差相等的情况下，检验多个正态总体均值是否相等的一种统计方法。其基本思路是将数据的总变差平方和分解为因素的变差平方和与误差平方和之和，利用各因素的变差平方和与误差平方和构造检验统计量，作 F 检验，即可判断各因素的作用是否显著(倪恒 等，2002)。若计算所得 F 值比相应的 F_α 临界值大，即 $F \geqslant F_\alpha$，就可判定在此显著性水平 α 下被考察因素对试验指标有影响，反之亦然。

常用的显著性水平 α 为 0.1、0.05、0.01，用 F 值与以上 3 种显著性水平的 F_α 比

较，可将因素对试验指标影响的显著性水平划分为 4 个等级：

(1) $F \geqslant F_{0.01}$，为有特别显著影响；

(2) $F_{0.05} \leqslant F \leqslant F_{0.01}$，为有显著影响；

(3) $F_{0.1} \leqslant F \leqslant F_{0.05}$，为有影响，但不显著；

(4) $F < F_{0.1}$，为无影响。

利用正交分析法可以解决以下几个问题：

(1)分清各因素对指标影响的主次顺序，即分清哪些是主要因素，哪些是次要因素；

(2)找出优化的设计方案，即考察的每个因素各取什么水平才能达到试验指标的要求；

(3)分析因素与指标间的关系，即当因素变化时指标是怎样变化的，找出指标随因素的变化规律和趋势。

2. 正交试验设计

德兴铜矿杨桃坞边坡历史滑坡稳定性计算，采用刚体极限平衡方法中的 Morgenstern-Price 法。在对其进行正交试验设计时，考虑滑坡稳定影响因素主要有粗糙度系数(JRC)、结构面壁岩强度(JCS)、残余摩擦角(φ_r)、容重(γ)、爆破地震影响系数(K_c)5 种参数变化。由正交设计的思想，选取 $L_{16}(3^5)$ 正交表安排试验计算方案，见表 6.6。

表 6.6　滑坡稳定影响因素取值范围及水平

水平	影响因素				
	粗糙度系数	壁岩强度/kPa	残余摩擦角/(°)	容重/(kN/m^3)	爆破地震影响系数
1	3.5	32000	26	28	0.082
2	6.0	38500	27.5	26.5	0.052
3	8.5	45000	29	25	0.022
范围	3.5～8.5	32000～45000	26～29	25～28	0.022～0.082

依据 B(-10T)组合台阶边坡岩体结构面抗剪强度精细取值结果中结构面粗糙度系数统计测量的相关内容，考虑到结构面粗糙度系数统计数据的离散性，当稳定阈值为 170cm、$D=0.214$ 时，分别计算板岩结构面粗糙度系数的最大值和最小值，其构成的 JRC 区间范围为[3.97, 8.43]。每一因素均选用 3 个水平，因此，采用 JRC=3.5 为第 1 水平，JRC=6.0 为第 2 水平，JRC=8.5 为第 3 水平的计算方案。

依据 B(-10T)组合台阶边坡岩体结构面抗剪强度精细取值结果中结构面壁岩强度 JCS 值确定的相关内容，干燥条件下的板岩结构面壁岩强度为 44070kPa，饱和条件下的板岩结构面壁岩强度为 33052kPa。每一因素均选用 3 个水平，因此，采用 JCS =

32000kPa 为第 1 水平，JCS = 38500kPa 为第 2 水平，JCS = 45000kPa 为第 3 水平的计算方案。

依据 B(-10T)组合台阶边坡岩体结构面抗剪强度精细取值结果中结构面残余摩擦角确定的相关内容，干燥条件下的板岩结构面残余摩擦角为 28.53°；饱和条件下的板岩结构面残余摩擦角为 26.54°。每一因素均选用 3 个水平，因此，采用 $\varphi_r = 26°$为第 1 水平，$\varphi_r = 27.5°$为第 2 水平，$\varphi_r = 29°$为第 3 水平的计算方案。

依据《铜厂矿区开采阶段边坡稳定性评价及防治方案研究》等研究报告，查阅已发表的有关德兴铜矿稳定性评价相关论文(张善锦 等，1988；汪益群，1997；曹平 等，2006)，建议容重的取值范围为 25.5～27.6kN/m^3。每一因素均选用 3 个水平，因此，采用 $\gamma = 28$kN/m^3 为第 1 水平，$\gamma = 26.5$kN/m^3 为第 2 水平，$\gamma = 25$kN/m^3 为第 3 水平的计算方案。

根据《铜厂矿区开采阶段边坡稳定性评价及防治方案研究》报告，德兴铜矿生产爆破的实践，选取爆破地震影响系数时，按生产爆破最大一段装药量为 5000kg，各剖面边坡的潜在滑体质心位置距爆破中心的距离为 60～120m 的标准，距离爆破中心 60m 的爆破地震影响系数为 0.082，距离爆破中心 120m 的爆破地震影响系数为 0.023。每一因素均选用 3 个水平，因此，采用 $K_c = 0.082$ 为第 1 水平，$K_c = 0.052$ 为第 2 水平，$K_c = 0.022$ 为第 3 水平的计算方案。

不同参数组合条件下，-10m 组合台阶边坡稳定性计算结果如表 6.7 所示。

表 6.7　正交试验计算结果

方案	影响因素					安全系数
	粗糙度系数	壁岩强度/kPa	残余摩擦角/(°)	容重/(kN/m^3)	爆破地震影响系数	
1	6.0	38500	27.5	26.5	0.082	1.029
2	6.0	32000	29	28	0.022	1.189
3	3.5	38500	29	28	0.052	0.891
4	8.5	45000	29	25	0.082	1.441
5	3.5	32000	26	28	0.082	0.746
6	3.5	32000	27.5	25	0.082	0.793
7	8.5	32000	27.5	28	0.022	1.437
8	3.5	45000	26	26.5	0.022	0.857
9	3.5	45000	27.5	28	0.052	0.851
10	6.0	45000	26	28	0.082	0.986
11	8.5	32000	26	26.5	0.052	1.297
12	6.0	32000	26	25	0.052	1.022

续表

方案	影响因素					安全系数
	粗糙度系数	壁岩强度/kPa	残余摩擦角/(°)	容重/(kN/m³)	爆破地震影响系数	
13	3.5	32000	29	26.5	0.082	0.835
14	8.5	38500	26	28	0.082	1.247
15	3.5	32000	26	28	0.082	0.746
16	3.5	38500	26	25	0.022	0.852

3. 正交试验结果分析

1) 极差分析

滑坡稳定影响因素极差分析如表 6.8 所示。由表 6.8 可知，在影响滑坡稳定性的 5 个因素中，参数敏感性由大到小依次为粗糙度系数(JRC)、残余摩擦角(φ_r)、爆破地震影响系数(K_c)、结构面壁岩强度(JCS)、容重(γ)。

表 6.8　滑坡稳定影响因素极差分析

极差分析	影响因素				
	粗糙度系数	壁岩强度/kPa	残余摩擦角/(°)	容重/(kN/m³)	爆破地震影响系数
第 1 水平均值	0.821	1.008	0.969	1.012	0.978
第 2 水平均值	1.057	1.005	1.028	1.005	1.015
第 3 水平均值	1.356	1.033	1.089	1.027	1.084
极差	0.535	0.028	0.120	0.022	0.106
极差顺序	1	4	2	5	3

2) 方差分析

选取显著性水平 $a=0.01$ 及 $a=0.05$，查 F 分布分位数表可知，$F_{0.99}(2,4)=99.2$，$F_{0.95}(2,4)=19.2$。当 F_j 大于 $F_{0.99}(2,4)$ 时，称因素高度显著，记为 * *；当 F_j 小于 $F_{0.99}(2,4)$，但是大于 $F_{0.95}(2,4)$ 时，称因素显著，记为 *；当 F_j 小于 $F_{0.95}(2,4)$ 时，称因素不显著。

根据方差分析(表 6.9)可以得出结论：粗糙度系数的影响高度显著，残余摩擦角、爆破地震影响系数的影响显著；而结构面壁岩强度、容重对滑坡稳定性的影响较小。对这 5 个因素进行敏感性排序如下：粗糙度系数→残余摩擦角→爆破地震影响系数→壁岩强度→容重。

表 6.9 滑坡稳定影响因素方差分析

因素	Q_i	自由度	S_i	F	显著性	重要性等级
粗糙度系数	0.771	2	0.385	1370.471	高度显著 * *	Ⅰ
壁岩强度	0.002	2	0.001	3.872	有影响，但不显著	Ⅳ
残余摩擦角	0.039	2	0.020	69.965	显著 *	Ⅱ
容重	0.001	2	0.001	1.922	有影响，但不显著	Ⅴ
爆破地震影响系数	0.030	2	0.015	53.188	显著 *	Ⅲ

3) 结构面抗剪强度参数对稳定性影响的精细分析

基于 Barton - Bandis 强度准则，分析结构面粗糙度系数、壁岩强度、残余摩擦角对滑坡稳定性影响，对参数的精细取值有指导性的作用。

依据 B(-10T) 组合台阶边坡岩体结构面抗剪强度精细取值结果中结构面粗糙度系数统计测量的相关内容，并结合正交试验设计的水平划分，采用 JRC = 3.5 为最小值，JRC = 6.0 为平均值，JRC = 8.5 为最大值的计算方案。

依据 B(-10T) 组合台阶边坡岩体结构面抗剪强度精细取值结果中结构面壁岩强度取值的相关内容，并结合正交试验设计的水平划分，采用 JCS = 32000kPa 为最小值，JCS = 38500kPa 为平均值，JCS = 45000kPa 为最大值的计算方案。

依据 B(-10T) 组合台阶边坡岩体结构面抗剪强度精细取值结果中结构面残余摩擦角的相关内容，并结合正交试验设计的水平划分，采用 $\varphi_r = 26°$ 为最小值，$\varphi_r = 27.5°$ 为平均值，$\varphi_r = 29°$ 为最小值的计算方案。

如图 6.7 所示，滑坡稳定性系数随着结构面粗糙度系数的增大而增大，两者基本呈线性变化关系，滑坡稳定性系数最小值为 0.94、最大值为 1.56。当 JRC 小于或等于 4.01 时，滑坡稳定性系数小于等于 1；当 JRC 大于 4.01 时，滑坡稳定性系数大于 1。

如图 6.8 所示，滑坡稳定性系数随着结构面壁岩强度的增大而增大，两者基本呈线性变化关系，滑坡稳定性系数的最小值为 1.19、最大值为 1.23。在结构面壁岩强度变化范围内，滑坡稳定性系数均大于 1。

如图 6.9 所示，滑坡稳定性系数随着结构面残余摩擦角的增大而增大，两者基本呈线性变化关系，滑坡稳定性系数的最小值为 1.15、最大值为 1.28。在结构残余摩擦角变化范围内，滑坡稳定性系数均大于 1。

如图 6.10 所示，滑坡稳定性系数随着结构面粗糙度系数的变化在[0.94，1.56]范围内波动，变化量为 0.62；滑坡稳定性系数随着结构面壁岩强度的变化在[1.19，1.23]范围内波动，变化量为 0.04；滑坡稳定性系数随着结构面残余摩擦角的变化在[1.15，1.28]范围内波动，变化量为 0.13。不难发现，结构面抗剪强度参数对滑坡稳定性系数的影响程度排序如下：粗糙度系数→残余摩擦角→壁岩强度。这和正交分析的结论是一致的。

综上所述，结构面粗糙度系数是影响结构面抗剪强度精确取值的关键因素，必须在野外现场准确确定取样对象的基础上，定向开展结构面粗糙度系数的统计测量，对测量数据进行统计分析处理，并根据尺寸效应规律进行结构面粗糙度系数尺寸效应折减取值，得到客观真实的结构面粗糙度系数值；此外，结构面残余摩擦角取值也很重要，关键是在野外现场准确确定取样对象的基础上，客观判断结构面壁岩的风化程度，以及所处的干燥或饱和状态。

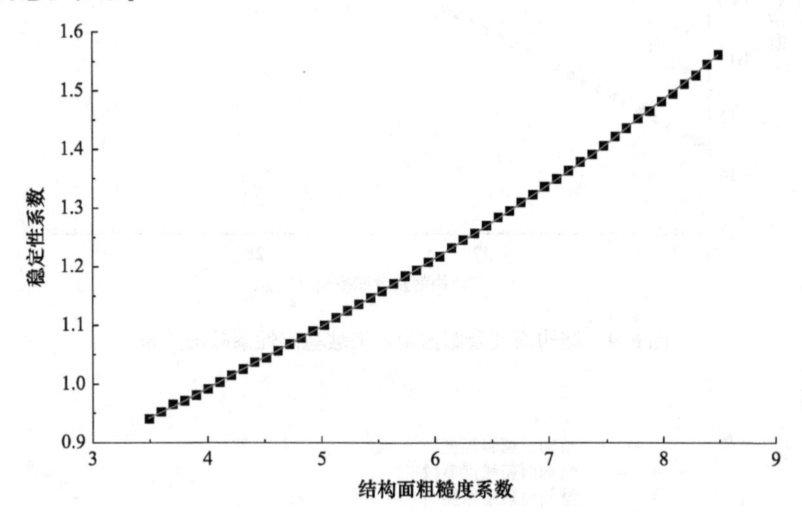

图 6.7　结构面粗糙度系数与滑坡稳定性系数的关系

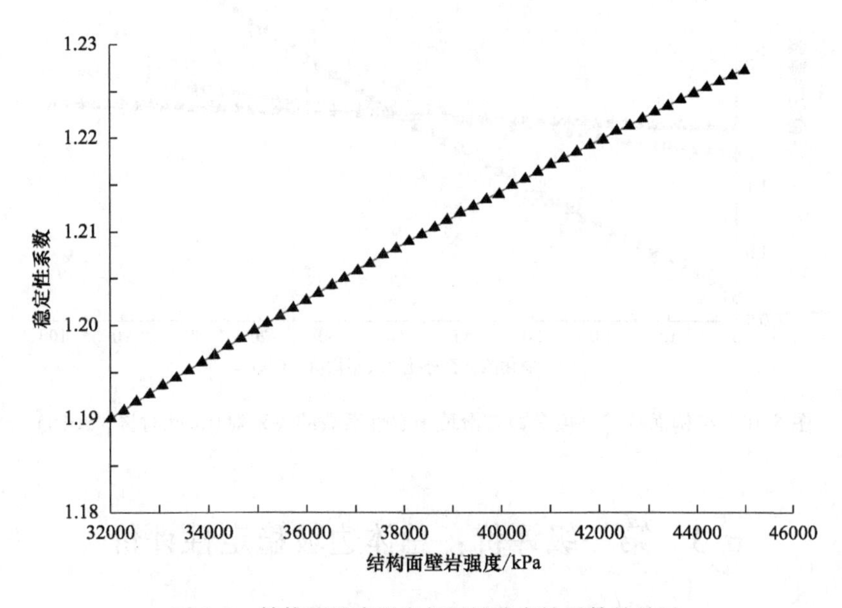

图 6.8　结构面壁岩强度与滑坡稳定性系数的关系

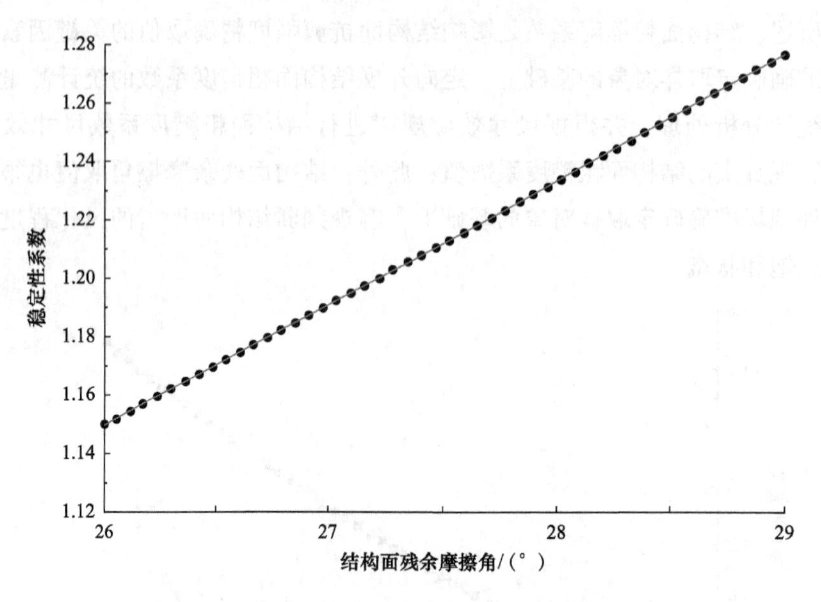

图 6.9　结构面残余摩擦角与滑坡稳定性系数的关系

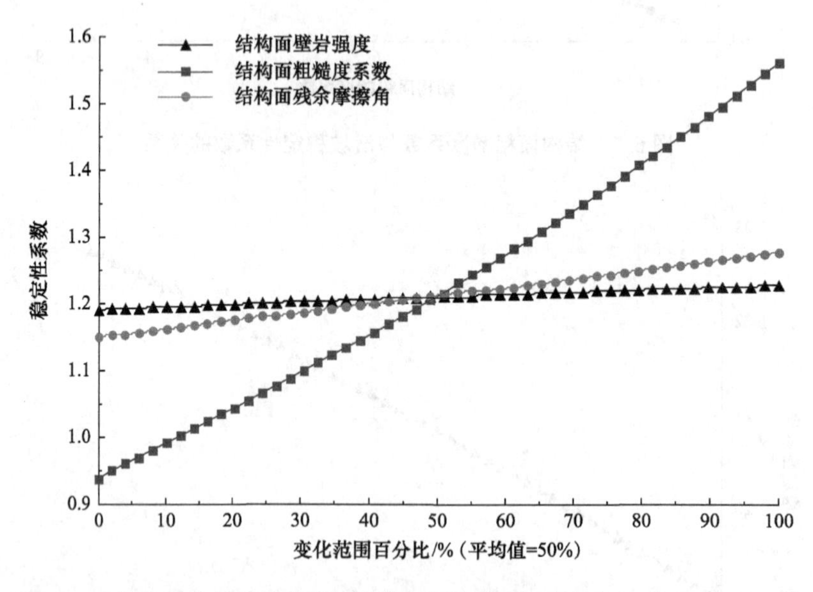

图 6.10　结构面抗剪强度参数与滑坡稳定性系数的关系对比(杜时贵，2018)

6.3　第一级评价：总体边坡稳定性评价

依据第 4 章中杨桃坞总体边坡的稳定性分级分析，可知边坡坡向 10°，坡角 30°。断层 F7 产状为 346°∠43°，其倾向与边坡倾向交角为 24°，顺坡向，但断层面倾角大于坡角，边坡基本稳定。因此，总体边坡的整体稳定性较好，不会沿着层面、断层发生整体破坏。同时，由于本次矿山边坡调查的重点在 - 10m 组合台阶边坡和 50m 组合台阶边坡，并未开展总体边坡的大范围系统调查，未进行总体边坡的局部稳定性分析。因此，不进行杨桃坞总体边坡的岩体稳定性评价。

6.4　第二级评价：组合台阶边坡稳定性评价

6.4.1　A(- 10T)组合台阶边坡

依据第 4 章中杨桃坞 A(- 10T)组合台阶边坡的岩体稳定性分级分析可知，A(- 10T)组合台阶边坡的整体和局部稳定性均较好，因此，不需要进行边坡岩体稳定性评价。

6.4.2　B(- 10T)组合台阶边坡

依据第 4 章中杨桃坞 B(- 10T)组合台阶边坡的岩体稳定性分级分析可知，B(- 10T)组合台阶边坡整体很有可能以节理 J1 为割离边界，沿断层 F2 发生单平面型滑移破坏。B(- 10T)组合台阶边坡局部稳定性与组合台阶边坡整体稳定性相似，为简便起见，只对 B(- 10T)组合台阶边坡整体稳定性进行计算。

1. 计算工况

B(- 10T)组合台阶边坡的计算工况包括：

(1)干燥 + 自重；

(2)干燥 + 自重 + 爆破振动；

(3)干燥 + 自重 + 爆破振动 + 坡脚卸载；

(4)饱和 + 自重；

(5)饱和 + 自重 + 爆破振动；

(6)饱和 + 自重 + 爆破振动 + 坡脚卸载；

(7)饱和 + 裂隙水 + 自重；

(8)饱和 + 裂隙水 + 自重 + 爆破振动；

(9)饱和 + 裂隙水 + 自重 + 爆破振动 + 坡脚卸载。

2. 计算剖面

根据台阶边坡的现场调查与全站仪定向测量结果，确定了 B(- 10T)组合台阶边坡计算剖面的计算模型，见图 6.11。

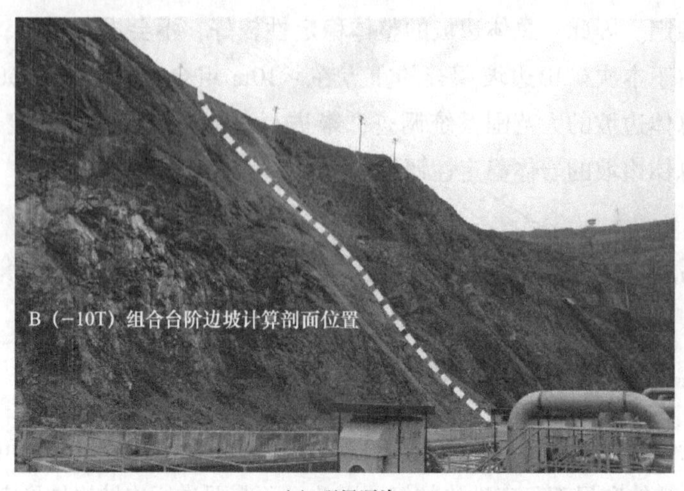

(a) 现场照片

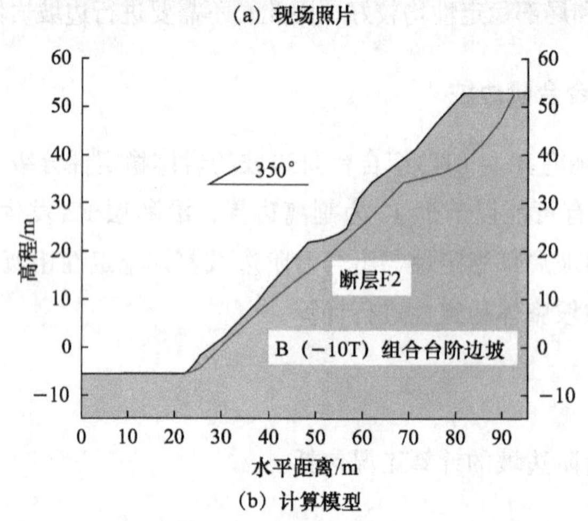

(b) 计算模型

图 6.11　B(−10T)组合台阶边坡计算剖面(杜时贵，2018)

3. 计算参数选取

B(−10T)组合台阶边坡稳定性分析基本参数取值如表 6.10 所示。

表 6.10　B(−10T)组合台阶边坡稳定性分析基本参数取值

岩性	状态	粗糙度系数	壁岩强度/kPa	残余摩擦角/(°)	容重/(kN/m³)	爆破等效振动加速度系数
板岩	干燥	5.88	44070	28.53	24.5	0.0392g
	饱和	5.88	33052	26.54	25	

4. 滑坡稳定性评价

B(−10T)组合台阶边坡在不同工况下的稳定性计算模型与计算结果见图 6.12 和表 6.11。

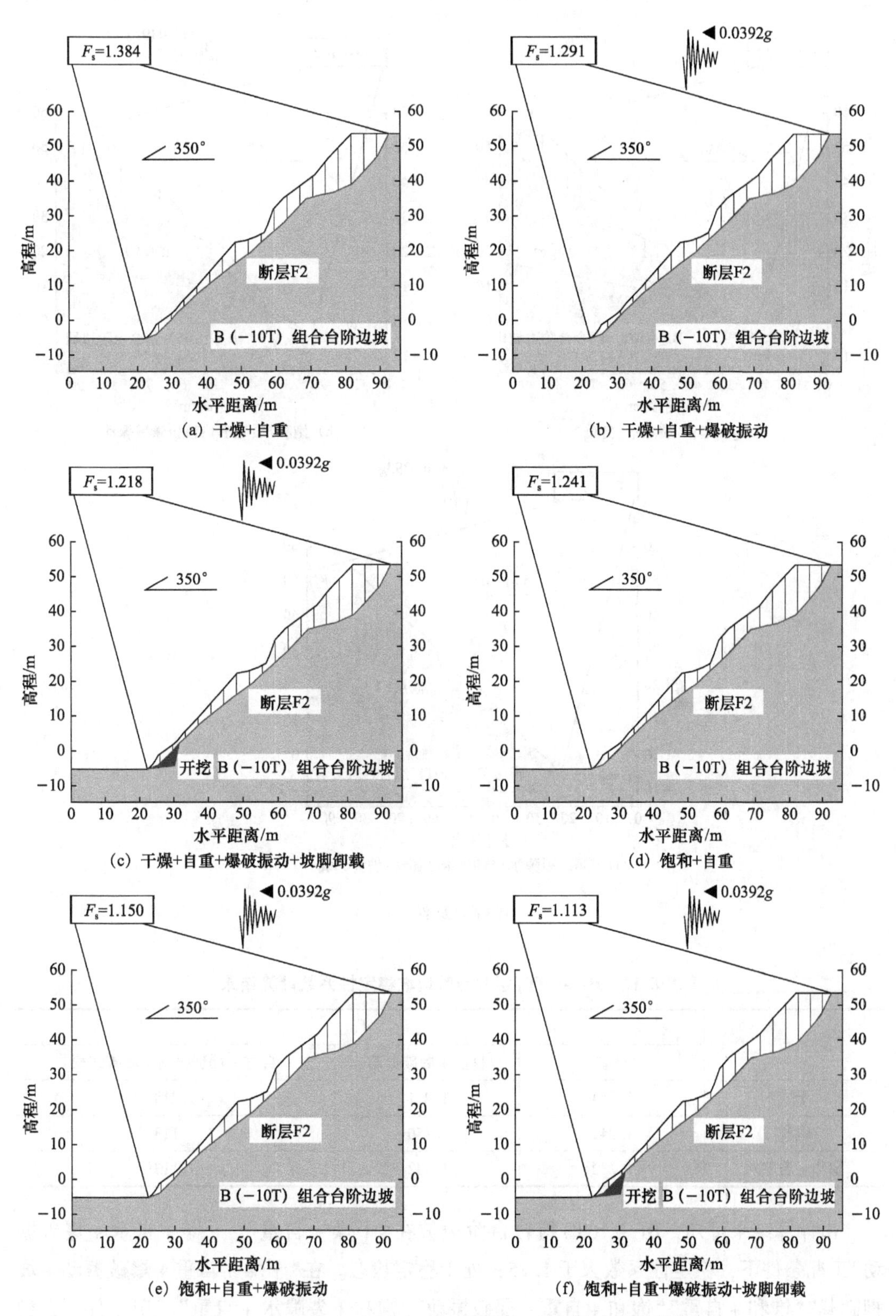

图6.12　B(−10T)组合台阶边坡不同工况下稳定性计算模型

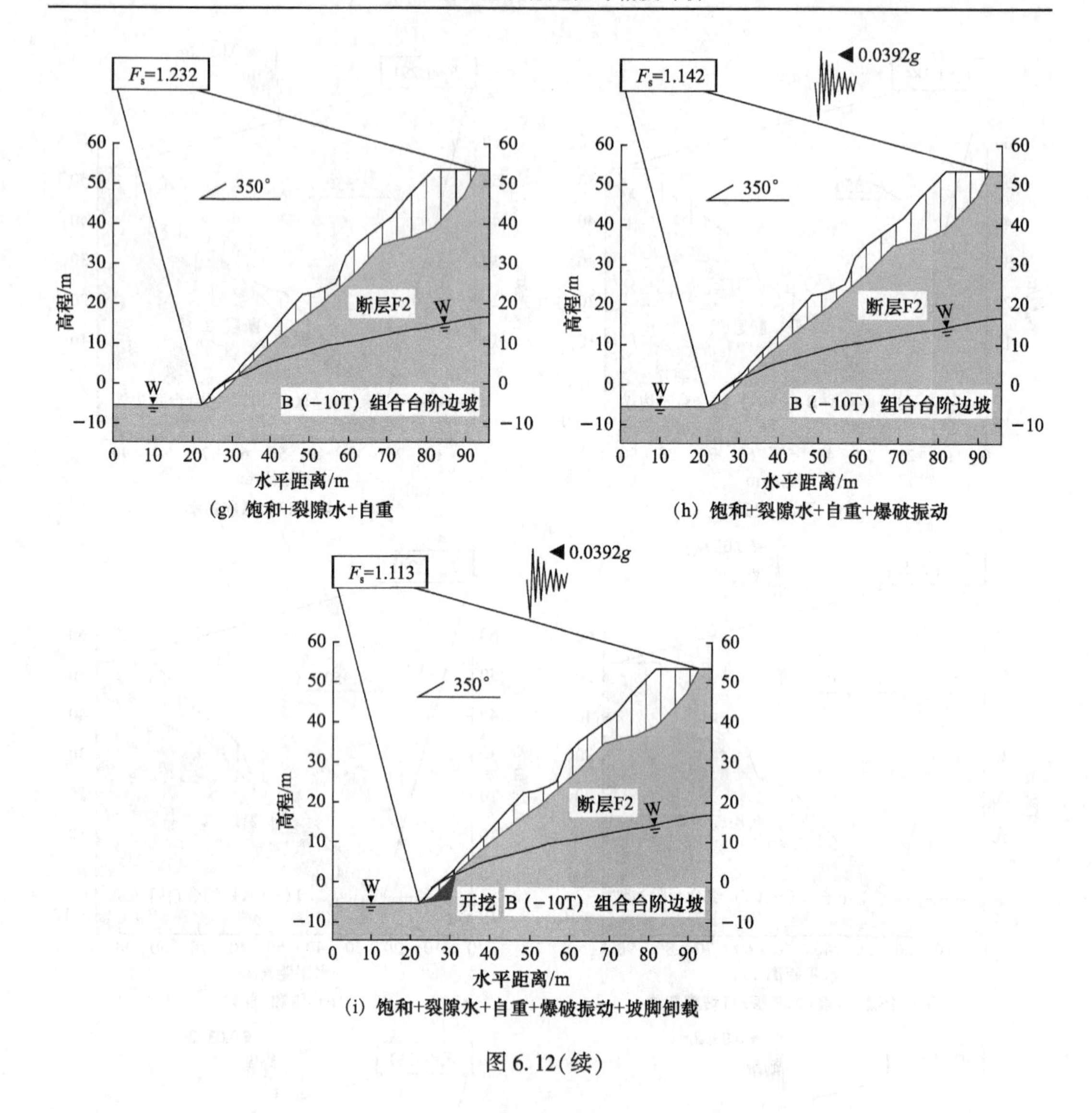

图 6.12(续)

表 6.11 B(−10T)组合台阶边坡稳定性系数计算结果

状态	F_s		
	自重	自重 + 爆破振动	自重 + 爆破振动 + 坡脚卸载
干燥	1.384	1.291	1.218
饱和	1.241	1.150	1.113
饱和 + 裂隙水	1.232	1.142	1.113

由计算结果可知，B(−10T)组合台阶边坡在“干燥 + 自重”“干燥 + 自重 + 爆破振动”工况条件下，稳定性系数大于1.25，处于稳定状态。在“干燥 + 自重 + 爆破振动 + 坡脚卸载”“饱和 + 自重”“饱和 + 自重 + 爆破振动”“饱和 + 裂隙水 + 自重”工况条件下，稳

定性系数小于1.25，大于或等于1.15，边坡处于基本稳定状态。在“饱和+裂隙水+自重+爆破振动”工况条件下，稳定性系数已经小于1.15，B(-10T)组合台阶边坡稳定性差；在“饱和+自重+爆破振动+坡脚卸载”“饱和+裂隙水+自重+爆破振动+坡脚卸载”工况条件下，稳定性系数进一步降低至1.113，B(-10T)组合台阶边坡更趋于不稳定。在不同工况条件下，B(-10T)组合台阶边坡稳定性始终大于1.05。因此，目前B(-10T)组合台阶边坡在“爆破振动+坡脚卸载”的有效控制下，一般不会发生失稳破坏。

6.4.3　C(-10T)组合台阶边坡

依据第4章中杨桃坞C(-10T)组合台阶边坡的岩体稳定性分级分析可知，C(-10T)组合台阶边坡整体很有可能以节理J1为割离边界，沿断层F3或断层F4发生单平面型滑移破坏。C(-10T)组合台阶边坡局部稳定性与整体稳定性相似，为简便起见，本次只对C(-10T)组合台阶边坡的整体稳定性进行计算。

1. 计算工况

C(-10T)组合台阶边坡以断层F3为潜在滑移面的计算工况包括：

(1)干燥+自重；

(2)干燥+自重+爆破振动；

(3)干燥+自重+爆破振动+坡脚卸载；

(4)干燥+自重+爆破振动+车辆荷载；

(5)干燥+自重+爆破振动+车辆荷载+坡脚卸载；

(6)饱和+自重；

(7)饱和+自重+爆破振动；

(8)饱和+自重+爆破振动+坡脚卸载；

(9)饱和+自重+爆破振动+车辆荷载；

(10)饱和+自重+爆破振动+车辆荷载+坡脚卸载；

(11)饱和+裂隙水+自重；

(12)饱和+裂隙水+自重+爆破振动；

(13)饱和+裂隙水+自重+爆破振动+坡脚卸载；

(14)饱和+裂隙水+自重+爆破振动+车辆荷载；

(15)饱和+裂隙水+自重+爆破振动+车辆荷载+坡脚卸载。

C(-10T)组合台阶边坡以断层F4为潜在滑移面的计算工况包括：

(1)干燥+自重；

(2)干燥+自重+爆破振动；

(3)干燥+自重+爆破振动+坡脚卸载；

(4)干燥+自重+爆破振动+车辆荷载；

(5)干燥+自重+爆破振动+车辆荷载+坡脚卸载；

(6)饱和+自重；

(7)饱和+自重+爆破振动；

(8)饱和+自重+爆破振动+坡脚卸载；

(9)饱和+自重+爆破振动+车辆荷载；

(10)饱和+自重+爆破振动+车辆荷载+坡脚卸载；

(11)饱和+裂隙水+自重；

(12)饱和+裂隙水+自重+爆破振动；

(13)饱和+裂隙水+自重+爆破振动+坡脚卸载；

(14)饱和+裂隙水+自重+爆破振动+车辆荷载；

(15)饱和+裂隙水+自重+爆破振动+车辆荷载+坡脚卸载。

2. 计算剖面

根据组合台阶边坡的现场调查与全站仪定向测量结果，确定了以断层F3为潜在滑移面(板岩与千枚岩接触带断层滑移面)的C1(-10T)组合台阶边坡计算剖面的计算模型(图6.13)以及以断层F4为潜在滑移面的C2(-10T)组合台阶边坡计算剖面的计算模型(图6.14)。

(a) 现场照片

(b) 计算模型

图6.13 C1(-10T)组合台阶边坡计算剖面

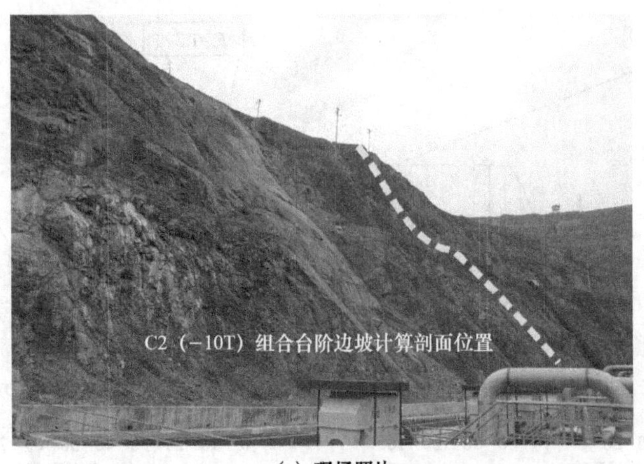

(a) 现场照片

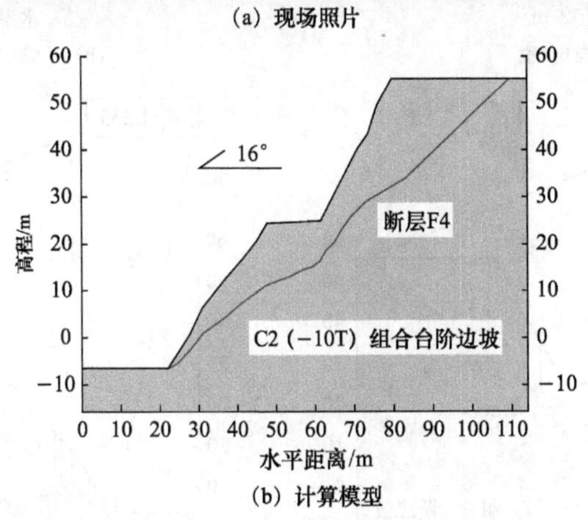

(b) 计算模型

图6.14　C2(-10T)组合台阶边坡计算剖面

3. 计算参数选取

C(-10T)组合台阶边坡稳定性分析参数取值如表6.12所示。

表6.12　C(-10T)组合台阶边坡稳定性分析参数取值

岩性	状态	粗糙度系数	壁岩强度/kPa	残余摩擦角/(°)	容重/(kN/m³)	爆破等效振动加速度系数
板岩	干燥	5.88	44070	28.53	24.5	0.0392g
	饱和	5.88	33052	26.54	25	
千枚岩	干燥	6.43	41191	27.99	23.5	
	饱和	6.43	28832	23.97	24	

4. 滑坡稳定性评价

C1(-10T)组合台阶边坡在不同工况下的稳定性计算模型与计算结果见图6.15和表6.13。

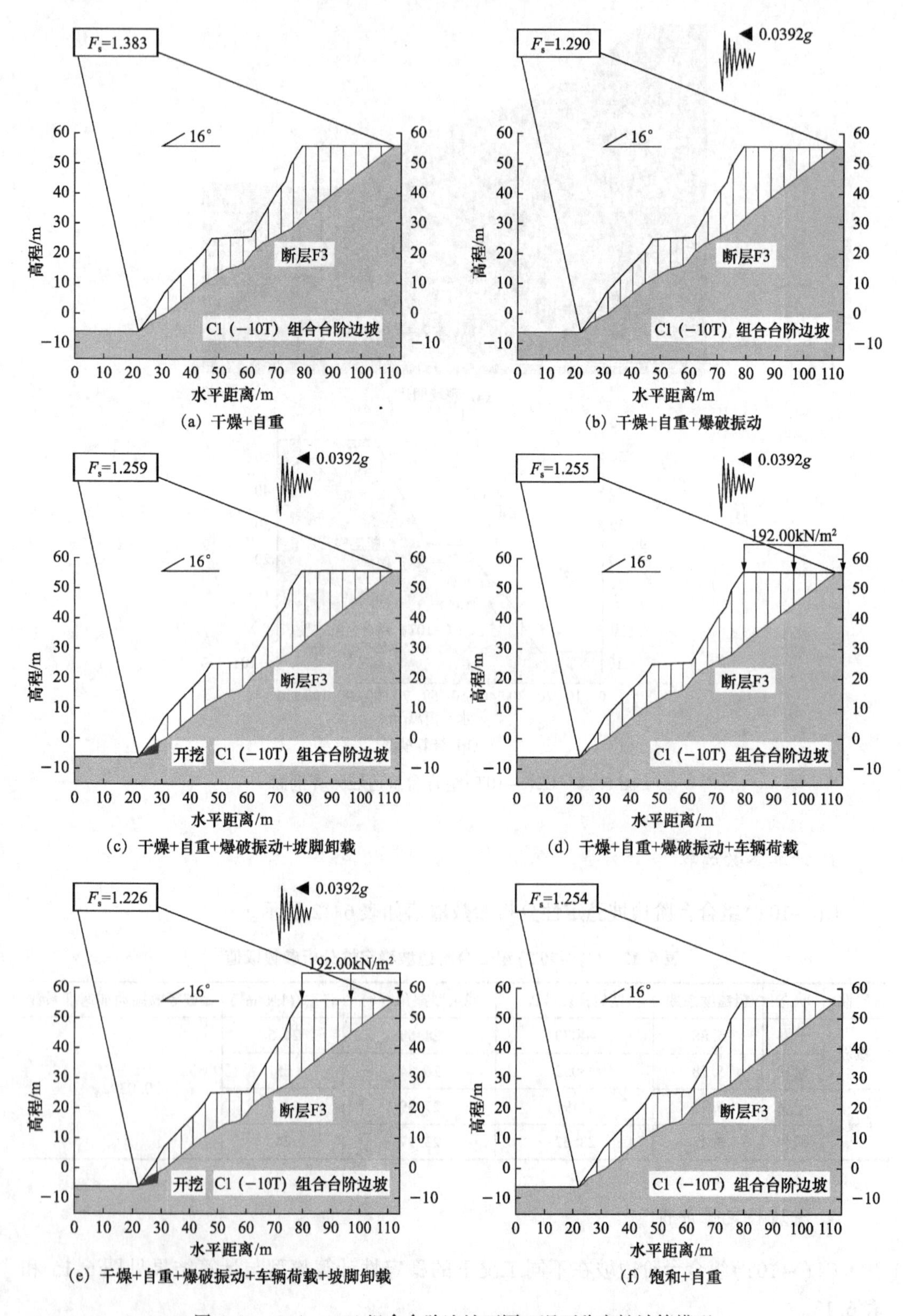

图 6.15　C1(−10T)组合台阶边坡不同工况下稳定性计算模型

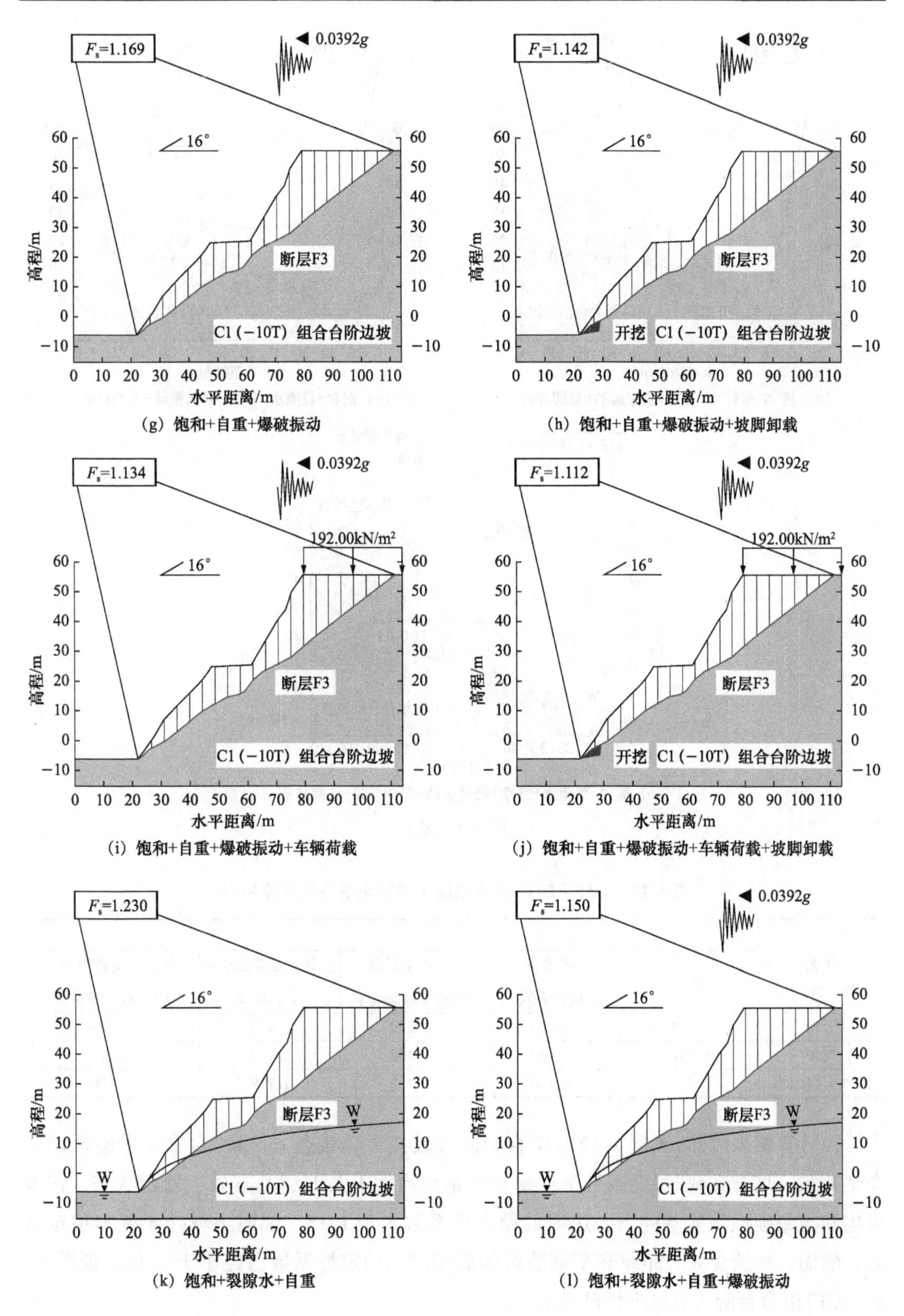

(g) 饱和+自重+爆破振动

(h) 饱和+自重+爆破振动+坡脚卸载

(i) 饱和+自重+爆破振动+车辆荷载

(j) 饱和+自重+爆破振动+车辆荷载+坡脚卸载

(k) 饱和+裂隙水+自重

(l) 饱和+裂隙水+自重+爆破振动

图 6.15(续)

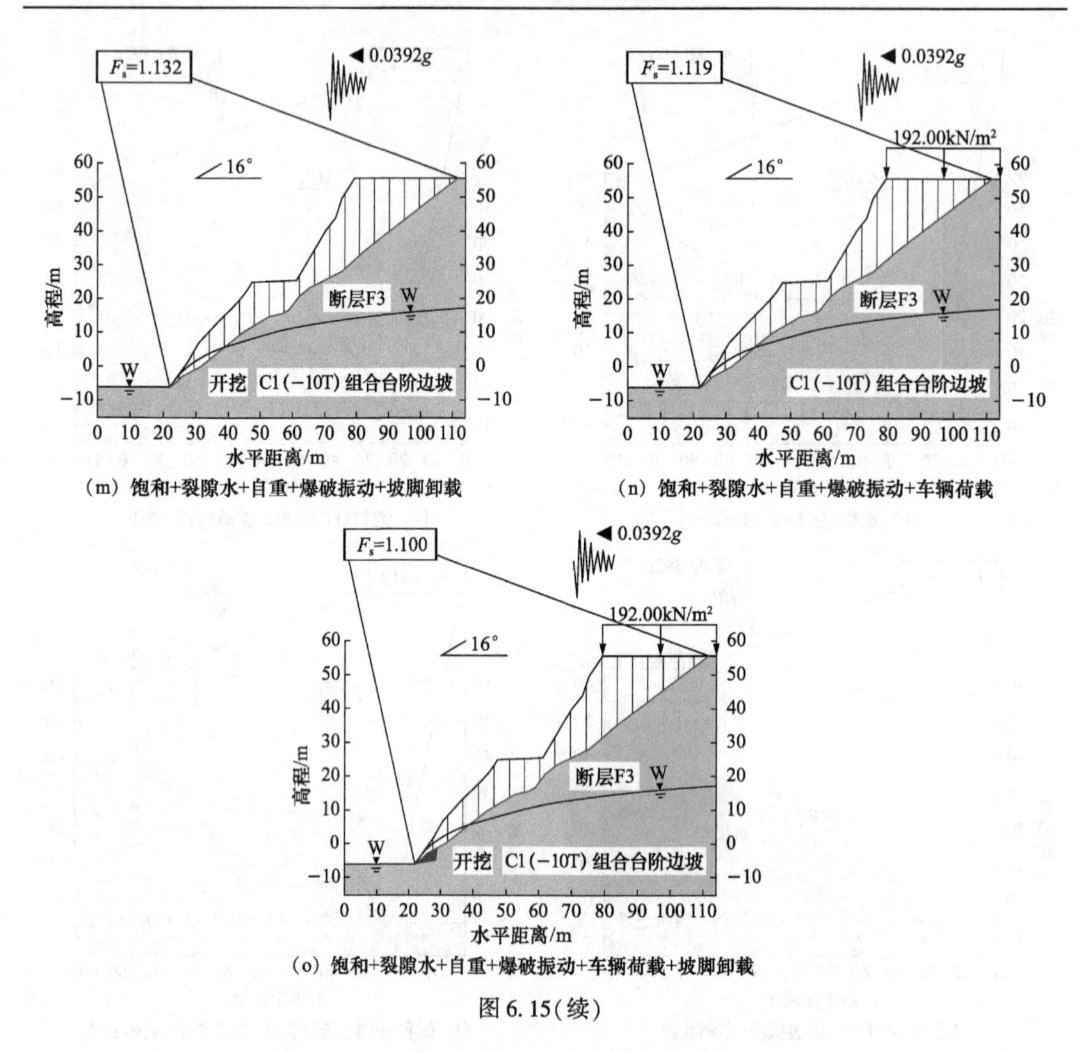

（m）饱和+裂隙水+自重+爆破振动+坡脚卸载

（n）饱和+裂隙水+自重+爆破振动+车辆荷载

（o）饱和+裂隙水+自重+爆破振动+车辆荷载+坡脚卸载

图 6.15(续)

表 6.13　C1(−10T) 组合台阶边坡稳定性系数计算结果

状态	F_s				
	自重	自重 + 爆破振动	自重 + 爆破振动 + 坡脚卸载	自重 + 爆破振动 + 车辆荷载	自重 + 爆破振动 + 车辆荷载 + 坡脚卸载
干燥	1.383	1.290	1.259	1.255	1.226
饱和	1.254	1.169	1.142	1.134	1.112
饱和 + 裂隙水	1.230	1.150	1.132	1.119	1.100

由计算结果可知，C1(−10T)组合台阶边坡在干燥状态下，除“自重 + 爆破振动 + 车辆荷载 + 坡脚卸载”工况条件下，稳定性系数均大于 1.25，基本处于稳定状态。在考虑饱和与爆破振动的条件下，边坡的稳定性系数大于 1.15，说明边坡处于基本稳定状态；然而，继续受坡脚卸载和车辆荷载的影响时，稳定性系数已经小于 1.15，说明 C1(−10T)组合台阶边坡稳定性已经变差。

C2(-10T)组合台阶边坡在不同工况下的稳定性计算模型与计算结果见图6.16和表6.14。

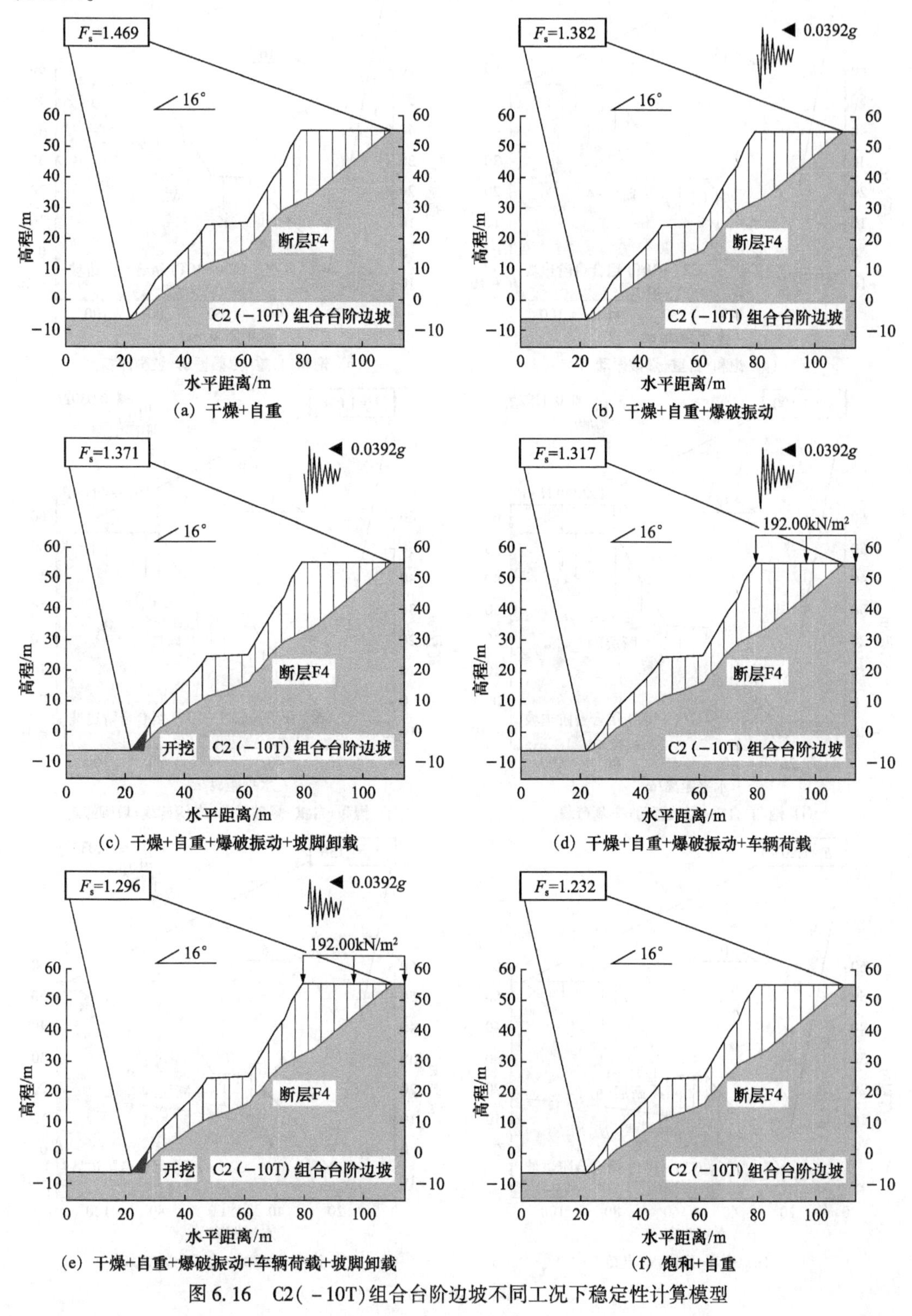

图6.16 C2(-10T)组合台阶边坡不同工况下稳定性计算模型

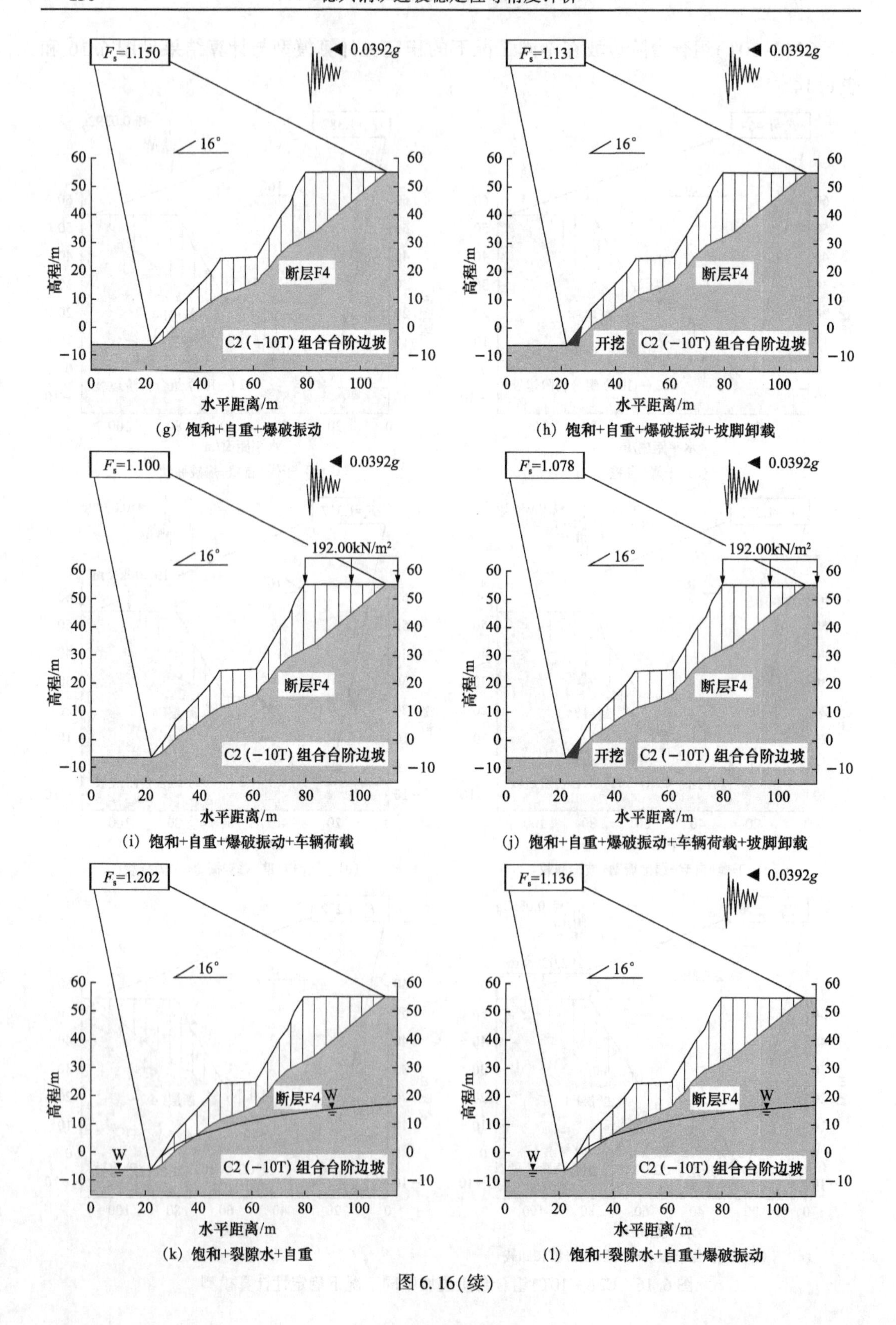

(g) 饱和+自重+爆破振动

(h) 饱和+自重+爆破振动+坡脚卸载

(i) 饱和+自重+爆破振动+车辆荷载

(j) 饱和+自重+爆破振动+车辆荷载+坡脚卸载

(k) 饱和+裂隙水+自重

(l) 饱和+裂隙水+自重+爆破振动

图 6.16(续)

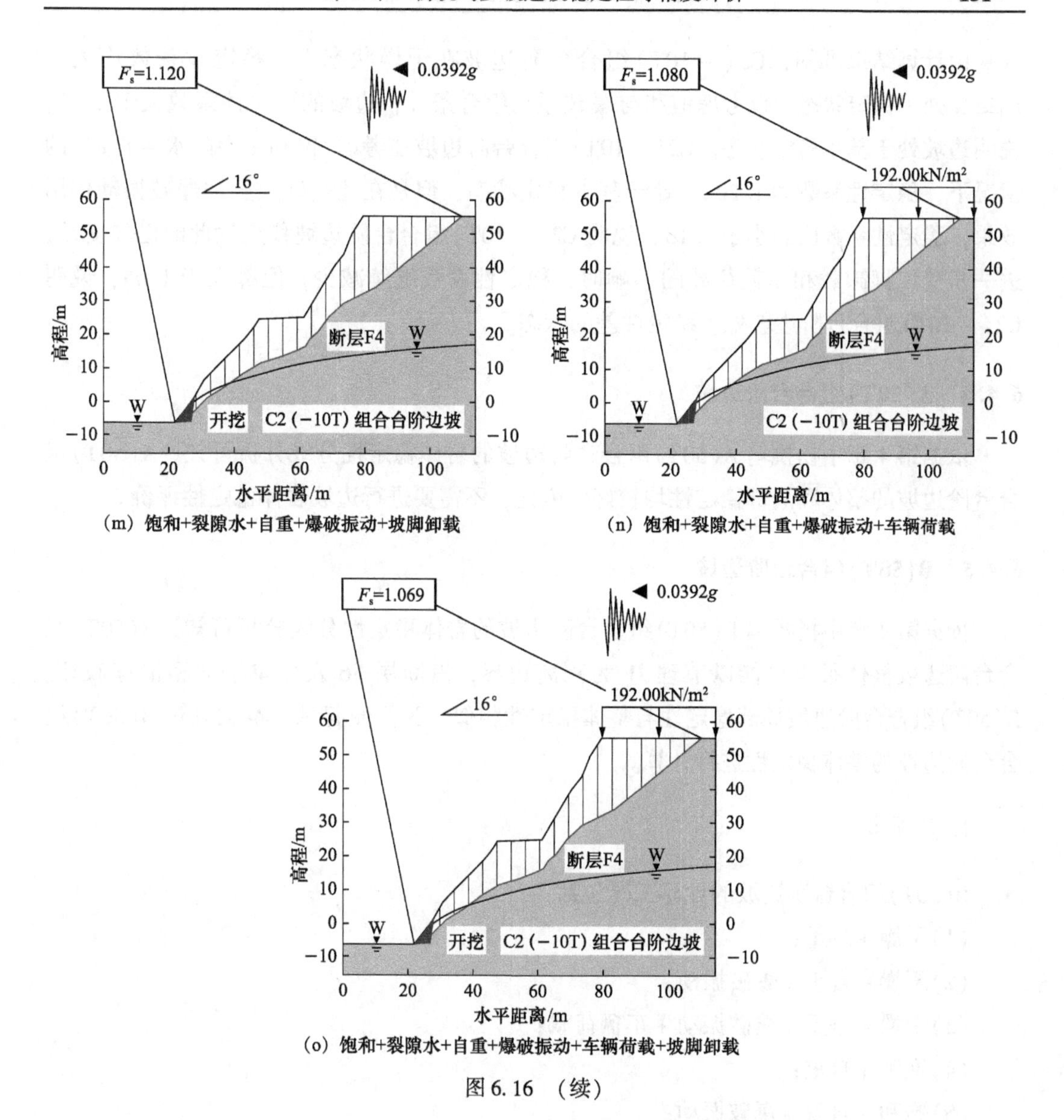

(m) 饱和+裂隙水+自重+爆破振动+坡脚卸载

(n) 饱和+裂隙水+自重+爆破振动+车辆荷载

(o) 饱和+裂隙水+自重+爆破振动+车辆荷载+坡脚卸载

图 6.16 (续)

表 6.14 C2(−10T)组合台阶边坡稳定性系数计算结果

状态	F_s				
	自重	自重+爆破振动	自重+爆破振动+坡脚卸载	自重+爆破振动+车辆荷载	自重+爆破振动+车辆荷载+坡脚卸载
干燥	1.469	1.382	1.371	1.317	1.296
饱和	1.232	1.150	1.131	1.100	1.078
饱和+裂隙水	1.202	1.136	1.120	1.080	1.069

由计算结果可知，C2(–10T)组合台阶边坡在干燥状态下，稳定性系数均大于1.25，处于稳定状态。仅考虑饱和与爆破振动组合条件，边坡的稳定性系数大于1.15，说明边坡处于基本稳定状态。C2(–10T)组合台阶边坡在考虑“饱和 + 裂隙水 + 自重”的情况下，稳定性系数为1.202，处于基本稳定状态，但是在此基础上叠加爆破振动作用效果，稳定性系数已经小于1.15，说明C2(–10T)组合台阶边坡稳定性此时已经变差；进一步受坡脚卸载和车辆荷载的影响时，稳定性系数继续减少，但都大于1.05，说明C2(–10T)组合台阶边坡处于稳定性差的状态。

6.4.4 A(50T)组合台阶边坡

依据第4章中杨桃坞A(50T)组合台阶边坡的岩体稳定性分级分析可知，A(50T)组合台阶边坡的整体和局部稳定性均较好，因此，不需要进行边坡岩体稳定性评价。

6.4.5 B(50T)组合台阶边坡

依据第4章中杨桃坞B(50T)组合台阶边坡的岩体稳定性分级分析可知，B(50T)组合台阶边坡整体很有可能以节理J1为割离边界，沿断层F6发生单平面型滑移破坏。B(50T)组合台阶边坡局部稳定性与整体稳定性相似，为简便起见，本次只对B(50T)组合台阶边坡的整体稳定性进行计算。

1. 计算工况

B(50T)组合台阶边坡的计算工况包括：

(1)干燥 + 自重；
(2)干燥 + 自重 + 爆破振动；
(3)干燥 + 自重 + 爆破振动 + 车辆荷载；
(4)饱和 + 自重；
(5)饱和 + 自重 + 爆破振动；
(6)饱和 + 自重 + 爆破振动 + 车辆荷载；
(7)饱和 + 裂隙水 + 自重；
(8)饱和 + 裂隙水 + 自重 + 爆破振动；
(9)饱和 + 裂隙水 + 自重 + 爆破振动 + 车辆荷载。

2. 计算剖面

根据组合台阶边坡的现场调查与全站仪定向测量结果，确定了B(50T)组合台阶边坡计算剖面的计算模型，见图6.17。

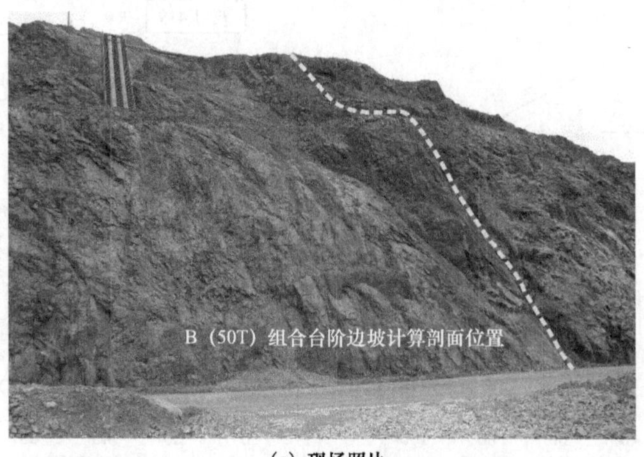

(a) 现场照片

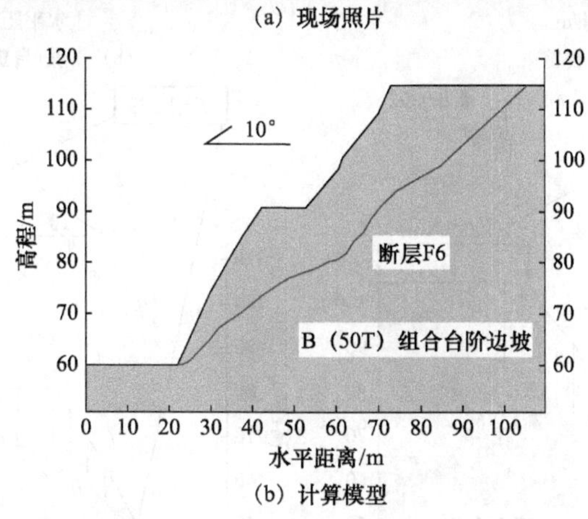

(b) 计算模型

图6.17　B(50T)组合台阶边坡计算剖面

3. 计算参数选取

B(50T)组合台阶边坡稳定性分析计算参数取值如表6.15所示。

表6.15　B(50T)组合台阶边坡稳定性分析计算参数取值

岩性	状态	粗糙度系数	壁岩强度/kPa	残余摩擦角/(°)	容重/(kN/m^3)	爆破等效振动加速度系数
千枚岩	干燥	5.67	46321	28.71	23.5	0.0392g
	饱和	5.67	32425	24.47	24	

4. 滑坡稳定性评价

B(50T)组合台阶边坡在不同工况下的稳定性计算模型与计算结果见图6.18和表6.16。

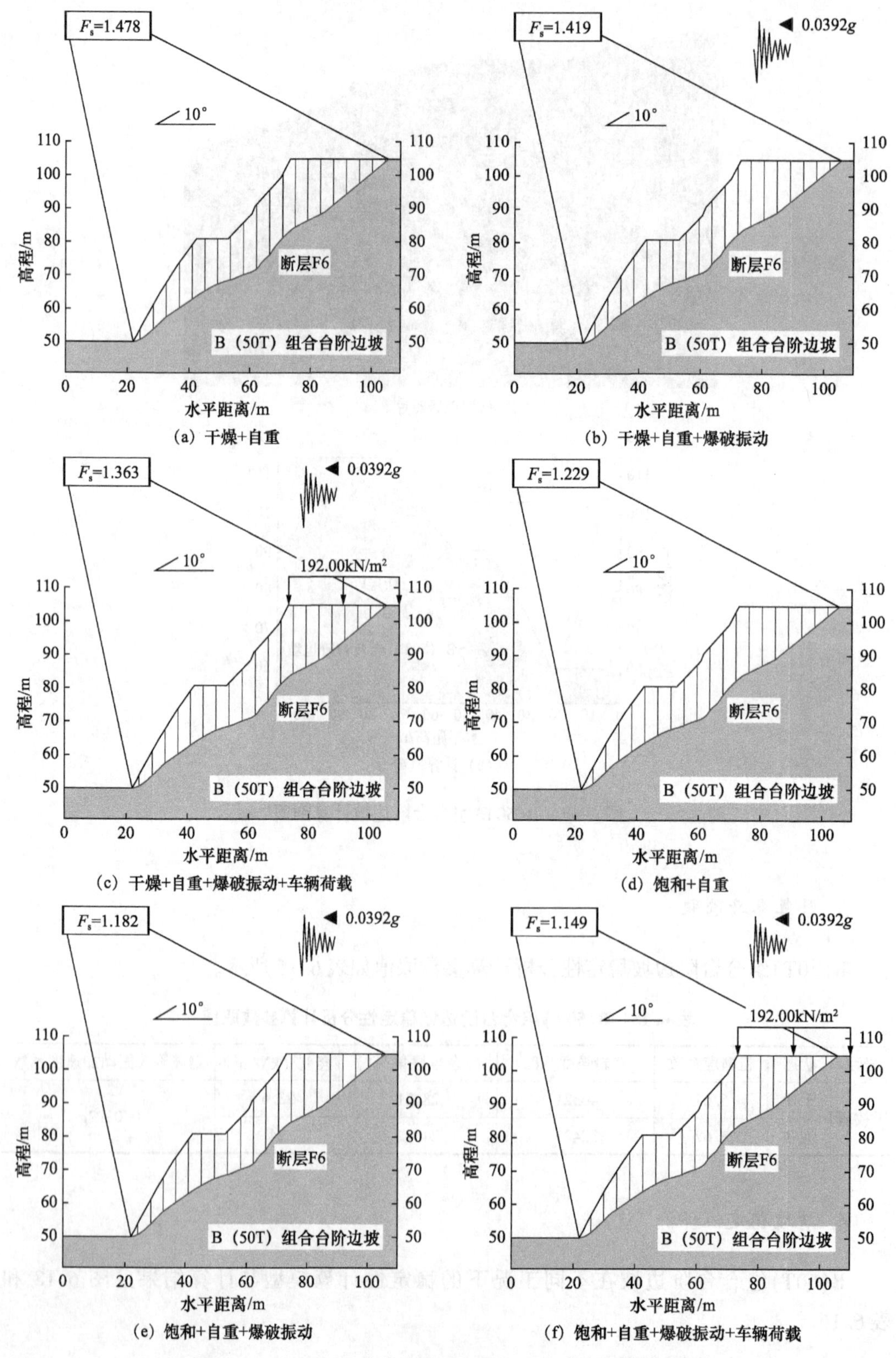

图 6.18　B(50T)组合台阶边坡不同工况下稳定性计算模型

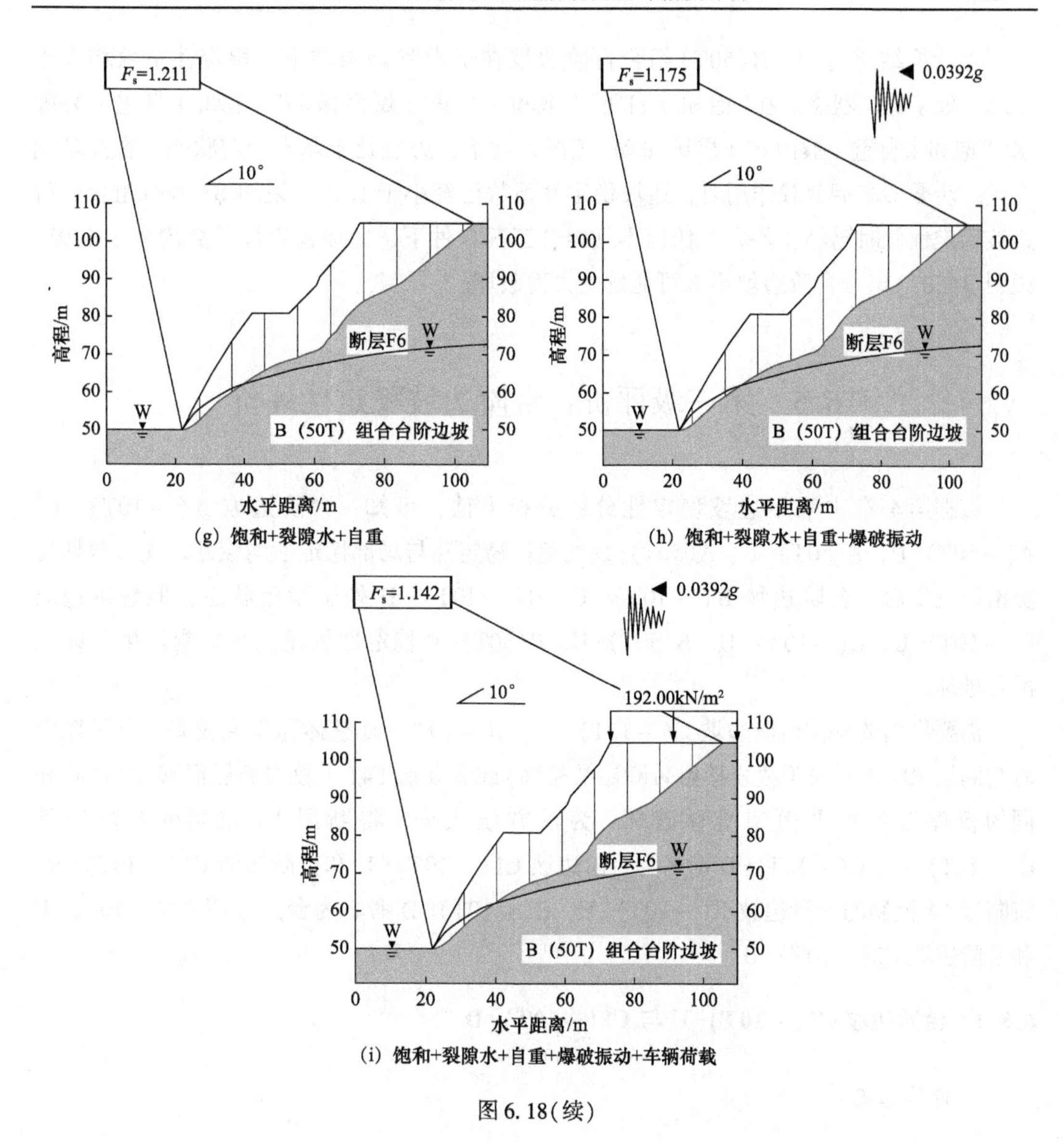

图 6.18(续)

表 6.16　B(50T)组合台阶边坡稳定性系数计算结果

状态	F_s		
	自重	自重＋爆破振动	自重＋爆破振动＋车辆荷载
干燥	1.478	1.419	1.363
饱和	1.229	1.182	1.149
饱和＋裂隙水	1.211	1.175	1.142

由计算结果可知，B(50T)组合台阶边坡在干燥状态条件下，稳定性系数均大于1.25，处于稳定状态。在“饱和＋自重”“饱和＋自重＋爆破振动”“饱和＋自重＋裂隙水”“饱和＋自重＋裂隙水＋爆破振动”工况条件下，边坡处于基本稳定状态，在此基础上进一步叠加车辆荷载作用时，边坡稳定性系数已经小于1.15，说明B(50T)组合台阶边坡稳定性此时已经变差。在任何不利组合工况条件下，边坡稳定性系数均大于1.05，说明B(50T)组合台阶边坡不太可能发生失稳破坏。

6.5 第三级评价：台阶边坡稳定性评价

依据第4章中采用边坡稳定性分级分析方法，可知：台阶边坡A(－10T)－U、A(－10T)－D、A(50T)－U、A(50T)－D的整体稳定性与局部稳定性均较好。先后两期历史滑坡发生后，台阶边坡B(－10T)－U、B(－10T)－D处于稳定状态。但台阶边坡C(－10T)－U、C(－10T)－D、B(50T)－U、B(50T)－D稳定性较差，有可能发生平面型滑移破坏。

需要指出的是，台阶边坡C(－10T)－U、C(－10T)－D整体稳定性较差，有可能沿着与断层F3(板岩与千枚岩接触带断层滑移面)或者断层F4(千枚岩断层滑移面)产状相同的板理发生单平面型滑移破坏。为了方便区分，将断层F3控制的台阶边坡C(－10T)－U、C(－10T)－D命名为台阶边坡C1(－10T)－U和台阶边坡C1(－10T)－D，将断层F4控制的台阶边坡C(－10T)－U、C(－10T)－D命名为台阶边坡C2(－10T)－U和台阶边坡C2(－10T)－D。

6.5.1 台阶边坡C1(－10T)－U与C1(－10T)－D

1. 计算工况

C1(－10T)－U台阶边坡的计算工况包括：

(1)干燥＋自重；

(2)干燥＋自重＋爆破振动；

(3)干燥＋自重＋爆破振动＋车辆荷载；

(4)饱和＋自重；

(5)饱和＋自重＋爆破振动；

(6)饱和＋自重＋爆破振动＋车辆荷载。

C1(－10T)－D台阶边坡的计算工况包括：

(1)干燥＋自重；

(2)干燥+自重+爆破振动；

(3)饱和+自重；

(4)饱和+自重+爆破振动。

2. 计算剖面

台阶边坡板理发育，追踪板理扩展形成的贯穿性断层F3的产状和板理的产状基本一致，台阶边坡整体有可能沿板理发生单平面型滑移破坏。为了充分保证边坡的安全性，考虑潜在滑移面在上台阶边坡坡脚出露的最危险情况进行评价。建立台阶边坡稳定性计算模型时，采用与断层F3一致的宏观几何轮廓作为上、下台阶边坡的潜在滑移面。台阶边坡的坡面几何形态根据现场调查与全站仪定向测量结果确定。C1(－10T)-U与C1(－10T)-D台阶边坡计算剖面的计算模型见图6.19、图6.20。

(a) 现场照片

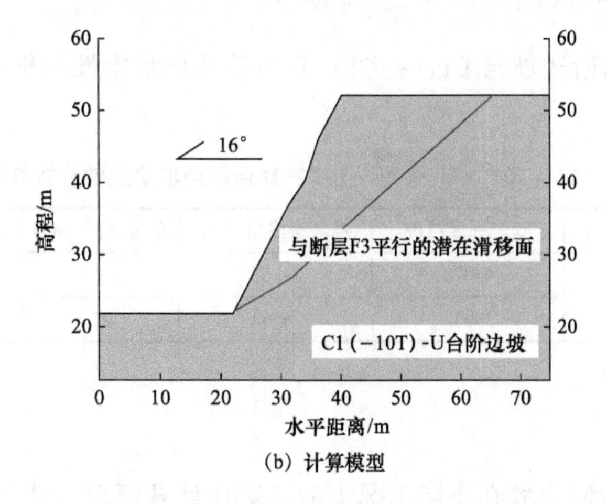

(b) 计算模型

图6.19　C1(－10T)-U台阶边坡计算剖面

(a) 现场照片

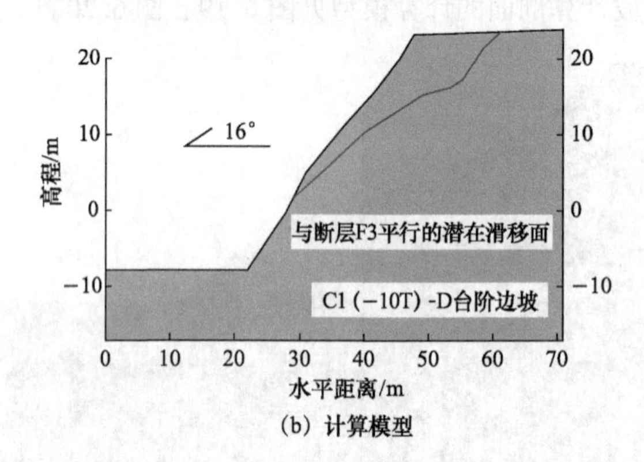

(b) 计算模型

图 6.20　C1(-10T)- D 台阶边坡计算剖面

3. 计算参数选取

C1(-10T)- U 台阶边坡与 C1(-10T)- D 台阶边坡稳定性分析参数取值如表 6.17 所示。

表 6.17　C1(-10T)- U、C1(-10T)- D 台阶边坡稳定性分析参数取值

岩性	状态	粗糙度系数	壁岩强度/kPa	残余摩擦角/(°)	容重/(kN/m^3)	爆破等效振动加速度系数
板岩	干燥	5.88	44070	28.53	24.5	0.0392g
	饱和	5.88	33052	26.54	25	

4. 滑坡稳定性评价

C1(-10T)- U 台阶边坡在不同工况下的稳定性计算模型与计算结果见图 6.21 和表 6.18。

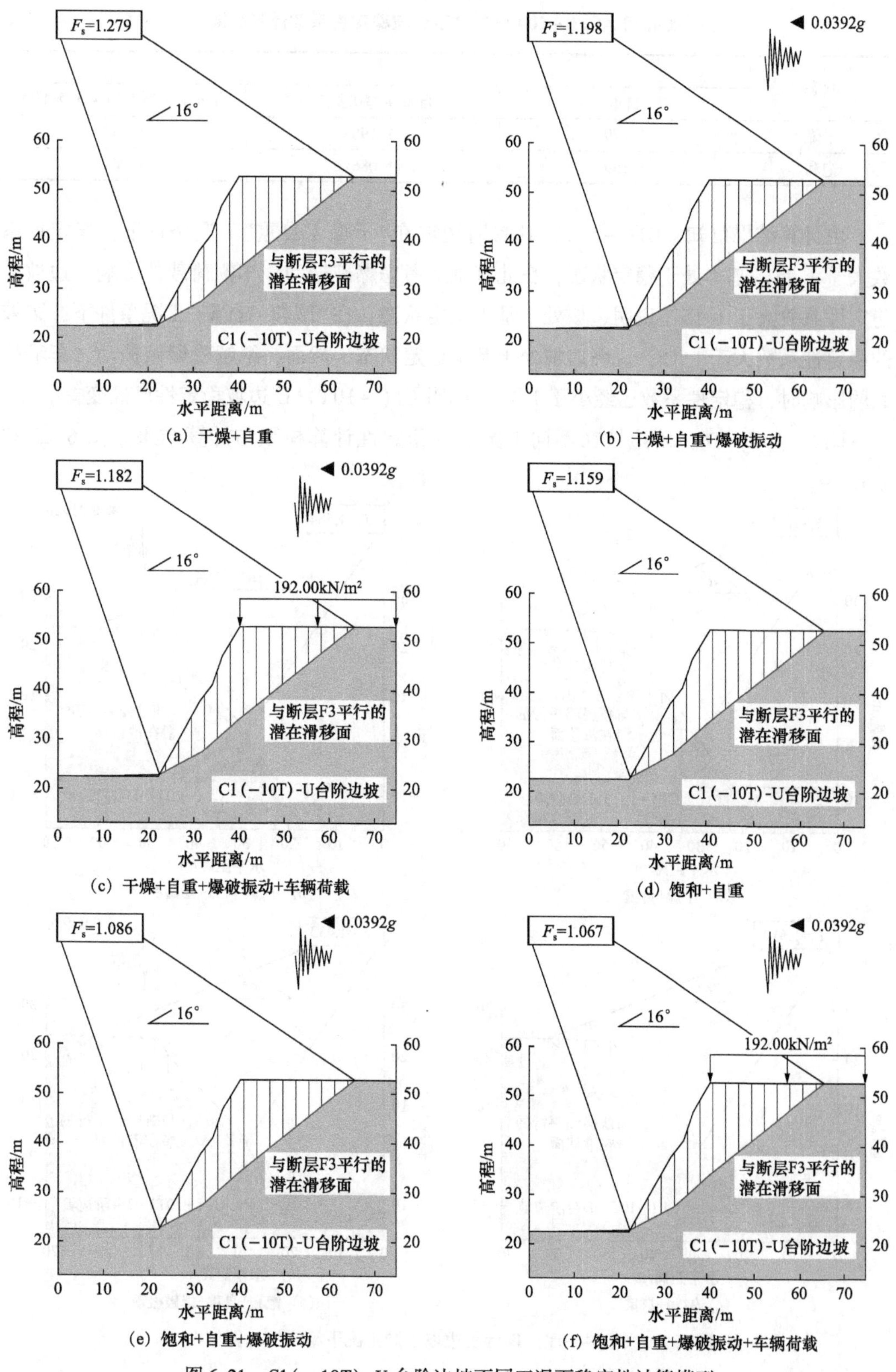

图 6.21　C1(−10T)-U 台阶边坡不同工况下稳定性计算模型

表 6.18　C1(-10T)-U 台阶边坡稳定性系数计算结果

状态	F_s		
	自重	自重 + 爆破振动	自重 + 爆破振动 + 车辆荷载
干燥	1.279	1.198	1.182
饱和	1.159	1.086	1.067

由计算结果可知，C1(-10T)-U 台阶边坡在"干燥 + 自重"工况条件下，稳定性系数大于 1.25，基本处于稳定状态，在此基础上考虑爆破振动、车辆荷载的影响，边坡的稳定性系数大于 1.15，说明边坡处于基本稳定状态；在"饱和 + 自重"工况条件下，边坡的稳定性系数大于 1.15，说明边坡处于基本稳定状态，然而，继续受爆破振动、车辆荷载的影响时，稳定性系数已经小于 1.15，说明 C1(-10T)-U 边坡稳定性已经变差。

C1(-10T)-D 台阶边坡在不同工况下的稳定性计算模型与计算结果见图 6.22 和表 6.19。

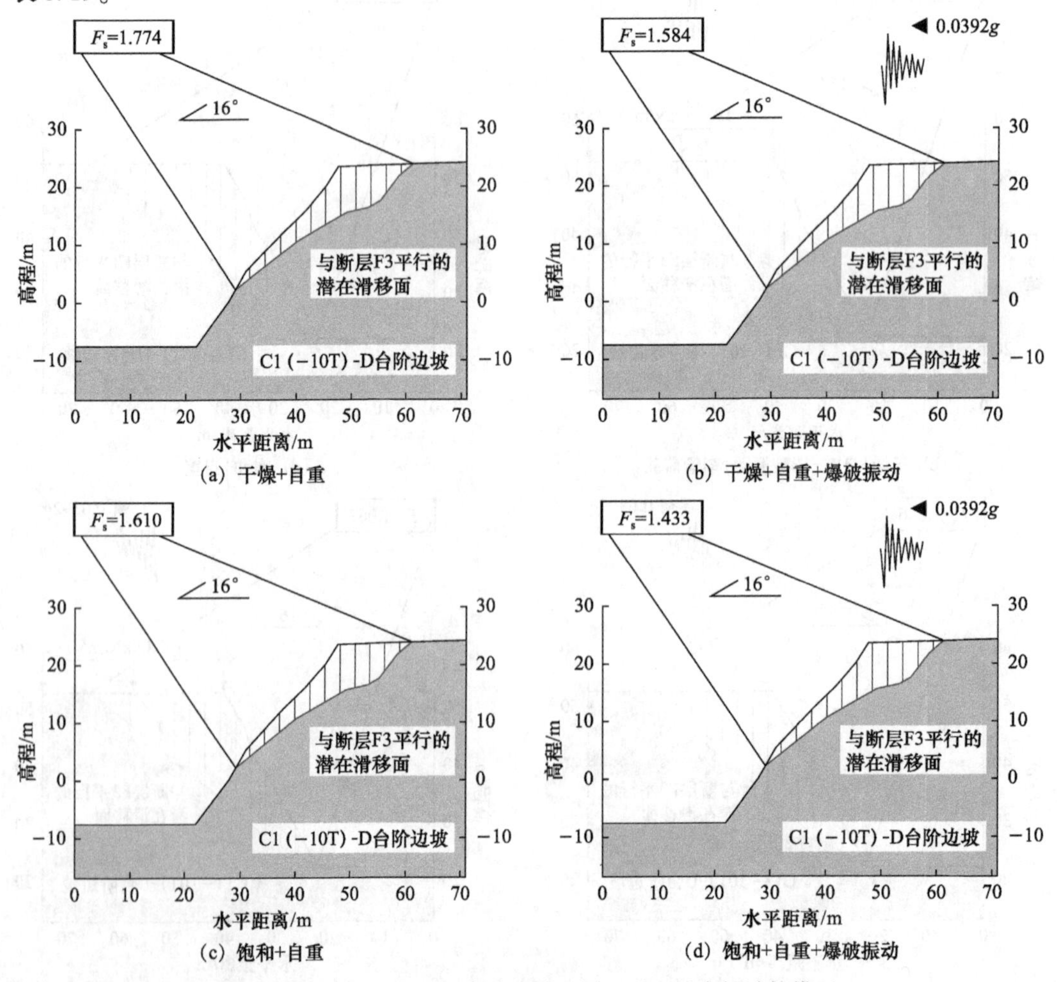

图 6.22　C1(-10T)-D 台阶边坡不同工况下稳定性计算模型

表 6.19　C1(－10T)－D 台阶边坡稳定性系数计算结果

状态	F_s	
	自重	自重＋爆破振动
干燥	1.774	1.584
饱和	1.610	1.433

由计算结果可知，C1(－10T)－D 台阶边坡在不同工况条件下，稳定性系数均大于 1.25，处于稳定状态。

6.5.2　台阶边坡 C2(－10T)－U 与 C2(－10T)－D

1. 计算工况

C2(－10T)－U 台阶边坡的计算工况包括：
(1) 干燥＋自重；
(2) 干燥＋自重＋爆破振动；
(3) 干燥＋自重＋爆破振动＋车辆荷载；
(4) 饱和＋自重；
(5) 饱和＋自重＋爆破振动；
(6) 饱和＋自重＋爆破振动＋车辆荷载。
C2(－10T)－D 台阶边坡的计算工况包括：
(1) 干燥＋自重；
(2) 干燥＋自重＋爆破振动；
(3) 饱和＋自重；
(4) 饱和＋自重＋爆破振动。

2. 计算剖面

台阶边坡板理发育，追踪千枚理扩展形成的贯穿性断层 F4 的产状和千枚理的产状基本一致，台阶边坡整体有可能沿千枚理发生单平面型滑移破坏。为了充分保证边坡的安全性，考虑潜在滑移面在上台阶边坡坡脚出露的最危险情况进行评价。建立台阶边坡稳定性计算模型时，采用与断层 F4 一致的宏观几何轮廓作为上、下台阶边坡的潜在滑移面。台阶边坡的坡面几何形态根据现场调查与全站仪定向测量结果确定。C2(－10T)－U 与 C2(－10T)－D 台阶边坡计算剖面的计算模型见图 6.23、图 6.24。

3. 计算参数选取

C2(－10T)－U 台阶边坡与 C2(－10T)－D 台阶边坡稳定性分析参数取值如表 6.20 所示。

(a) 现场照片

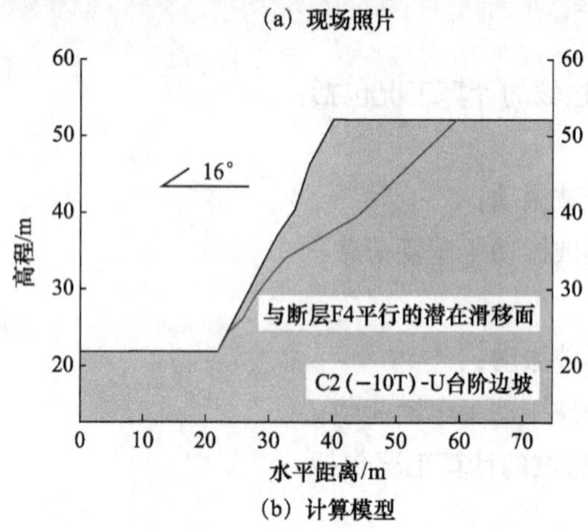

(b) 计算模型

图 6.23　C2(−10T)-U 台阶边坡计算剖面

(a) 现场照片

图 6.24　C2(−10T)-D 台阶边坡计算剖面

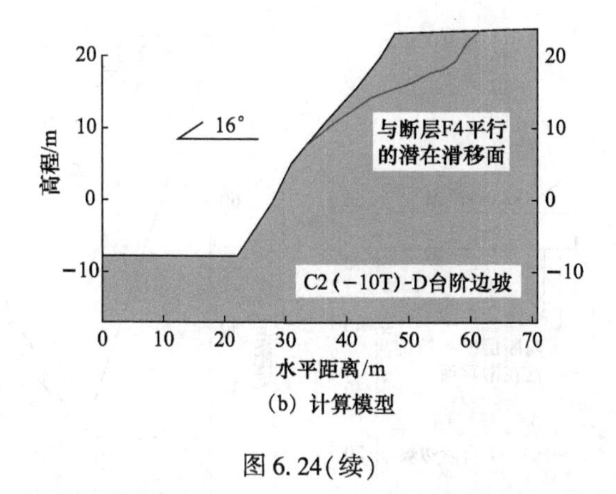

(b) 计算模型

图 6.24(续)

表 6.20　C2(−10T)-U、C2(−10T)-D 台阶边坡稳定性分析参数取值

岩性	状态	粗糙度系数	壁岩强度/kPa	残余摩擦角/(°)	容重/(kN/m³)	爆破等效振动加速度系数
千枚岩	干燥	6.43	41191	27.99	23.5	0.0392g
	饱和	6.43	28832	23.97	24	

4. 滑坡稳定性评价

C2(−10T)-U 台阶边坡在不同工况下的稳定性计算模型与计算结果见图 6.25 和表 6.21。

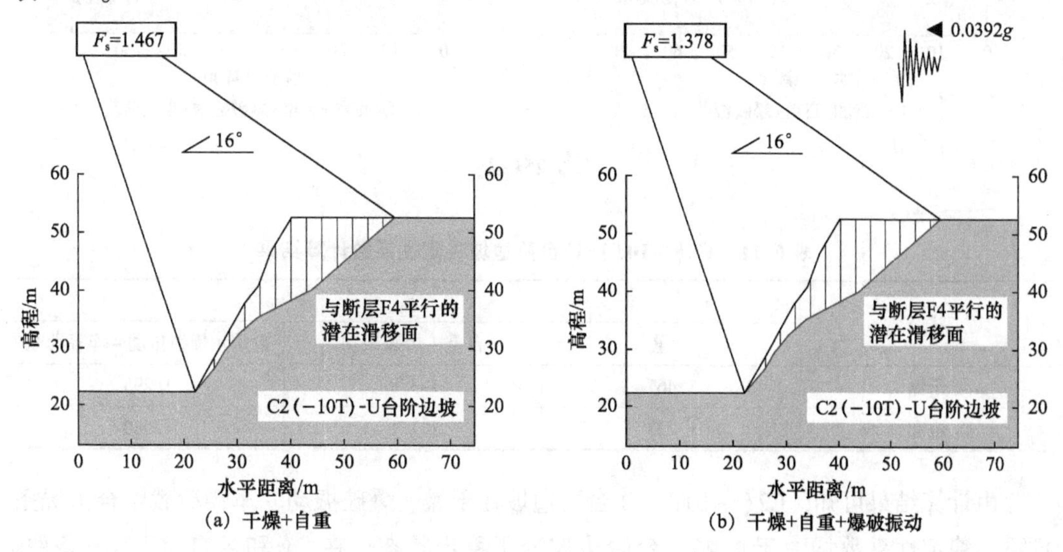

(a) 干燥+自重　　(b) 干燥+自重+爆破振动

图 6.25　C2(−10T)-U 台阶边坡不同工况下稳定性计算模型

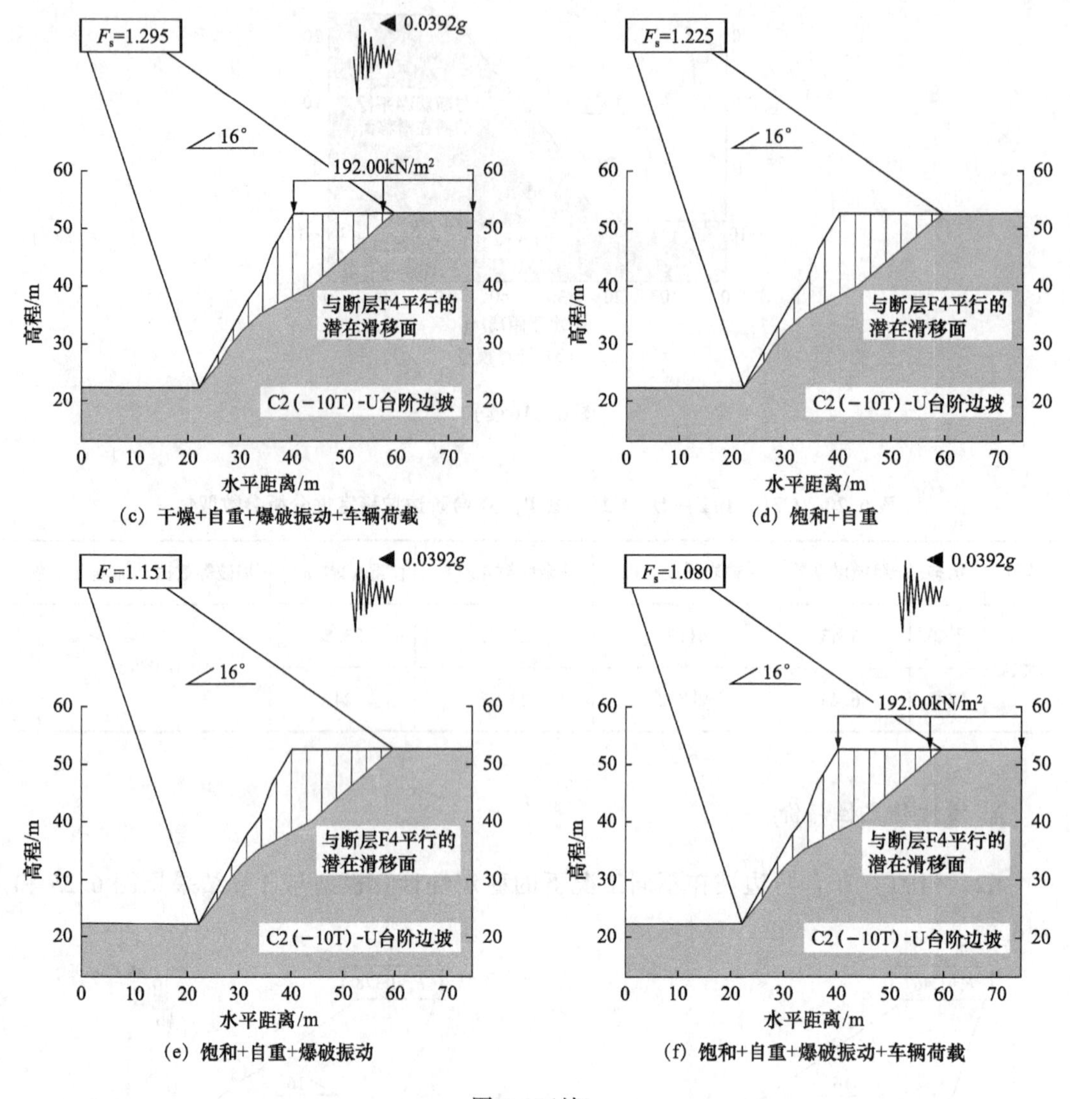

(c) 干燥+自重+爆破振动+车辆荷载 (d) 饱和+自重

(e) 饱和+自重+爆破振动 (f) 饱和+自重+爆破振动+车辆荷载

图 6.25(续)

表 6.21 C2(-10T)-U 台阶边坡稳定性系数计算结果

状态	F_s		
	自重	自重+爆破振动	自重+爆破振动+车辆荷载
干燥	1.467	1.378	1.295
饱和	1.225	1.151	1.080

由计算结果可知，C2(-10T)-U 台阶边坡在干燥、爆破振动、车辆荷载组合工况条件下，稳定性系数均大于 1.25，台阶边坡处于稳定状态。在“饱和+自重”工况条件、“饱和+自重+爆破振动”组合工况条件下，边坡的稳定性系数大于 1.15，说明边坡处于

基本稳定状态；然而，继续受车辆荷载的影响时，稳定性系数已经小于 1.15，说明 C2(-10T)- U 边坡稳定性已经变差。

C2(-10T)- D 台阶边坡在不同工况下的稳定性计算模型与计算结果见图 6.26 和表 6.22。

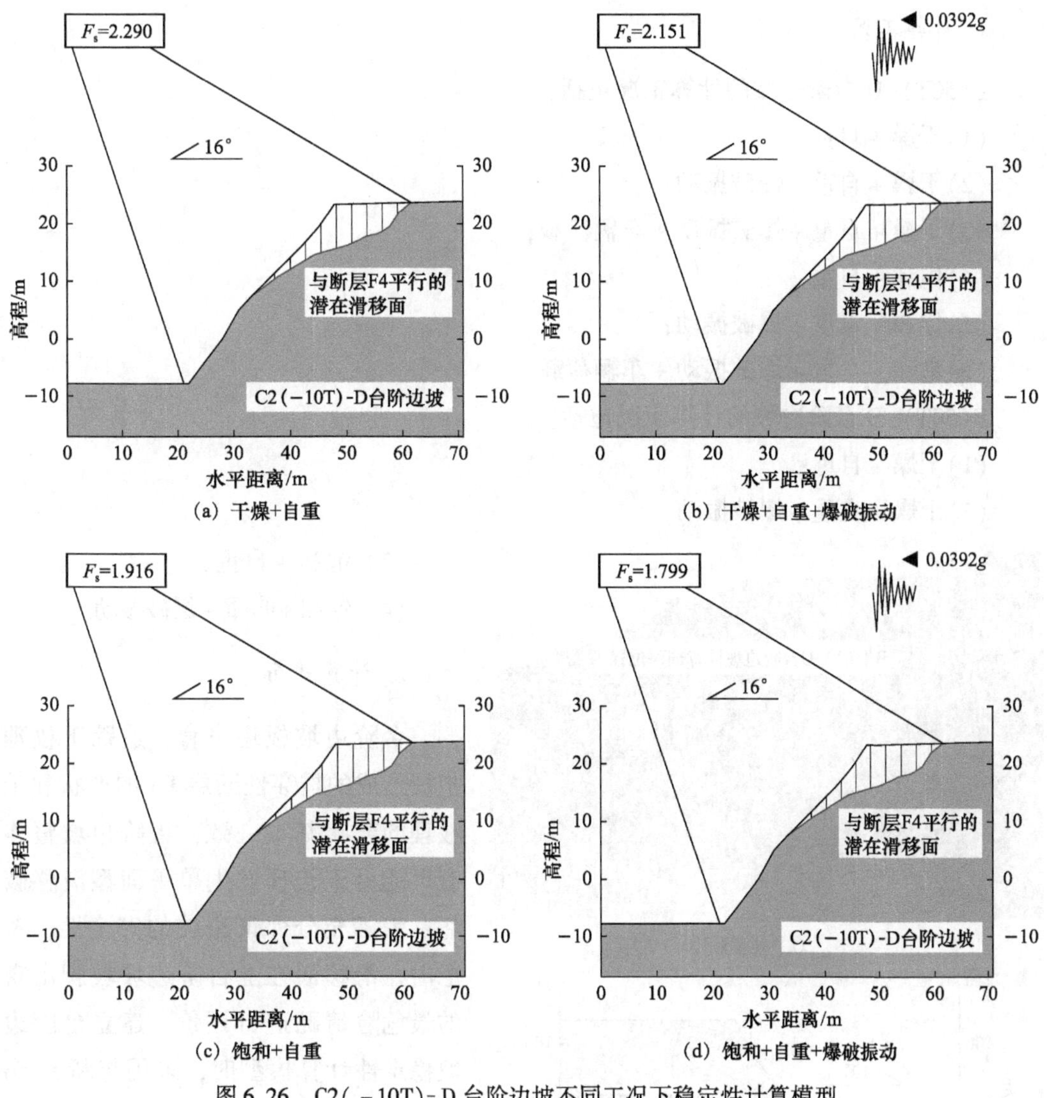

图 6.26　C2(-10T)- D 台阶边坡不同工况下稳定性计算模型

表 6.22　C2(-10T)- D 台阶边坡稳定性系数计算结果

状态	F_s	
	自重	自重 + 爆破振动
干燥	2.290	2.151
饱和	1.916	1.799

由计算结果可知，C2(-10T)-D 台阶边坡在不同工况条件下，稳定性系数均大于1.25，说明边坡处于稳定状态。

6.5.3 台阶边坡 B(50T)-U 与 B(50T)-D

1. 计算工况

B(50T)-U 台阶边坡的计算工况包括：

(1)干燥 + 自重；

(2)干燥 + 自重 + 爆破振动；

(3)干燥 + 自重 + 爆破振动 + 车辆荷载；

(4)饱和 + 自重；

(5)饱和 + 自重 + 爆破振动；

(6)饱和 + 自重 + 爆破振动 + 车辆荷载。

B(50T)-D 台阶边坡的计算工况包括：

(1)干燥 + 自重；

(2)干燥 + 自重 + 爆破振动；

(3) 饱和 + 自重；

(4) 饱和 + 自重 + 爆破振动。

2. 计算剖面

台阶边坡板理发育，追踪千枚理扩展形成的贯穿性断层 F6 的产状和千枚理的产状基本一致，台阶边坡整体有可能沿千枚理发生单平面型滑移破坏。为了充分保证边坡的安全性，考虑潜在滑移面在上台阶边坡坡脚出露的最危险情况进行评价。建立台阶边坡稳定性计算模型时，采用与断层 F6 一致的宏观几何轮廓作为上、下台阶边坡的潜在滑移面。台阶边坡的坡面几何形态根据现场调查与全站仪定向测量结果确定。B(50T)-U 与 B(50T)-D 台阶边坡计算剖面的计算模型见图 6.27、图 6.28。

(a) 现场照片

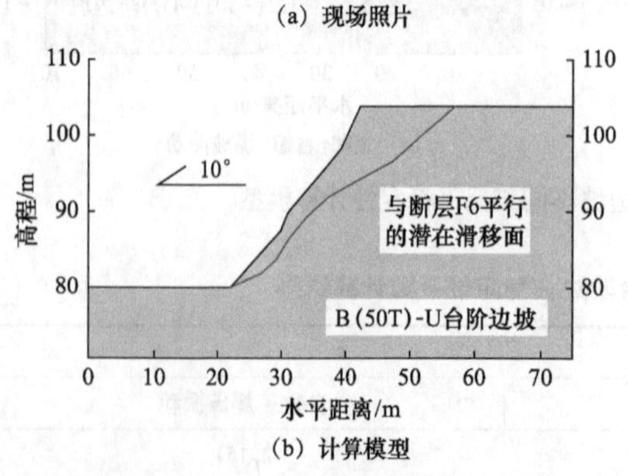

(b) 计算模型

图 6.27 B(50T)-U 台阶边坡计算剖面

(a) 现场照片

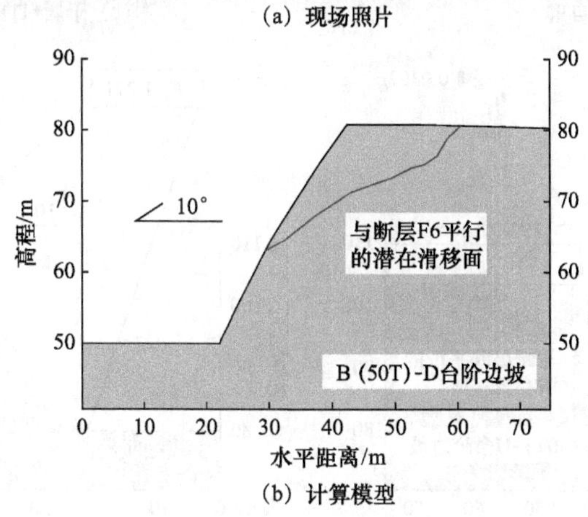

(b) 计算模型

图6.28 B(50T)-D台阶边坡计算剖面

3. 计算参数选取

B(50T)-U台阶边坡与B(50T)-D台阶边坡稳定性分析参数取值如表6.23所示。

表6.23 B(50T)-U、B(50T)-D台阶边坡稳定性分析参数取值

岩性	状态	粗糙度系数	壁岩强度/kPa	残余摩擦角/(°)	容重/(kN/m³)	爆破等效振动加速度系数
千枚岩	干燥	5.67	46321	28.71	23.5	0.0392g
	饱和	5.67	32425	24.47	24	

4. 滑坡稳定性评价

B(50T)-U台阶边坡在不同工况下的稳定性计算模型与计算结果见图6.29和表6.24。

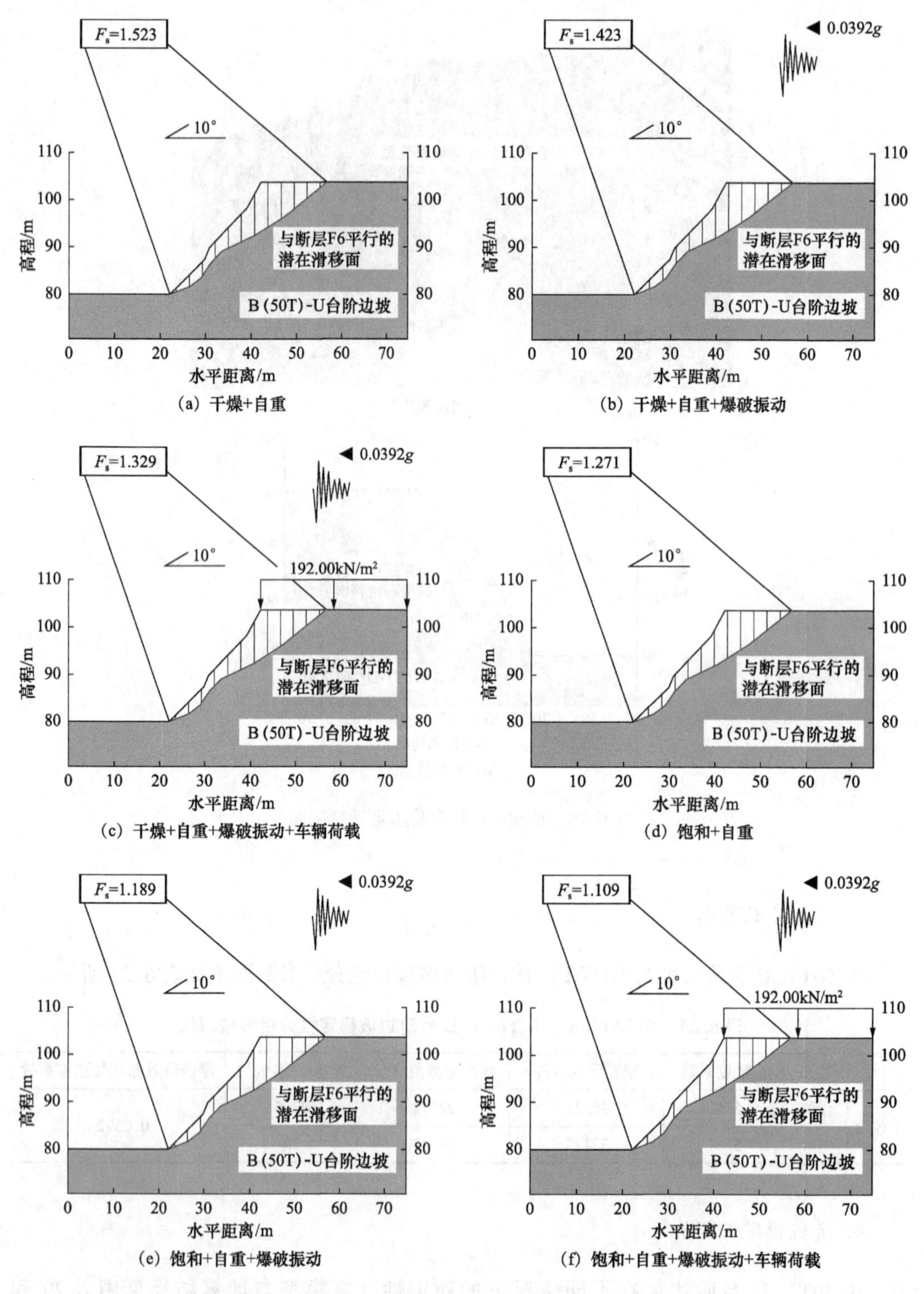

图 6.29　B(50T)-U 台阶边坡不同工况下稳定性计算模型

表 6.24　B(50T)-U 台阶边坡稳定性系数计算结果

状态	F_s		
	自重	自重 + 爆破振动	自重 + 爆破振动 + 车辆荷载
干燥	1.523	1.423	1.329
饱和	1.271	1.189	1.109

由计算结果可知，B(50T)-U 台阶边坡在干燥、爆破振动、车辆荷载组合工况条件下，稳定性系数均大于 1.25，台阶边坡处于稳定状态。在“饱和 + 自重”工况条件下，稳定性系数大于 1.25，台阶边坡处于稳定状态。在“饱和 + 自重 + 爆破振动”组合工况条件下，边坡的稳定性系数大于 1.15，说明边坡处于基本稳定状态；然而，继续受车辆荷载的影响时，稳定性系数已经小于 1.15，说明 B(50T)-U 边坡稳定性已经变差。

B(50T)-D 台阶边坡在不同工况下的稳定性计算模型与计算结果见图 6.30 和表 6.25。

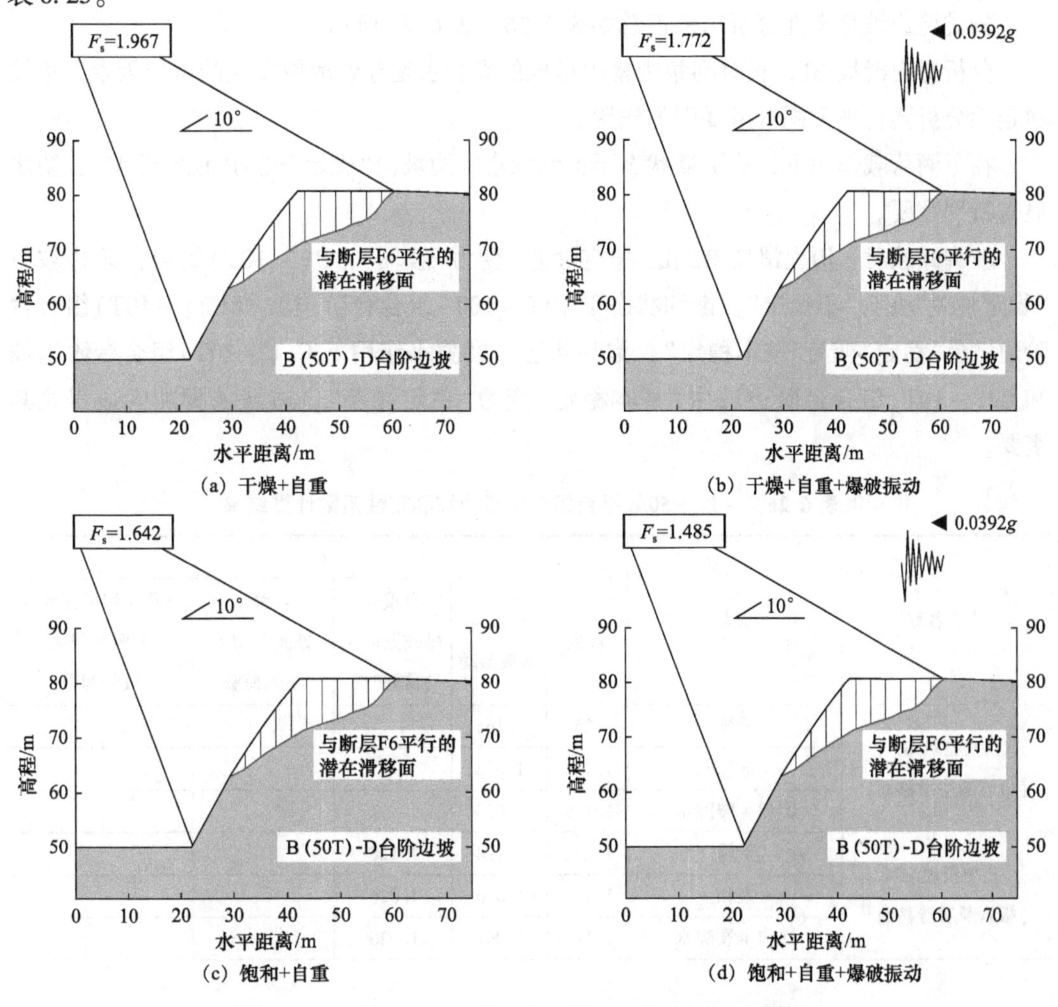

图 6.30　B(50T)-D 台阶边坡不同工况下稳定性计算模型

表 6.25　B(50T)-D 台阶边坡稳定性系数计算结果

状态	F_s	
	自重	自重+爆破振动
干燥	1.967	1.772
饱和	1.642	1.485

由计算结果可知，B(50T)-D 台阶边坡在不同工况条件下，稳定性系数均大于 1.25，处于稳定状态。

6.6　杨桃坞边坡稳定性分析总结

杨桃坞边坡稳定性分析结果汇总如表 6.26、表 6.27 所示。

分析历史滑坡 B1，长时间集中暴雨形成的裂隙水是导致滑坡发生的诱导因素，边坡稳定性分析要特别重视台风暴雨的作用。

在车辆荷载作用下，从干燥状态至饱和状态，边坡由“稳定”变为“稳定性差”，防水显得特别重要。

坡脚卸载时，历史滑坡 B2 由“稳定性差”变为“破坏”；B(-10T)组合台阶边坡由“稳定性差”变为“不稳定”，饱和状态下 C1(-10T)组合台阶边坡和 C2(-10T)组合台阶边坡由“稳定”变为“基本稳定”，饱和状态+裂隙水作用下 C1(-10T)组合台阶边坡和 C2(-10T)组合台阶边坡由“基本稳定”变为“稳定性差”，边坡坡脚加固显得尤其重要。

表 6.26　-10～50m 平台组合台阶边坡稳定性系数计算结果

边坡名称	状态	F_s				
		自重	自重+爆破振动	自重+爆破振动+坡脚卸载	自重+爆破振动+车辆荷载	自重+爆破振动+车辆荷载+坡脚卸载
历史滑坡 B1（板岩断层滑移面）	干燥	1.257	1.165			
	饱和	1.141	1.058			
	饱和+裂隙水	1.119	1.035			
历史滑坡 B2（板岩断层滑移面）	干燥	1.232	1.194	1.128		
	饱和	1.147	1.076	1.026		
	饱和+裂隙水	1.141	1.061	1.026		

续表

边坡名称	状态	F_s				
		自重	自重+爆破振动	自重+爆破振动+坡脚卸载	自重+爆破振动+车辆荷载	自重+爆破振动+车辆荷载+坡脚卸载
B(－10T)组合台阶边坡	干燥	1.384	1.291	1.218		
	饱和	1.241	1.150	1.113		
	饱和+裂隙水	1.232	1.142	1.113		
C1(－10T)组合台阶边坡(板岩与千枚岩接触带断层滑移面)	干燥	1.383	1.290	1.259	1.255	1.226
	饱和	1.254	1.169	1.142	1.134	1.112
	饱和+裂隙水	1.230	1.150	1.132	1.119	1.100
C2(－10T)组合台阶边坡(千枚岩断层滑移面)	干燥	1.469	1.382	1.371	1.317	1.296
	饱和	1.232	1.150	1.131	1.100	1.078
	饱和+裂隙水	1.202	1.136	1.120	1.080	1.069
B(50T)组合台阶边坡(千枚岩断层滑移面)	干燥	1.478	1.419		1.363	
	饱和	1.229	1.182		1.149	
	饱和+裂隙水	1.211	1.175		1.142	

表6.27　－10～50m平台台阶边坡稳定性系数计算结果

边坡名称	状态	F_s		
		自重	自重+爆破振动	自重+爆破振动+车辆荷载
C1(－10T)-U台阶边坡	干燥	1.279	1.198	1.182
	饱和	1.159	1.086	1.067
C1(－10T)-D台阶边坡	干燥	1.774	1.584	
	饱和	1.610	1.433	
C2(－10T)-U台阶边坡	干燥	1.467	1.378	1.295
	饱和	1.225	1.151	1.080
C2(－10T)-D台阶边坡	干燥	2.290	2.151	
	饱和	1.916	1.799	
B(－10T)-U台阶边坡	干燥	1.523	1.423	1.329
	饱和	1.271	1.189	1.109
B(－10T)-D台阶边坡	干燥	1.967	1.772	
	饱和	1.642	1.485	

第7章　基于离散单元法的杨桃坞边坡稳定性计算与变形破坏机理分析

7.1　离散单元法基本原理

7.1.1　UDEC 概述

通用离散元程序(universal distinct element code, UDEC)是一款基于离散单元法理论的计算分析程序。离散单元法最早由 Cundall(1971)在 1971 年提出理论雏形，最初意图是在二维空间描述离散介质的力学行为，适用于研究在准静态或动力条件下节理系统的块体集合中的复杂力学问题。Cundall 等在 1980 年又把这一方法思想拓展到研究颗粒状物质的微破裂、破裂扩展和颗粒流动问题，完成了可以考虑块体本身变形的离散单元法，并编制了国际上著名的二维离散元数值模拟软件 UDEC(姚男，2011)。经过不断的修正扩展和升级，UDEC 数值模拟软件已广泛应用于金属矿地下隧道开挖(陈卫忠 等，2012)，煤矿、矿山类边坡(朱维申 等，2002)和爆破振动等岩土力学领域，成为对裂隙岩体进行数值模拟分析的有效方法(杜景灿 等，2002；张玉军，2006)，对工程实践具有指导意义(Huang et al.，1995)。

和许多通用的数值模拟软件相似，离散元数值模拟软件的理论基础是具有普遍适用性的牛顿第二定律。二维离散单元软件 UDEC 将所研究的对象划分为一个个具有独立特性的多边形块体单元，相互毗邻的单元与单元之间的接触，可以设置一定的初始接触状态，随着计算过程的不断循环，单元会发生变形、平移和转动，并随之不断调整各单元之间的接触关系(范雷，2009)。当循环迭代计算结束时，块体单元可能达到平衡状态，也可能不会达到平衡状态而一直运动下去。因此，离散单元法适用于研究节理系统或块体集合在准静力或动力条件下的大变形问题。

物理介质通常均呈现不连续特征，这里的不连续性可以表现为材料属性的不连续或空间结构(构造)上的不连续。以岩体为例，具有不同岩性的岩块(连续体)和结构面(非连续特征)构成岩体最基本的两个组成要素，与有限元技术、有限差分等通用连续力学方法相比较，属于非连续力学方法范畴的 UDEC 基于离散的角度来对待物理介质，以最为朴素的思想分别描述介质内的连续性元素和非连续性元素，如将岩体的两个基本组成对象——岩块和结构面分别以连续力学定律和接触定律加以描述，其中接触(结构面)是连续体(岩块)的边界，单个的连续体在进行力学求解过程中可以被处理成独立对象并通过接触和其他连续体发生相互作用(张玉军，2006)，其中连续体可具有可变性或刚性受力变形特征。具体到具备可变形能力的单个连续体分析环节而言，介质受力变形求解方法完全服从有限差分法。UDEC 对于物理介质的力学描述手段可以通俗说明以下内容(韩丰，2011；亓轶，2013)：

(1)宏观物理介质绝非理论意义上的连续体(如岩体 = 岩块 + 结构面)，UDEC 以朴素的思想遵循这一自然规律，将其视为连续性特征(如岩块)和非连续性特征(如结构面)两个基本元素的集合统一体，并以物理力学定律分别定义这些基本元素的受力变形行为。

(2)UDEC 采用凸多边形来描述介质中连续性对象元素(如岩块)的空间形态，并通过若干凸多边形组合表达现实存在的凹形连续性对象。此外，非连续性特征(如结构面)则以折线段或者多边形平面加以表征。

(3)表征连续性特征对象的凸多边形可以服从可变形或刚性受力变形定律，如为可变形体，则采用有限差分方法进行求解。连续性特征对象之间通过边界(非连续性特征)实现相互作用，描述边界的折线段/多边形平面受力变形可以遵从多种荷载-变形力学定律(即接触定律)，力学定律可以模拟凸多边形之间在公共边界处相互滑动或脱开行为。

(4)在某些极端情形下，如理想地将物理介质看待为完全连续体，此时 UDEC 可蜕化为 FLAC/FLAC3D 等连续力学描述手段，只描述连续性对象的力学特性。

尽管连续力学方法中也可以处理一些非连续特征，比如有限元中的节理单元和 FLAC 中的 Interface(界面)，但包含了节理单元和界面单元的这些连续介质力学方法与 UDEC 技术存在质的差别，这种差别本质上主要体现在以下方面：

(1)UDEC 方法为具有复杂接触力学行为的运动机制描述和分析精度提供基本技术保障。介质体内的接触行为主要取决于连续性对象(块体)的运动状态，现实中的块体运动状态可能非常复杂，以冲击碰撞问题为例，复杂运动状态(反复接触、脱开)时刻调整块体间相对位置，并致使块体边界接触方式多样化，如平面离散元中边界的接触方式有边-边接触、边-点接触或点-点接触。接触方法的不同决定了块体边界上受力状态和传递方式的差别，UDEC 在计算工程中不断判断和更新块体接触状态，并根据这些接触状态判断块体之间的荷载传递方式，为接触选择对应力学定律，有效避免了计算结果失真。

(2)工程岩体内部存在较为复杂的非连续及连续结构面，传统连续介质对其处理方法主要为增加接触结构(如 DFN 模型等)，接触结构包围部分按照连续介质处理。在计算过程中首先判断接触结构类型，继而计算接触结构受力状态，将接触结构受力状态转变为所包含区域连续介质的边界条件进行迭代运算，接触面较多的情况下，整个计算过程可能会非常冗长。为此，Cundall 基于数学网格和拓扑理论为 UDEC 设计了接触搜索和接触方式状态判别优化方法，考虑了不同类型问题的求解需要，极大程度地提高了计算效率和稳定性。

7.1.2 离散单元法基本方程

离散单元法研究的离散介质可以根据块体实际的几何尺寸生成单元数据，或者由前处理程序按一定的要求随机生成单元数据，通过不同的模型来解决实际工程问题(李同录 等，2004；Savilahti et al.，1991)。单元之间的接触力传递通过单元间虚拟弹簧来实现，具体表现在弹簧的叠合量上。块体单元之间的接触分为角-边接触和边-边接触两种情况，其中角-边接触最为普遍，边-边接触认为是两个角-边接触，如图 7.1 所示。

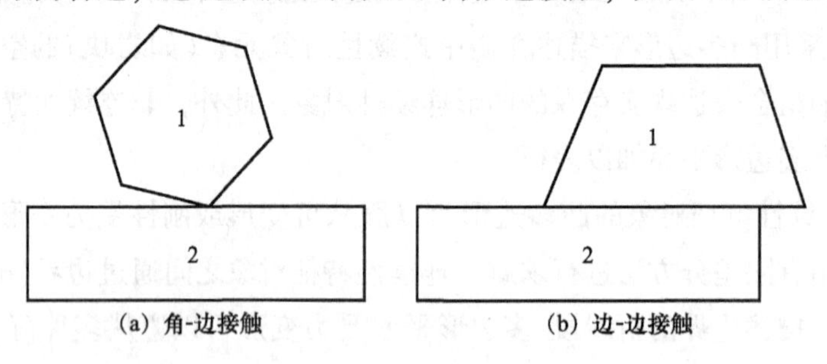

图 7.1 离散元块体接触类型(李增志，2004)

1. 力和位移方程

如图 7.2(a)所示，离散介质中单元 A 与周围的块体产生接触，单元 A 受到一组力的作用，如图 7.2(b)所示，这一组力与重力产生合力 F 和合力矩 M，如图 7.2(c)所示。

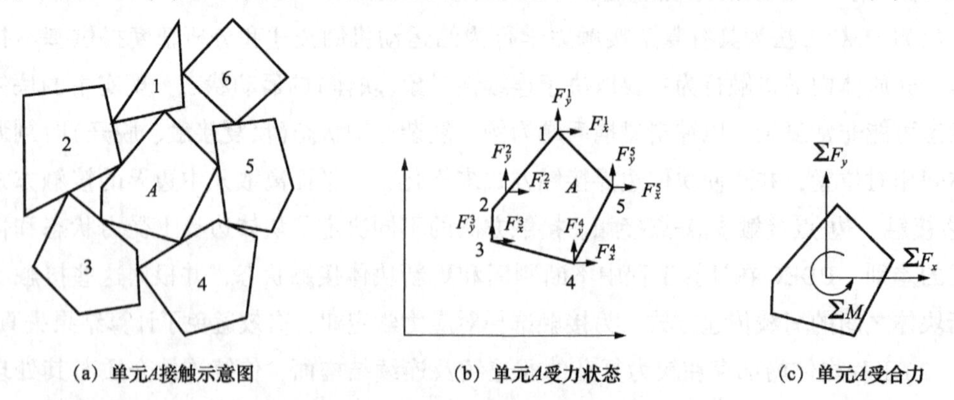

图 7.2 块体单元受力状态(李增志，2004)

当一个单元与周围单元发生接触时，假定通过虚拟弹簧产生接触力，接触力的大小与接触块体之间的叠合量有关，这种力与位移的关系也可以称为物理方程。单元之间因接触而产生的作用力用法向力 F_n 和切向力 F_h 来表示，满足以下条件。

(1) 法向力遵循无拉力的原则，并规定压力为负，切向力则满足库伦摩擦准则，满足式(7.1)、式(7.2)。

$$F_n \leqslant 0 \tag{7.1}$$

$$|F_n| \leqslant \mu |F_h| + C \tag{7.2}$$

式中：μ 为接触点摩擦系数；C 为接触点的黏结力。

(2) 引进法向刚度系数 K_n 和切向刚度系数 K_h，法向位移叠合量 Δu_n，切向位移叠合量 Δu_h，如图 7.3 所示。块体之间的法向力增量 ΔF_n 与法向叠合量 Δu_n、切向力增量 ΔF_h 与切向叠合量 Δu_h 之间的关系如下：

$$\Delta F_n = K_n \Delta u_n \tag{7.3}$$

$$\Delta F_h = K_h \Delta u_h \tag{7.4}$$

某一接触关系的总法向作用力和总切向作用力为

$$F_n^t = F_n^{t-\Delta t} + \Delta F_n \tag{7.5}$$

$$F_h^t = F_h^{t-\Delta t} + \Delta F_h \tag{7.6}$$

式中：F_n^t、F_h^t 分别遵守无拉力原则和库伦准则；t 表示 T 时刻，Δt 为一个计算时步。力-位移关系如图 7.4 所示。

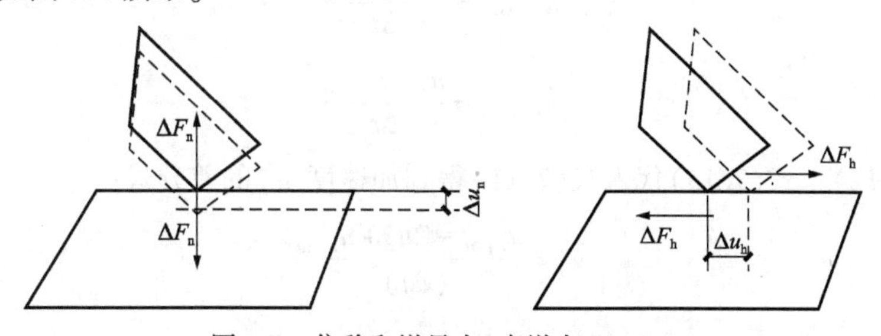

图 7.3　位移和增量力(李增志，2004)

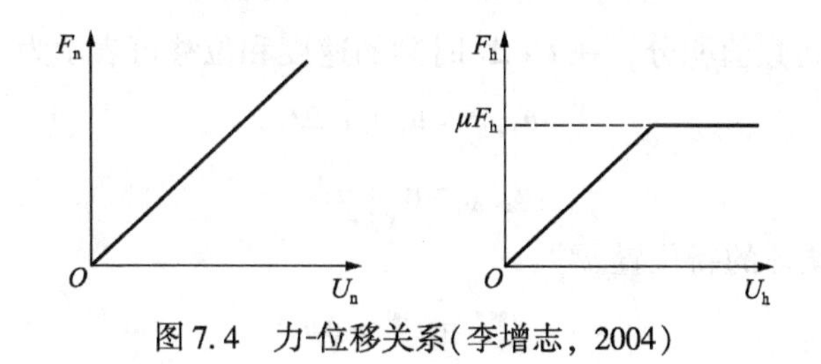

图 7.4　力-位移关系(李增志，2004)

2. 运动方程

离散单元法以牛顿第二定律来确定每个单元的运动方程，根据单元受力情况，有如下运动方程：

$$\frac{\partial^2 u_x}{\partial t^2} = \frac{\sum F_x}{m} \tag{7.7}$$

$$\frac{\partial^2 u_y}{\partial t^2} = \frac{\sum F_y}{m} \tag{7.8}$$

$$\frac{\partial^2 \theta}{\partial t^2} = \frac{\sum M}{I} \tag{7.9}$$

式中：u_x、u_y 为 t 时刻单元形心位移向量；θ 为 t 时刻单元刚性转角；F_x、F_y 为 t 时刻单元形心荷载；M 为 t 时刻单元所受对形心的力矩；I 为单元惯性矩；m 为单元质量。这里公式没有考虑单元阻尼的影响，式(7.7)、式(7.8)可简写为

$$\ddot{u}_t = \frac{\partial \dot{u}_t}{\partial t} = \frac{F}{m} \tag{7.10}$$

将式(7.10)中的加速度用中心差分格式来表示：

$$\frac{\partial \dot{u}_t}{\partial t} = \frac{u_{t+\Delta t/2} - u_{t-\Delta t/2}}{\Delta t} \tag{7.11}$$

对式(7.11)中的速度 $\dot{\mu}_{t+\Delta t/2}$、$\dot{\mu}_{t-\Delta t/2}$ 用位移 u 表示：

$$\dot{u}_{t+\Delta t/2} = \frac{u_{t+\Delta t} - \mu_t}{\Delta t} \tag{7.12}$$

$$\dot{u}_{t-\Delta t/2} = \frac{u_t - u_{t-\Delta t}}{\Delta t} \tag{7.13}$$

将式(7.12)、式(7.13)代入式(7.11)得到加速度 $\ddot{u}_t$ 的差分式：

$$\ddot{u}_t = \frac{u_{t+\Delta t} - 2u_t + u_{t-\Delta t}}{(\Delta t)^2} \tag{7.14}$$

$$\dot{u}_t = \frac{\dot{u}_{t+\Delta t/2} + \dot{u}_{t-\Delta t/2}}{2} = \frac{u_{t+\Delta t} - u_{t-\Delta t}}{2\Delta t} \tag{7.15}$$

对式(7.10)进行数值积分，在 $t+\Delta t$ 时刻的速度和位移可表示为

$$\begin{aligned} \dot{u}_{t+\Delta t} &= \dot{u}_t + \ddot{u}\,\Delta t \\ u_{t+\Delta t} &= u_t + \dot{u}\Delta t \end{aligned} \tag{7.16}$$

从而可以求得块体的新位置 u^{new}：

$$u^{\text{new}} = u^{\text{old}} + \Delta u \tag{7.17}$$

式中：$\Delta u = u_{t+\Delta t} - u_t$。

7.1.3　离散单元法原理

7.1.2 节基本方程的推导，形成了离散单元法的基本原理：块体单元在外力作用下产生加速度，积分后得到速度和位移，然后获得块体单元的新位置，位置变化导致块体

单元产生接触关系的变化。由力-位移的关系得知，新的位移增量导致新的力的增量出现，进而又产生新的位移和接触关系，从而形成循环，整个力-位移的计算循环过程是在一个时步完成的，如图7.5所示。

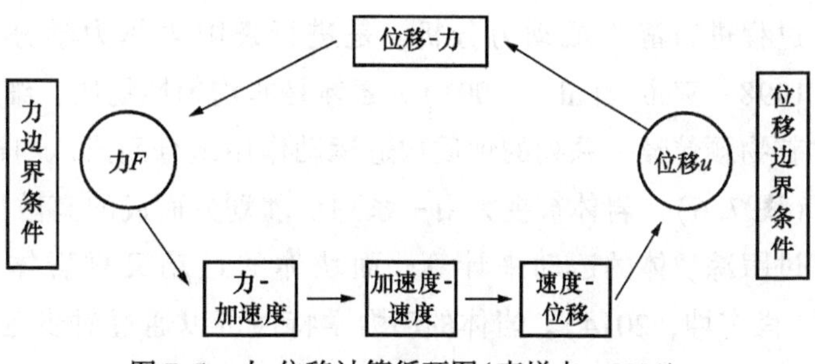

图7.5　力-位移计算循环图(李增志，2004)

上述过程也称为动态松弛法。该方法是把非线性静力学问题转换为动力学问题求解，即静力解是时步荷载的瞬态反应中的稳态解部分，实质是对临界阻尼振动方程进行逐步积分。为保证有准静解，需要加入质量阻尼和刚度阻尼来吸收系统的动能，考虑阻尼后离散单元法的基本运动方程为

$$m\ddot{u}_t + c\dot{u}_t + ku_t = f_t \tag{7.18}$$

式中：m为单元质量；u为位移；k为刚度系数；c为阻尼系数；t为时间；f为单元所受的外荷载。

下面是计算循环的具体实施过程。

将式(7.14)和式(7.15)代入式(7.18)并整理得到$t+\Delta t$时刻的位移：

$$u_{t+\Delta t} = \frac{(\Delta t)^2 f_t + \left(\frac{c}{2}\Delta t - m\right)u(t-\Delta t) + [2m - k(\Delta t)^2]u_t}{m + \frac{c}{2}\Delta t} \tag{7.19}$$

式(7.19)中等号右边的变量都为已知量，因此动态松弛法在求解过程中是一种显式解法，这是离散单元的一个特点。把$u_{t+\Delta t}$代入式(7.14)和式(7.15)即可求得加速度$\ddot{u}_t$和速度$\dot{u}_t$，进而再求解块体单元的平移速度、转动速度、位移和角位移。

动态松弛法在求解过程中必须遵循这样一个假定：以时步Δt向前差分，时步必须取得足够小，以至于在一个时步内位移也很小，力只能传递给周围相接触的单元，然后一步一步再传遍整个体系。通常时步根据下式确定：

$$\Delta t \leqslant 2\sqrt{\frac{m_{\min}}{k}} \tag{7.20}$$

式中：$m_{\min}$为体系中块体单元的最小质量；k为块体单元的刚度。

7.1.4　UDEC迭代过程

UDEC不仅要对离散块体进行分析运算，还要对块体之间的接触即各种结构面进行迭代运算(Gehle and Kutter，2003)，包括离散元与边界元的耦合。UDEC数值模拟软件不仅能够模拟非连续性刚体的破坏问题，还可以对变形体模型的变形特征和破坏

过程进行静力或动力分析，是进行裂隙岩体力学分析的有效工具(Wong and Chau，1998；Wong et al.，2001)。岩体是非均匀性物质，细观分析发现岩体是由许多微小的矿物颗粒经一系列的地质构造运动作用组合而成。同样在离散元软件迭代运算过程中(图7.6)，岩体被视为由一系列节理划分而成的离散块体，块体的接触应力和位移通过跟踪块体的运动来计算，而块体的运动又靠岩体间的相互冲击和碰撞进行传递(肖东坤，2014)。岩体的动力学特性可以通过时步运算法则和运用微分原理来表达，当时步的取值足够小时，速度和加速度可视为常量，在单个时步内，离散体间的扰动不能立即实现从一个离散单元向相邻单元的传递(范雷，2009；梁正召 等，2014)。对于变形体，离散元程序引进了“域”的概念，完整岩体的刚度和块体的刚度也包含在系统的刚度之内。

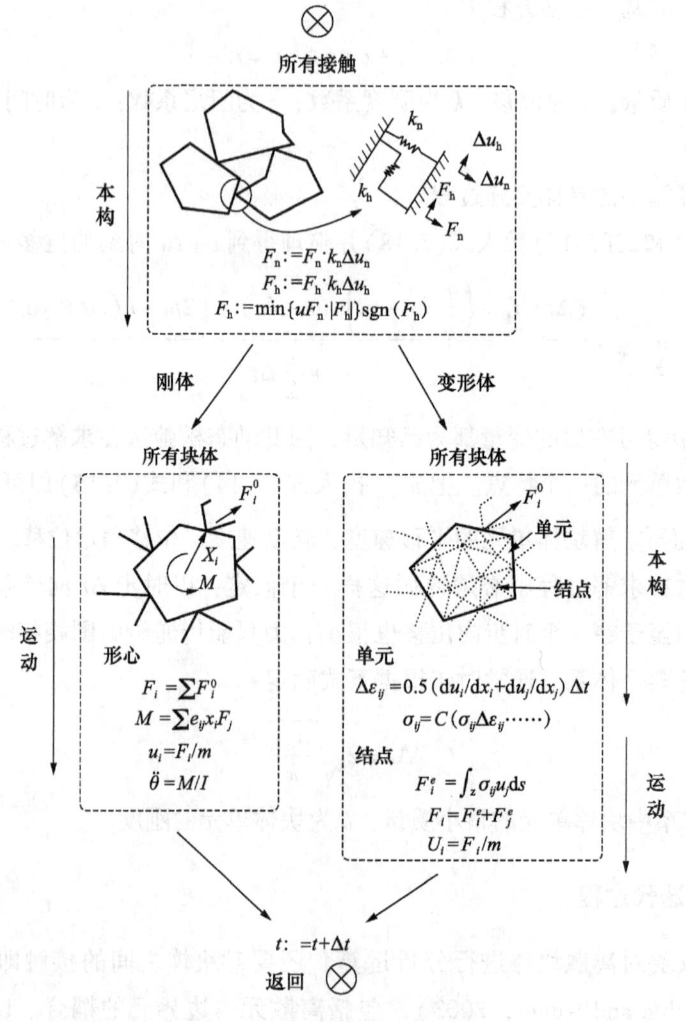

图7.6 UDEC计算循环过程

在 UDEC 离散元软件中，对于可变形的数值模型，块体的变形与弹性力用常应变三角形网格差分单元来计算。如图 7.7 所示，N 为结点差分号，其周围有 B_1，B_2，…，B_n 共 n 个单元，每个单元的质量均假定平均分配于单元的交点上。因此，由边界 Γ 所围成的多边形的质量将凝聚在结点 N 上。为使极端惯性力与弹性力保持一致性，边界 Γ_1 也必须是弹性应力的积分路线。根据假定常应变单元，作用在 N 结点上的弹性力可以表示为

$$F_e = \int_{\Gamma_1} \sigma_{ij} n_j \mathrm{d}s = \int_{\Gamma} \sigma_{ij} n_j \mathrm{d}s = \sum_{k=1}^{n} \sigma_{ij}^k n_j^k \Delta s^k i,j = 1,2 \tag{7.21}$$

式中：σ_{ij} 为单元应力张量；n_j 为积分边界的单位向量；Γ、Γ_1 为 N 结点的积分边界；n 为围绕 N 结点的边界分段数目。

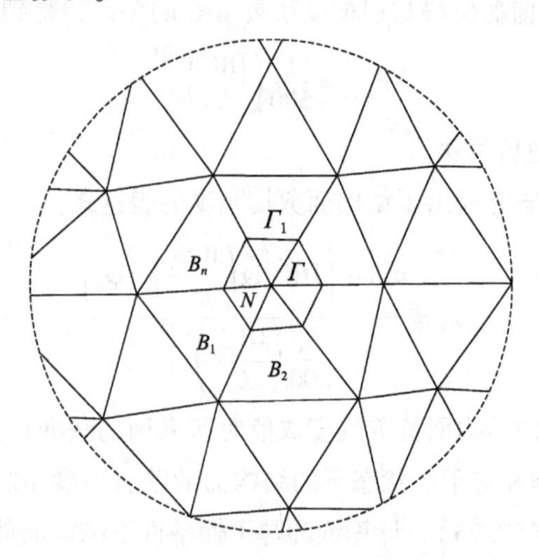

图 7.7　变形体离散元系统(周银俊，2015)

7.1.5　强度折减法原理

UDEC 的稳定性系数计算结果是基于强度折减法原理得到的。强度折减法中边坡稳定的稳定性系数定义为：使边坡刚好达到临界破坏状态时，对岩土体的抗剪强度参数的折减程度，即定义稳定性系数为岩土体的实际抗剪强度与临界破坏时的折减后剪切强度的比值(关立军，2004；杨有成，2008；邓永杰，2013)。可表述为：保持岩土体的重力加速度为常数，通过逐步减小抗剪强度指标，将 c、$\tan\varphi$ 值同时除以折减系数 F_s，得到一组新的强度指标 c'、$\tan\varphi'$，利用新的强度参数进行数值模拟分析、反复计算，直至斜坡达到临界破坏状态，此时采用的强度指标与岩土体实际的强度指标之比即为该斜坡的稳定性系数 F，公式如下：

$$c' = c/F_s \tag{7.22}$$

$$\tan\varphi' = \tan\varphi / F_s \tag{7.23}$$

式中：F_s 为折减系数；c 为黏聚力；φ 为内摩擦角；c'为折减后的黏聚力；φ'为折减后的内摩擦角。

7.2 数值模拟计算参数选择

第 5 章中，我们已经介绍了杨桃坞边坡潜在滑移面的抗剪强度精细取值，得到干燥和饱和条件下结构面的粗糙度系数 JRC、壁岩强度 JCS、残余摩擦角 φ_r 等。Barton 等(1990)总结了结构面峰值剪位移与粗糙度系数 JRC 的关系，得到了如下表达式：

$$\delta_{peak} = \frac{L}{500}\left(\frac{JRC}{L}\right)^{0.33} \tag{7.24}$$

式中：δ_{peak}为结构面峰值剪位移。

本书作者基于上述研究提出了结构面剪切刚度的表达式：

$$k_s = \frac{\sigma_n \tan\left[JRC_n \lg\left(\frac{JCS_n}{\sigma_n}\right) + \varphi_r\right]}{\frac{L_n}{500}\left(\frac{JRC_n}{L_n}\right)^{0.33}} \tag{7.25}$$

依据第 5 章中介绍的结构面抗剪强度取值时所采用的法向应力计算方法，取法向应力值为 2MPa。分别将饱和与干燥状态下的结构面的壁岩强度 JCS_n、残余摩擦角 φ_r 以及粗糙度系数 JRC_n 代入式(7.25)，计算饱和与干燥条件下结构面剪切刚度。

Kulatilake 等(1992)发现结构面的法向刚度与剪切刚度的比值通常范围为 2～3，本文取 2 倍的剪切刚度作为结构面的法向刚度。

通过结构面粗糙度稳定阈值计算得出，干燥条件下结构面的剪切刚度为 576MPa/m，法向刚度为 288MPa/m；饱和条件下结构面的剪切刚度为 521MPa/m，法向刚度为 260MPa/m。

数值模拟中的部分岩体参数参考第 5 章 5.4 节提出的岩体力学参数进行选取，如表 7.1 所示。

表 7.1 数值模拟岩体参数表

层位	密度/(kg/m^3)	体积模量/MPa	剪切模量/MPa	黏聚力/MPa	内摩擦角/(°)	法向刚度/(MPa/m)	剪切刚度/(MPa/m)
板岩(干燥)	2551	347	208	0.6	40		
板岩(饱水)	2500	316	172	0.48	38		
板岩断层(干燥)				0.06022	35.66	576	288

续表

层位	密度/（kg/m³）	体积模量/MPa	剪切模量/MPa	黏聚力/MPa	内摩擦角/（°）	法向刚度/（MPa/m）	剪切刚度/（MPa/m）
板岩断层(饱和)				0.05604	32.94	521	260
千枚岩(干燥)	2550	326	186	0.48	37		
千枚岩(饱和)	2490	295	150	0.37	35		
千枚岩断层(干燥)				0.05451	35.06	538.90	269.45
千枚岩断层(饱和)				0.04811	29.98	445.93	222.97

7.3　基于离散单元法的边坡稳定性计算

首先利用UDEC离散元方法计算杨桃坞B(－10T)组合台阶边坡第一期滑坡B1、第二期滑坡B2在以下四种工况下的稳定性系数和对应的滑坡模式。

(1)干燥＋自重；

(2)干燥＋自重＋爆破振动；

(3)饱和＋自重；

(4)饱和＋自重＋爆破振动。

利用UDEC离散元方法计算杨桃坞B(－10T)组合台阶边坡在以下四种工况下的稳定性系数和对应的滑坡模式。

(1)干燥＋自重；

(2)干燥＋自重＋爆破振动；

(3)饱和＋自重；

(4)饱和＋自重＋爆破振动。

利用UDEC离散元方法计算杨桃坞C1(－10T)组合台阶边坡(板岩与千枚岩接触带断层滑移面)、C2(－10T)组合台阶边坡(千枚岩断层滑移面)、B(50T)组合台阶边坡(千枚岩断层滑移面)以及C1(－10T)-U台阶边坡在以下六种工况下的稳定性系数和对应的滑坡模式。

(1)干燥＋自重；

(2)干燥＋自重＋爆破振动；

(3)干燥＋自重＋爆破振动＋车辆荷载；

(4)饱和＋自重；

(5)饱和＋自重＋爆破振动；

(6)饱和 + 自重 + 爆破振动 + 车辆荷载。

7.3.1 第一期滑坡 B1 稳定性计算

B(−10T)组合台阶边坡第一期滑坡 B1 在四种工况下的位移云图见彩图 1。工况(1)到工况(4)，滑坡模式由坡脚小范围的滑移[彩图 1(a)]，向上扩展至坡脚较大范围的滑移[彩图 1(b)]，并逐渐扩展至边坡中上部的大范围滑坡[彩图 1(c)]，直至工况(4)时，边坡的滑坡范围达到最大值，形成沿着结构面控制的整体滑坡[彩图 1(d)]。随着滑坡范围的逐渐增大，稳定性系数逐渐降低，至工况(4)时稳定性系数达到最小值。

B(−10T)组合台阶边坡第一期滑坡 B1 在不同工况下的稳定性系数见表 7.2。

表 7.2 B(−10T)组合台阶边坡第一期滑坡 B1 在不同工况下的稳定性系数

状态	F_s	
	自重	自重 + 爆破振动
干燥	1.213	1.115
饱和	1.105	1.014

7.3.2 第二期滑坡 B2 稳定性计算

B(−10T)组合台阶边坡第二期滑坡 B2 在四种工况下的位移云图见彩图 2。工况(1)到工况(4)，滑坡模式由中间台阶以下一定范围的滑坡[彩图 2(a)]，扩展至中间台阶[彩图 2(b)]，并逐渐向上扩展[彩图 2(c)]，直至工况(4)时，形成结构面控制的整体滑坡[彩图 2(d)]。随着工况程度由工况(1)到工况(4)的逐渐复杂，稳定性系数逐渐降低，直至工况(4)时，稳定性系数达到最小值。

B(−10T)组合台阶边坡第二期滑坡 B2 在不同工况下的稳定性系数见表 7.3。

表 7.3 B(−10T)组合台阶边坡第二期滑坡 B2 在不同工况下的稳定性系数

状态	F_s	
	自重	自重 + 爆破振动
干燥	1.229	1.137
饱和	1.123	1.037

7.3.3 B(−10T)组合台阶边坡稳定性计算

B(−10T)组合台阶边坡在四种工况下的位移云图见彩图 3。工况(1)到工况(4)，B(−10T)组合台阶边坡滑坡模式由最开始的坡体下部滑坡[彩图 3(a)]逐渐扩展到边坡中部台阶的滑坡[彩图 3(b)]，直至工况(3)时，滑坡范围达到边坡的 3/4 位置[彩图 3(c)]。由于上部结构面形态的改变，边坡滑动受到一定程度抑制，但仍有沿着结构面继续向上扩展的趋势[彩图 3(d)]。随着工况程度由(1)到(4)的逐步复杂，稳定性系数逐渐降低，至工况(4)时，稳定性系数达到最小值。

B(-10T)组合台阶边坡在不同工况下的稳定性系数见表 7.4。

表 7.4　B(-10T)组合台阶边坡在不同工况下的稳定性系数

状态	F_s	
	自重	自重 + 爆破振动
干燥	1.311	1.209
饱和	1.190	1.103

7.3.4　C1(-10T)组合台阶边坡稳定性计算

C1(-10T)组合台阶边坡(板岩与千枚岩接触带断层滑移面)在六种工况下的位移云图见彩图 4。C1(-10T)组合部分边坡整体计算稳定性系数较高，工况(1) ～ 工况(5)下的滑坡模式均集中于边坡下部，属于局部小范围滑坡，并未扩展形成大范围的滑坡。在工况(6)条件下，边坡的稳定性系数为 1.101，大于 1.05，稳定性差，滑坡模式较前几种工况有所扩展，滑坡范围有所增加，但并未沿结构面形成整体滑坡。

C1(-10T)组合台阶边坡在不同工况下的稳定性系数见表 7.5。

表 7.5　C1(-10T)组合台阶边坡在不同工况下的稳定性系数

状态	F_s		
	自重	自重 + 爆破振动	自重 + 爆破振动 + 车辆荷载
干燥	1.306	1.237	1.214
饱和	1.201	1.112	1.101

7.3.5　C2(-10T)组合台阶边坡稳定性计算

C2(-10T)组合台阶边坡(千枚岩断层滑移面)在六种工况下的位移云图见彩图 5。C2(-10T)组合台阶边坡整体计算稳定性系数较高，工况(1) ～ 工况(5)下的滑坡模式均集中于边坡下部，属于结构面控制的小范围滑坡，并未扩展形成大范围的整体滑坡。在工况(6)条件下，边坡的稳定性系数为 1.074，大于 1.05，稳定性差，滑坡模式稍有扩展，但仍为结构面控制的小范围滑坡。

C2(-10T)组合台阶边坡在不同工况下的稳定性系数见表 7.6。

表 7.6 C2(–10T)组合台阶边坡在不同工况下的稳定性系数

状态	F_s		
	自重	自重 + 爆破振动	自重 + 爆破振动 + 车辆荷载
干燥	1.401	1.303	1.249
饱和	1.200	1.113	1.074

7.3.6 B(50T)组合台阶边坡稳定性计算

B(50T)组合台阶边坡(千枚岩断层滑移面)在六种工况下的位移云图见彩图 6。B(50T)组合台阶边坡整体计算稳定性系数较高。工况(1) ～ 工况(6)下的滑坡模式均集中于边坡下部，并未扩展形成整体滑坡。

B(50T)组合台阶边坡在不同工况下的稳定性系数见表 7.7。

表 7.7 B(50T)组合台阶边坡在不同工况下的稳定性系数

状态	F_s		
	自重	自重 + 爆破振动	自重 + 爆破振动 + 车辆荷载
干燥	1.429	1.355	1.304
饱和	1.198	1.128	1.103

7.3.7 C1(–10T)-U 台阶边坡稳定性计算

依据极限平衡分析结果，选取台阶边坡中最可能发生失稳破坏的 C1(–10T)-U 台阶边坡进行评价和分析。

C1(–10T)-U 台阶边坡在六种工况下的位移云图见彩图 7。工况(1) ～ 工况(4)下的计算稳定性系数较高，边坡稳定或基本稳定，工况(5)、工况(6)的计算稳定性系数较低，边坡处于稳定性差状态。C1(–10T)-U 台阶边坡在各工况下的位移量较小，均在 0.5m 以下，部分工况位移量在 0.2m 以下，边坡不会发生明显滑坡。

C1(–10T)-U 台阶边坡在不同工况下的稳定性系数见表 7.8。

表 7.8 C1(–10T)-U 台阶边坡在不同工况下的稳定性系数

状态	F_s		
	自重	自重 + 爆破振动	自重 + 爆破振动 + 车辆荷载
干燥	1.270	1.169	1.141
饱和	1.132	1.032	1.020

7.4　极限平衡法和离散单元法计算结果对比探讨

极限平衡法和离散单元法是求解边坡稳定性系数的两种不同方法。极限平衡法根据作用于岩体中潜在破坏面上块体沿破坏面的抗剪力与该块体沿破坏面的剪切力之比，求得岩体的稳定性系数，考虑条块间的抗滑力和滑动力之比，要预设滑移面，保证条块之间不产生拉力等；UDEC离散单元法采用强度折减的方法计算稳定性系数，通过对黏聚力和内摩擦角的不断折减来求解稳定性系数，无须假定滑移面。两者在计算方法、考虑因素、模型建立和参数选择方面具有一定的差异性，这些差异造成了稳定性系数计算结果的细微不同。既有文献(刘杰 等，2008；刘杰 等，2011；郑宏 等，2002)表明，应用强度折减法计算坡角小于60°的边坡稳定性系数时，计算结果较实际情况偏小。

表7.9汇总了用极限平衡法和离散单元法求得的稳定性系数，并给出了两者的比值，以获得两种稳定性系数的关系公式。

表7.9　极限平衡法和离散单元法稳定性系数对照表

边坡名称	方法	F_s					
		干燥+自重(1)	干燥+自重+爆破振动(2)	干燥+自重+爆破振动+车辆荷载(3)	饱和+自重(4)	饱和+自重+爆破振动(5)	饱和+自重+爆破振动+车辆荷载(6)
历史滑坡B1(板岩断层滑移面)	极限平衡法	1.257	1.165		1.141	1.058	
	离散单元法	1.213	1.115		1.105	1.014	
	比值	1.036	1.049		1.033	1.043	
历史滑坡B2(板岩断层滑移面)	极限平衡法	1.232	1.194		1.147	1.076	
	离散单元法	1.229	1.137		1.123	1.037	
	比值	1.002	1.050		1.021	1.038	
B(-10T)组合台阶边坡(板岩断层滑移面)	极限平衡法	1.384	1.291		1.241	1.150	
	离散单元法	1.311	1.209		1.190	1.103	
	比值	1.056	1.068		1.043	1.043	
C1(-10T)组合台阶边坡(板岩与千枚岩接触带断层滑移面)	极限平衡法	1.383	1.290	1.255	1.254	1.169	1.134
	离散单元法	1.306	1.237	1.214	1.201	1.112	1.101
	比值	1.059	1.042	1.034	1.044	1.051	1.030

续表

边坡名称	方法	F_s					
		干燥 + 自重(1)	干燥 + 自重 + 爆破振动(2)	干燥 + 自重 + 爆破振动 + 车辆荷载(3)	饱和 + 自重(4)	饱和 + 自重 + 爆破振动(5)	饱和 + 自重 + 爆破振动 + 车辆荷载(6)
C2(-10T)组合台阶边坡(千枚岩断层滑移面)	极限平衡法	1.469	1.382	1.317	1.232	1.150	1.10
	离散单元法	1.401	1.303	1.249	1.200	1.113	1.074
	比值	1.048	1.060	1.054	1.026	1.033	1.024
B(50T)组合台阶边坡(千枚岩)	极限平衡法	1.478	1.419	1.363	1.229	1.182	1.149
	离散单元法	1.429	1.355	1.304	1.198	1.128	1.103
	比值	1.034	1.047	1.045	1.026	1.048	1.041

绘制极限平衡法和离散单元法计算出的稳定性系数的柱状对照图，如图 7.8(a) ～(f)所示。从图 7.8 中可以看出，在两种不同方法下，稳定性系数均随着工况(1) ～工况(6)的复杂程度的增加而逐渐降低，呈一定的规律性减小，不同的是，离散单元法的计算稳定性系数小于极限平衡法的稳定性系数。为了确定两者之间关系值的大小，将极限平衡法的稳定性系数与 UDEC 离散单元法的稳定性系数做比值，绘制出样板数据的散点图，见图 7.8(g)。根据散点分布规律，选用均值 1.041 作为极限平衡法稳定性系数 F_1 和离散单元法稳定性系数 F_2 的相关系数，即

$$F_1 = 1.041 \times F_2 \tag{7.26}$$

式中：F_1 为极限平衡法稳定性系数；F_2 为离散单元法稳定性系数。

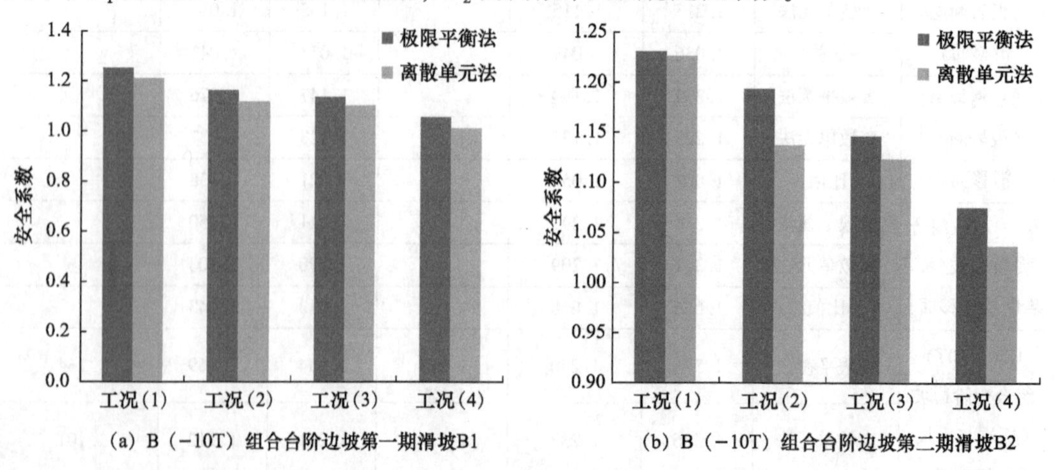

图 7.8 极限平衡法和离散单元法稳定性系数对照图(杜时贵，2018)

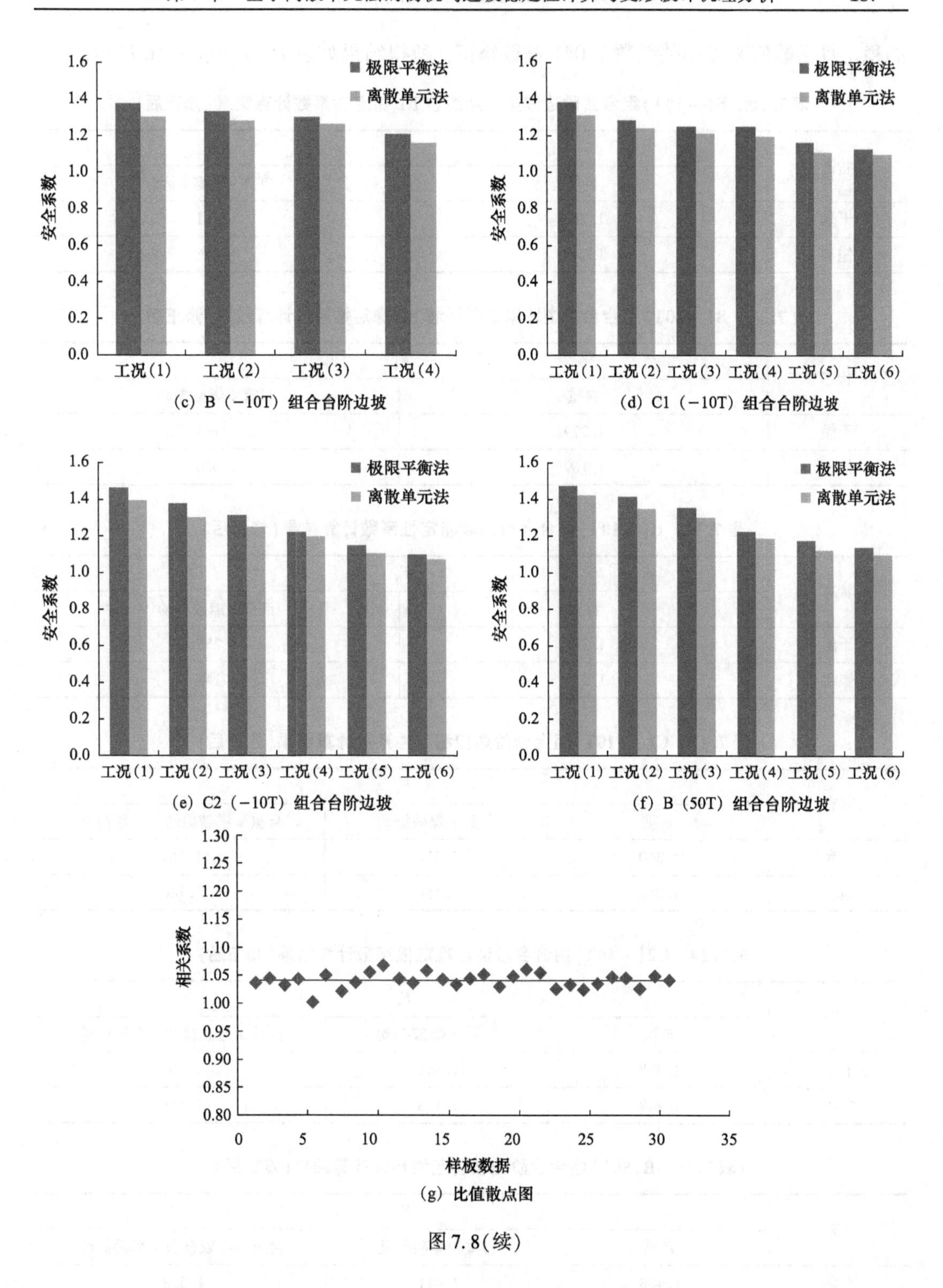

(c) B (−10T) 组合台阶边坡

(d) C1 (−10T) 组合台阶边坡

(e) C2 (−10T) 组合台阶边坡

(f) B (50T) 组合台阶边坡

(g) 比值散点图

图7.8(续)

以极限平衡法计算稳定性系数作为边坡稳定性评价标准，将UDEC离散单元法求解的稳定性系数值乘以相关系数1.041进行修正，所得结果如表7.10～表7.16所示。

表7.10　B(-10T)组合台阶边坡第一期滑坡B1稳定性系数计算结果(修正后)

状态	F_s	
	自重	自重+爆破振动
干燥	1.263	1.161
饱和	1.149	1.056

表7.11　B(-10T)组合台阶边坡第二期滑坡B2稳定性系数计算结果(修正后)

状态	F_s	
	自重	自重+爆破振动
干燥	1.279	1.184
饱和	1.169	1.080

表7.12　B(-10T)组合台阶边坡稳定性系数计算结果(修正后)

状态	F_s	
	自重	自重+爆破振动
干燥	1.365	1.258
饱和	1.239	1.148

表7.13　C1(-10T)组合台阶边坡稳定性系数计算结果(修正后)

状态	F_s		
	自重	自重+爆破振动	自重+爆破振动+车辆荷载
干燥	1.360	1.288	1.264
饱和	1.250	1.158	1.146

表7.14　C2(-10T)组合台阶边坡稳定性系数计算结果(修正后)

状态	F_s		
	自重	自重+爆破振动	自重+爆破振动+车辆荷载
干燥	1.458	1.356	1.300
饱和	1.249	1.158	1.118

表7.15　B(50T)组合台阶边坡稳定性系数计算结果(修正后)

状态	F_s		
	自重	自重+爆破振动	自重+爆破振动+车辆荷载
干燥	1.488	1.411	1.358
饱和	1.247	1.174	1.148

表 7.16　C1(-10T)-U 台阶边坡稳定性系数计算结果(修正后)

状态	F_s		
	自重	自重 + 爆破振动	自重 + 爆破振动 + 车辆荷载
干燥	1.322	1.217	1.188
饱和	1.179	1.078	1.062

将 UDEC 离散单元数值模拟的结果与边坡许用稳定性系数对比可知：

B(-10T)组合台阶边坡第一期滑坡 B1 在“干燥 + 自重”工况下，稳定性系数大于 1.25，处于稳定状态；在“干燥 + 自重 + 爆破振动”工况下，稳定性系数大于 1.15，处于基本稳定状态；在饱和工况下，稳定性系数均大于 1.05，处于稳定性差状态。

B(-10T)组合台阶边坡第二期滑坡 B2 在“干燥 + 自重”工况下，稳定性系数大于 1.25，处于稳定状态；在“干燥 + 自重 + 爆破振动”“饱和 + 自重”工况下，稳定性系数大于 1.15，处于基本稳定状态；在“饱和 + 自重 + 爆破振动”工况下，稳定性系数大于 1.05，处于稳定性差状态。

B(-10T)组合台阶边坡在干燥工况下，稳定性系数均大于 1.25，处于稳定状态；在“饱和 + 自重”工况下，稳定性系数大于 1.15，处于基本稳定状态；在“饱和 + 自重 + 爆破振动”工况下，稳定性系数大于 1.05，处于稳定性差状态。

C1(-10T)组合台阶边坡在干燥工况下，稳定性系数均大于 1.25，处于稳定状态；在“饱和 + 自重”工况下，稳定性系数等于 1.25，处于稳定状态；在“饱和 + 自重 + 爆破振动”工况下，稳定性系数大于 1.15，处于基本稳定状态；在“饱和 + 自重 + 爆破振动 + 车辆荷载”工况下，稳定性系数大于 1.05，处于稳定性差状态。

C2(-10T)组合台阶边坡在干燥工况下，稳定性系数均大于 1.25，处于稳定状态；在“饱和 + 自重”“饱和 + 自重 + 爆破振动”工况下，稳定性系数大于 1.15，处于基本稳定状态；在“饱和 + 自重 + 爆破振动 + 车辆荷载”工况下，稳定性系数大于 1.05，处于稳定性差状态。

B(50T)组合台阶边坡在干燥工况下，稳定性系数均大于 1.25，处于稳定状态；在“饱和 + 自重”“饱和 + 自重 + 爆破振动”工况下，稳定性系数大于 1.15，处于基本稳定状态；在“饱和 + 自重 + 爆破振动 + 车辆荷载”工况下，稳定性系数大于 1.05，处于稳定性差状态。

台阶边坡中 C1(-10T)-U 台阶边坡在“干燥 + 自重”工况下，稳定性系数为 1.322，处于稳定状态；在“干燥 + 自重 + 爆破振动”“干燥 + 自重 + 爆破振动 + 车辆荷载”“饱和 + 自重”工况下，稳定性系数分别为 1.217、1.188 和 1.179，处于基本稳定状态；在“饱和 + 自重 + 爆破振动”“饱和 + 自重 + 爆破振动 + 车辆荷载”工况下，稳定性系数分别为 1.078 和 1.062，处于稳定性差状态。

7.5　基于离散单元法的边坡变形破坏机理分析

7.5.1　第一期滑坡 B1 变形破坏机理分析

在工况(4)(饱和 + 自重 + 爆破振动)下，边坡的稳定性系数为 1.056，大于 1.05，边坡处于稳定性差状态，边坡的位移云图和位移矢量图分别见彩图 8(a)、(b)，边坡沿着结构面产生滑移，自坡顶向下位移量由 0.25m 逐渐增大到 2.5m，至坡脚处位移量达最大值 2.5m。彩图 8(c)为剪应变云图，当滑坡发生时，在边坡下部坡脚处剪应变值达 0.44、中间台阶位置剪应变值达 0.12，中间台阶以上 13m 位置剪应变值达 0.24，这三处位置剪应变值明显大于其他区域滑体剪应变值，说明在滑体移动过程中，这些部位岩体会最先发生破坏或断裂。当滑坡发生后，坡脚处有高强度的应力集中，应力值达到 0.25MPa[彩图 8(d)]。

7.5.2　第二期滑坡 B2 变形破坏机理分析

在工况(4)(饱和 + 自重 + 爆破振动)下，边坡的稳定性系数为 1.080，大于 1.05，边坡处于稳定性差状态，边坡的位移云图和位移矢量图分别见彩图 9(a)、(b)，边坡沿着结构面滑移，自坡顶向下位移量由 2m 逐渐增大到 10m，形成结构面控制的整体滑坡。在滑坡过程中，中间台阶及以下区域，位移量达到 10m，而中间台阶上部坡体，位移量为 5m，说明在中间台阶处，滑体在滑动过程中发生了断裂。彩图 9(c)剪应变云图显示，在滑坡过程中，小台阶处坡脚和下部坡脚剪应变值最大，达到 2.0，这两处位置表明了滑体的断裂和破坏位置。彩图 9(d)为剪应力云图，滑坡发生后，坡脚处会产生明显的应力集中，应力值达到 0.15MPa，在边坡上部也会产生一定程度的应力集中。

7.5.3　B(−10T)组合台阶边坡滑坡机理分析

在工况(4)(饱和 + 自重 + 爆破振动)下，边坡的稳定性系数为 1.148，大于 1.05，边坡处于稳定性差状态，边坡的位移云图和位移矢量图分别见彩图 10(a)、(b)。在该工况下，边坡未产生整体滑移。边坡自上而下位移量由 0.25m 逐渐增大到 2.5m，在坡脚处位移量为最大值 2.5m，边坡下部位移量为 1.5m，边坡上部位移量为 1m。当滑坡发生时，边坡下部岩体先发生滑动，后逐渐向上扩展，至边坡上部结构面较缓处滑动被抑制，但仍有沿着结构面向上扩展的趋势。由于上部岩体结构面形态的改变(直线型转变为圆弧型)，结构面倾角变缓，会阻碍岩体的移动，同时产生高强度的应力集中[彩图 10(d)]；而边坡下部的岩体仍有继续下滑的趋势，两处岩体运动程度的不一致就会在滑体内部产生变形破坏[彩图 10(c)]。

7.5.4　C1(－10T)组合台阶边坡变形破坏机理分析

在工况(6)(饱和＋自重＋爆破振动＋车辆荷载)下，边坡的稳定性系数为 1.146，大于 1.05，边坡处于稳定性差状态，边坡的位移云图和位移矢量图分别见彩图 11(a)、(b)。在工况(6)下，边坡上部未产生位移，在中间台阶位置，位移量由 0.8m 增加到 4.8m；边坡下部位移量增加至 8m。从位移云图中可以看出，边坡并未形成整体滑坡，仅在中间台阶以下边坡，形成沿结构面控制的小范围滑坡。彩图 11(c)剪应变云图显示，在中间台阶向下约 10m 位置，剪应变值较高，范围在 4.2～6.3 之间，该处为滑体断裂的位置。当下部滑坡发生后，坡体稳定性降低，滑坡有继续向上扩展的可能。在中间台阶与上部边坡的坡脚处，有与边坡角度相同且倾斜延伸的剪应力存在[彩图 11(d)]，自结构面处一直延伸至坡脚，与结构面共同作用，将中间台阶处的小范围未滑坡岩体切落，形成二次小范围滑坡。

7.5.5　C2(－10T)组合台阶边坡变形破坏机理分析

在工况(6)(饱和＋自重＋爆破振动＋车辆荷载)下，边坡的稳定性系数为 1.118，大于 1.05，边坡处于稳定性差状态，边坡的位移云图和位移矢量图分别见彩图 12(a)、(b)。在工况(6)下，边坡上部位移量为 0m，在中间台阶位置，开始产生 0.4m 的位移量，自中间台阶向下，位移量逐渐由 0.8m 增加到 4m，形成沿结构面控制的小范围滑坡。彩图 12(c)剪应变云图显示，在中间台阶位置垂直向下，剪应变值范围在 0.3～1.0，该处为滑体的断裂位置，坡底剪应变值达到 1.1，为滑体底部的破坏位置。当滑坡发生后，边坡稳定性降低，滑坡有向上发展的可能。在中间台阶与上部边坡的坡脚处，有与边坡角度相同且倾斜延伸的剪应力存在[彩图 7.12(d)]，自结构面处一直延伸至坡脚，与结构面共同作用，将中间台阶处岩体切落，形成二次小范围滑坡。

7.5.6　B(50T)组合台阶边坡变形破坏机理分析

在工况(6)(饱和＋自重＋爆破振动＋车辆荷载)下，边坡的稳定性系数为 1.148，大于 1.05，边坡处于稳定性差状态，边坡的位移云图和位移矢量图分别见彩图 13(a)、(b)。边坡上部位移量为 0m，在中间台阶位置，开始产生 1m 的位移量，自中间台阶向下，位移量逐渐由 1m 增加到 5m，至坡脚时，位移量达到最大值 10m，边坡形成沿结构面控制的小范围滑坡。彩图 13(c)剪应变云图显示，坡脚处和中间台阶位置，剪应变值较大，在坡脚处，剪应变值为 0.96，在中间台阶位置，剪应变值范围为 0.48～1.76，这两处位置和结构面，共同控制着滑体的滑移轮廓。当滑坡发生后，在边坡中部结构面产状变化较大的区域应力集中程度最高[彩图 13(d)]，达 0.54MPa。该处应力影响范围较广，倾斜延伸至边坡表面，如果边坡情况继续恶化或者工况更加复杂，边坡有在该处形成二次滑坡的可能。

7.5.7　C1(－10T)-U 台阶边坡变形破坏机理分析

同一组合台阶边坡中，上部台阶边坡基本都比下部台阶边坡的稳定性差，选取上部台阶边坡中最可能发生失稳破坏的 C1(－10T)-U 台阶边坡进行滑坡形成机理分析。

在工况(6)(饱和＋自重＋爆破振动＋车辆荷载)下，边坡的稳定性系数为 1.062，边坡处于稳定性差状态。边坡的位移云图和位移矢量图分别见彩图 14(a)、(b)，在工况(b)下，结构面上部边坡均会产生位移，但位移量在 0.2m 以下，边坡不会形成明显的滑坡。边坡坡脚处位移量最大，为 0.2m，坡脚向上 10m 位置，位移量为 1.8m。彩图 14(c)剪应变云图显示，有两处区域剪应变量较高，一处在坡脚向上 10m 位置，剪应变量为 0.016，一处在坡顶结构面位置，剪应变量达到 0.04，这两处区域岩体会最先发生破坏。彩图 14(d)为剪应力云图，在边坡下部结构面处，应力比较集中，在坡脚沿结构面向上 10m 位置，应力集中区域一直向上延伸到坡体表面。结合彩图 14(a)、(c)和(d)可知，边坡若发生滑坡，下部坡脚处向上 10m 位置会最先发生破坏，破坏向下沿着结构面扩展，向上倾斜贯穿坡体，形成边坡下部的局部小范围滑坡。

7.6　杨桃坞边坡变形破坏机理总结

(1) 应用 UDEC 离散单元方法，计算得到了杨桃坞 B(－10T)组合台阶边坡第一期滑坡 B1、第二期滑坡 B2 和 B(－10T)组合台阶边坡在四种工况下的稳定性系数和对应的滑坡模式，确定了极限平衡法和离散单元法的稳定性系数的修正关系为

$$F_1 = 1.041 \times F_2$$

式中：F_1 为极限平衡法稳定性系数；F_2 为离散单元法稳定性系数。

(2) 确定了 B(－10T)组合台阶边坡第一期滑坡 B1、第二期滑坡 B2 和 B(－10T)组合台阶边坡在工况(4)(饱和＋自重＋爆破振动)下的滑坡机理，具体如下。

第一期滑坡 B1 滑坡机理：边坡沿着结构面滑移，自坡顶向下位移量逐渐增大，在坡脚处位移量达到峰值，水平剪出坡底；在坡脚、中间台阶及中间台阶以上 13m 位置处，滑体会在滑动过程中断裂，在坡脚处产生较高的应力集中。

第二期滑坡 B2 滑坡机理：边坡沿着结构面滑移，自坡顶向下位移量逐渐增大，在坡脚处位移量达到峰值，水平剪出坡底；在滑动过程中，滑体会在中间台阶处发生断

裂，在坡脚处产生较高的应力集中。

B(－10T)组合台阶边坡滑坡机理：边坡未产生整体滑移，边坡下部岩体先发生滑坡，并逐渐向上扩展，至边坡上部结构面较缓处滑动被抑制并发生断裂，但仍然有沿着结构面向上扩展的趋势。

(3) 确定了C1(－10T)组合台阶边坡、C2(－10T)组合台阶边坡以及B(50T)组合台阶边坡在工况(6)(饱和＋自重＋爆破振动＋车辆荷载)下的滑坡破坏机理，具体如下。

C1(－10T)组合台阶边坡滑坡机理：边坡产生沿结构面控制的小范围滑坡，滑移范围为自中间台阶以下10m位置至坡底，当下部滑坡发生后，未滑落坡体有自上部边坡坡脚处产生二次小范围滑坡的可能。

C2(－10T)组合台阶边坡滑坡机理：边坡产生沿结构面控制的小范围滑坡，滑移范围为自中间台阶坡顶位置至坡底，当下部滑坡发生后，未滑落坡体有自上部边坡坡脚处产生二次小范围滑坡的可能。

B(50T)组合台阶边坡滑坡机理：边坡产生沿结构面控制的小范围滑坡，滑移范围为自中间台阶中间位置至坡底，当下部滑坡发生后，未滑落坡体有自上部边坡中间位置产生二次小范围滑坡的可能。

(4) 确定了C1(－10T)-U台阶边坡在工况(6)(饱和＋自重＋爆破振动＋车辆荷载)下的滑坡破坏机理：边坡位移量在0.2m以下，不会形成明显的滑坡，边坡下部坡脚向上10m位置处最易发生破坏，破坏向下沿着结构面扩展，向上倾斜贯穿坡体，有形成边坡下部的局部小范围破坏的趋势。

第 8 章　杨桃坞多级边坡综合治理建议措施

根据杨桃坞多级边坡稳定性精细化评价与变形破坏机理分析结果，针对极端工况条件下尚未达到稳定状态的边坡，基于极限平衡方法提出了以锚杆为主要加固手段的治理建议，并分析了锚杆数量、支护角度、支护位置、支护间距、锚杆极限承载力等因素对边坡加固效果的影响，确定了边坡的加固范围。

8.1　总体边坡的治理措施建议

杨桃坞总体边坡位于矿区采场南侧，边坡近东西走向，倾向北，长410m。边坡高度290m，宽度210m，坡向17°，坡角45°。边坡主要出露变质岩，变质程度不均匀。整体节理极为发育，为破碎岩体。边坡范围内发现有6条未贯穿整个边坡的断层、1条贯穿整个边坡的断层。层面、断层等作为边坡贯穿性结构面，控制了总体边坡的整体稳定性。由赤平投影分析可知，总体边坡的整体稳定性较好，不会沿着层面、断层发生整体破坏，无须进行整体加固处理，只需要对局部可能发生失稳的台阶边坡进行治理。

8.2　组合台阶边坡的治理措施建议

8.2.1　A(−10T)组合台阶边坡

A(−10T)组合台阶边坡位于 −10m 平台东侧，总体边坡高度62.2m，宽度102m，坡向6°，坡角49°。由矿场计划开采形成的20m平台将A(−10T)组合台阶边坡分为上下两段，上段坡角53°，下段坡角53°。断层F1产状为325°∠63°，其倾向与边坡倾向交角为41°，倾向坡外，组合台阶边坡在断层F1作用下是稳定的。节理J1产状103°∠86°，其倾向与边坡倾向交角为97°，倾向坡内，组合台阶边坡在贯穿性节理J1作用下是稳定的。断层F1与贯穿性节理J1的交点落在A(−10T)组合台阶边坡剖面的投影线上，不可能发生平面滑动和楔体破坏，故该边坡整体稳定性较好。此外，A(−10T)组合台阶边坡范围内存在一组非贯穿性节理J2，其产状为275°∠62°，节理倾向与边坡倾向交角为91°，倾向坡内，节理J2倾向与边坡面倾向夹角大于75°，且节理倾角62°大于边坡坡角53°，A(−10T)组合台阶边坡不可能沿该结构面发生滑移破坏。非贯穿节理J2与贯穿性节理J1、断层F1的交点，落在边坡坡面投影大圆的内侧，不可能组合形成楔体形破坏。因此，A(−10T)组合台阶边坡在该节理作用下处于稳定状态，A(−10T)组合台阶边坡的局部稳定性较好。

综上，根据本矿山边坡的地质环境调查以及稳定性分析评价，该组合台阶边坡整体和局部稳定性均较好，无须进行加固处理。

8.2.2　B(−10T)组合台阶边坡

B(−10T)组合台阶边坡位于 −10m 平台中部，边坡近东西走向，倾向北，长 80m。边坡范围内板理发育，其中发育两条沿着板理追踪扩展形成的贯穿性断层 F2、F3，产状和板理基本一致，组合台阶边坡整体有可能沿该结构面发生单平面型滑移破坏。组合台阶边坡发育的贯穿性节理 J1 产状 103°∠86°，其倾向与边坡倾向交角为 97°，倾向坡内。虽然组合台阶边坡整体在贯穿性节理 J1 作用下是稳定的，但该垂直贯穿节理为边坡发生单平面型滑移破坏提供了割离边界。组合台阶边坡整体很有可能以 J1 为割离边界、沿断层 F2 或断层 F3 发生单平面型滑移破坏。组合台阶边坡局部稳定性在非贯穿性节理 J2 作用下是稳定的，但这组节理为边坡沿断层 F2 或断层 F3 发生单平面型滑移破坏提供了割离边界。实际上，B(−10T)组合台阶边坡整体已沿这两条断层发生了滑移破坏，目前整体处于稳定状态。

由 B(−10T)组合台阶边坡稳定性计算结果(表 6.11)可知：B(−10T)组合台阶边坡在“干燥 + 自重”“干燥 + 自重 + 爆破振动”工况条件下稳定性系数大于 1.25，处于稳定状态。在“饱和 + 自重”“饱和 + 自重 + 爆破振动”“饱和 + 裂隙水 + 自重”工况条件下稳定性系数小于 1.25，大于或等于 1.15，边坡处于基本稳定状态。边坡在“饱和 + 自重 + 爆破振动 + 坡脚卸载”工况条件下稳定性系数已经小于 1.15，B(−10T)组合台阶边坡稳定性差。因此，要严格控制爆破振动荷载，防止边坡挖脚现象，并辅以边坡坡面的排水处理。

鉴于杨桃坞 B(−10T)组合台阶边坡的稳定性对 −10m 平台设置的永久性固定泵站的安全影响程度较大，因此对于该不稳定区段，建议应采取人工加固的方法，通过治理达到加固潜在滑体的目的。目前，露天矿山采用的加固方法一般有抗滑桩、金属锚杆、锚索、压力灌浆、混凝土护坡和喷浆防渗等。经过现场调研和工程类比研究，建议对杨桃坞 B(−10T)组合台阶边坡采用锚杆加固法进行加固。

为安全起见，考虑爆破造成的最不利影响，对 B(−10T)组合台阶边坡在“饱和 + 裂隙水 + 自重 + 爆破振动”工况条件下进行边坡加固方案设计。根据《建筑边坡工程技术规范》(GB 50330—2013)、《水工建筑物水泥灌浆施工技术规范》(DL/T 5148—2021)加固后安全系数应达到 1.25。

首先，在距离 B(−10T)组合台阶边坡底部 −10m 平台 4m 处采用若干排预应力锚杆进行支护试算，其锚固长度为 5m，支护间距为 2m，锚杆倾角为 12°，极限承载力为 100kN 级。记录锚杆的数量与边坡稳定性系数的关系，计算模型和结果如图 8.1 所示。计算剖面上锚杆个数增加到 4 根时，边坡稳定性系数为 1.261，大于 1.250，说明组合台阶边坡在最不利工况条件下处于稳定状态。

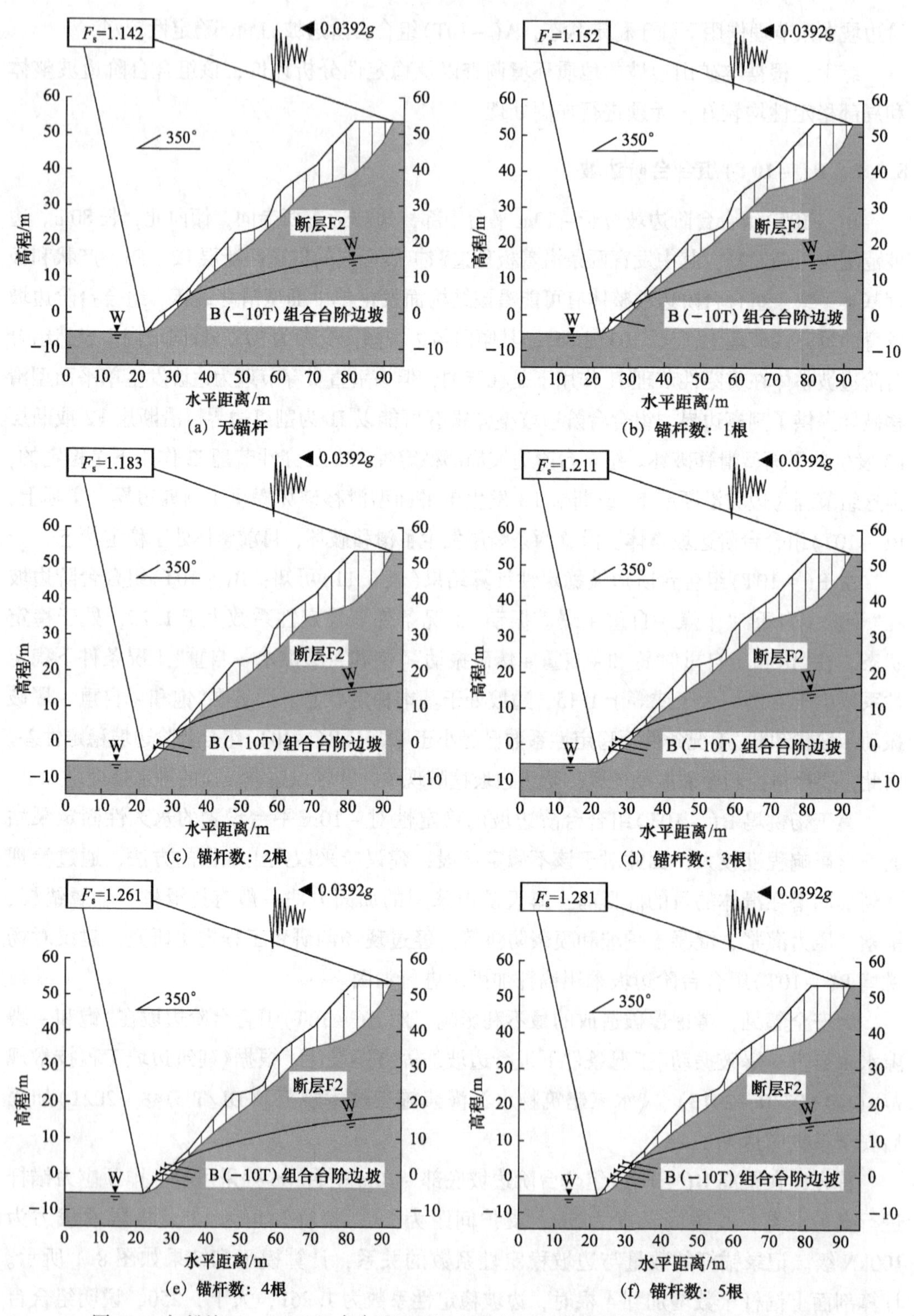

图 8.1 杨桃坞 B(−10T)组合台阶边坡稳定性与锚杆布置数量关系计算模型及结果

其次，考虑不同支护角度对组合台阶边坡加固效果的影响。依据《非煤露天矿边坡工程技术规范》(GB 51016—2014)，锚索设计时一般向下俯角为 10°～15°。图 8.2 给出了锚杆倾角分别为 10°、11°、12°、13°、14°、15°时，组合台阶边坡的稳定性系数。从计算结果可知，随着支护倾角的增大，稳定性系数呈缓慢下降趋势，变化幅度较小。因此，推荐采用 10°支护倾角作为加固角度，此时锚杆对加强边坡稳定性发挥最大作用。

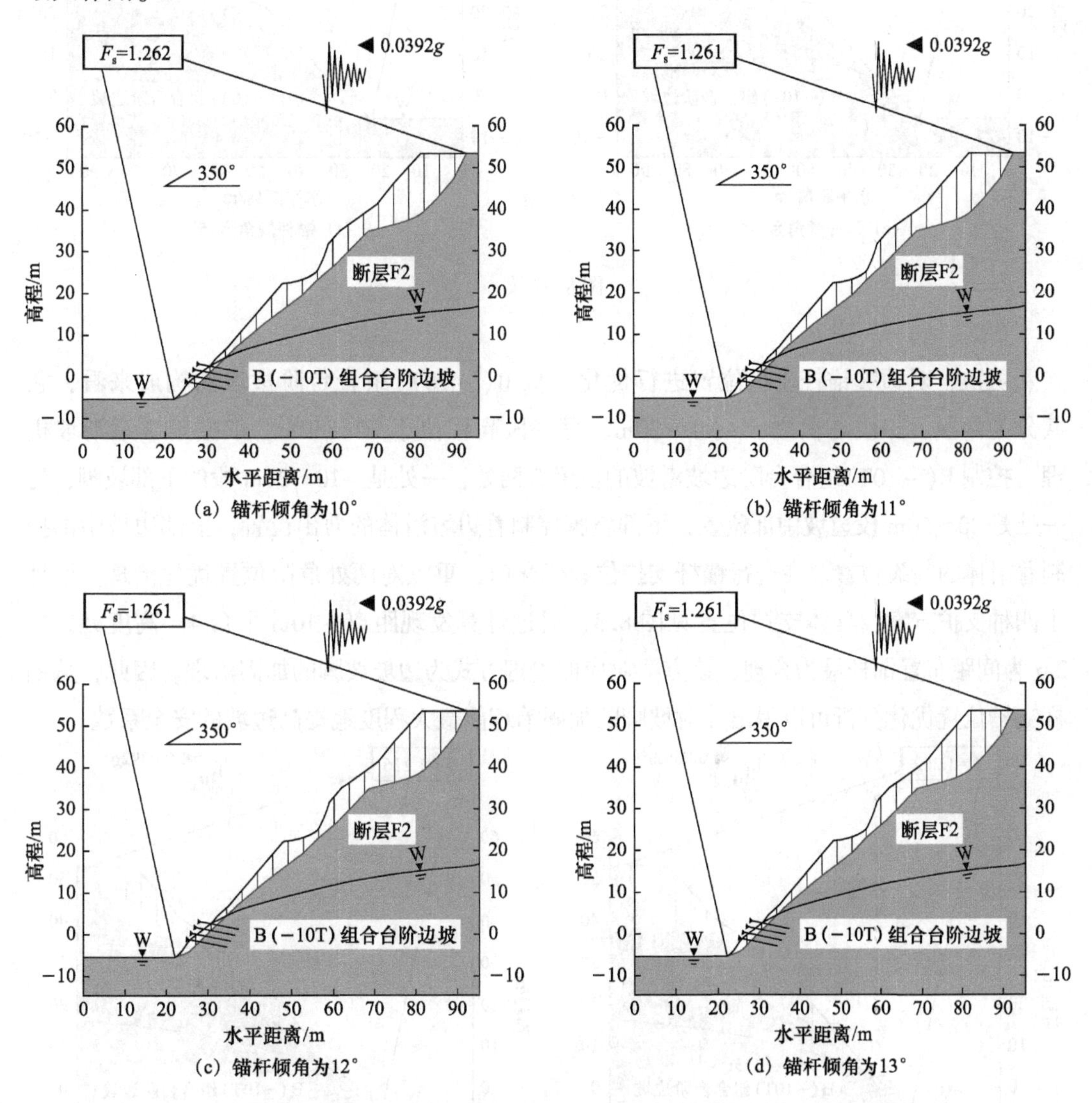

图 8.2 杨桃坞 B(－10T)组合台阶边坡稳定性与锚杆布置倾角关系计算模型及结果

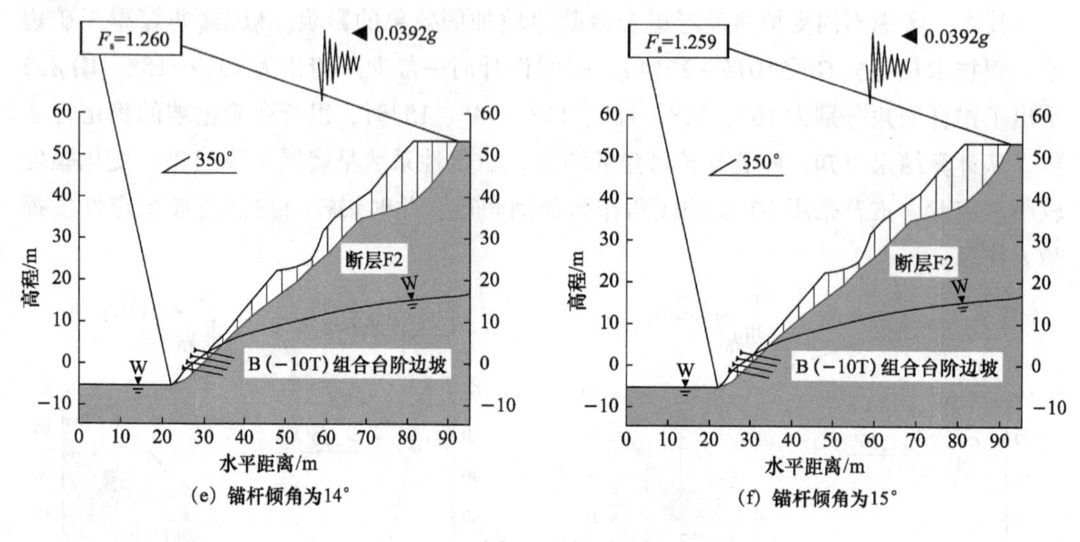

(e) 锚杆倾角为14°　(f) 锚杆倾角为15°

图 8.2(续)

再次，对边坡锚杆支护位置进行优化。从 B(-10T)组合台阶边坡的构成来看，它共分为两段，一段高程位于-10～20m、另一段高程位于 20～50m。依据第 7 章滑坡机理，控制 B(-10T)组合台阶边坡滑坡的位置有两处，一处是-10～20m 段的下部坡脚，另一处是 20～50m 段边坡中部位置，下部坡脚控制着边坡滑体的剪出位置，上部边坡中部控制着滑体的断裂位置。在进行锚杆支护位置优化时，重点对两处危险位置优化治理。设计了四种支护方案，具体支护位置见图 8.3，通过计算发现距离-10m 平台 4m 高度处，以 2m 为间距布置锚杆最为合理，该方案对应的治理方式为边坡坡脚的加固治理。因此，从锚杆支护位置优化分析可以得出，对坡脚的加固治理能最大程度地提高边坡的安全系数。

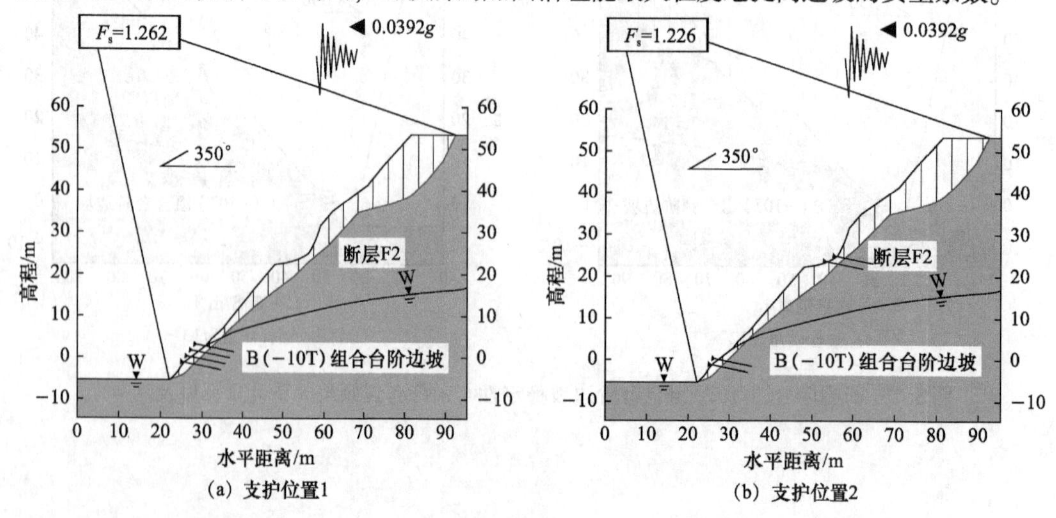

(a) 支护位置1　(b) 支护位置2

图 8.3　杨桃坞 B(-10T)组合台阶边坡稳定性与锚杆布置位置关系计算模型及结果

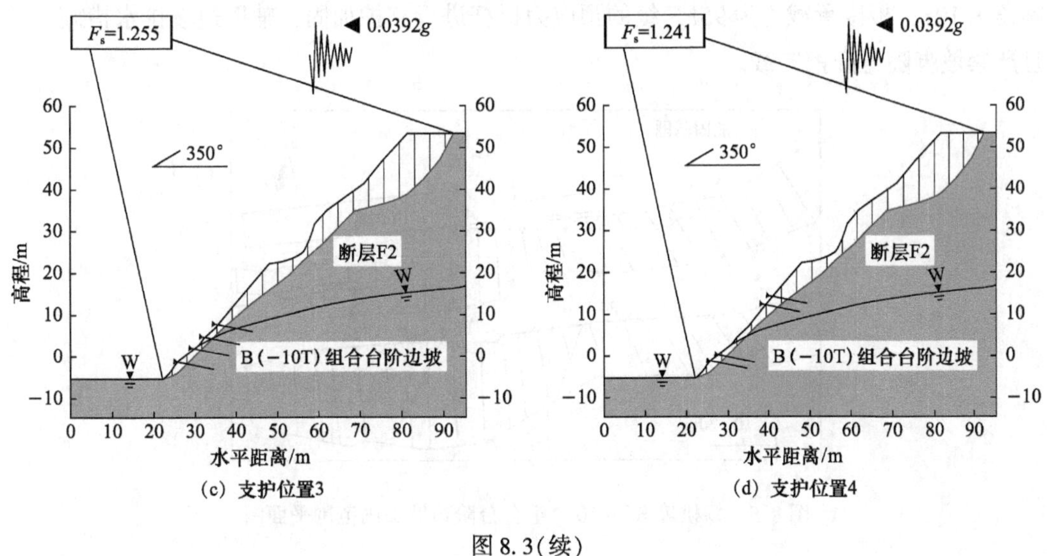

(c) 支护位置3　　(d) 支护位置4

图 8.3(续)

最后，讨论边坡稳定性与锚杆极限承载力的关系，如图 8.4 所示。当锚杆极限承载力达到 86.7kN 时，组合台阶边坡的稳定性系数为 1.250。因此，适当降低锚杆设计极限承载力的试算值，建议值为 95kN，此时边坡的稳定性系数为 1.258。

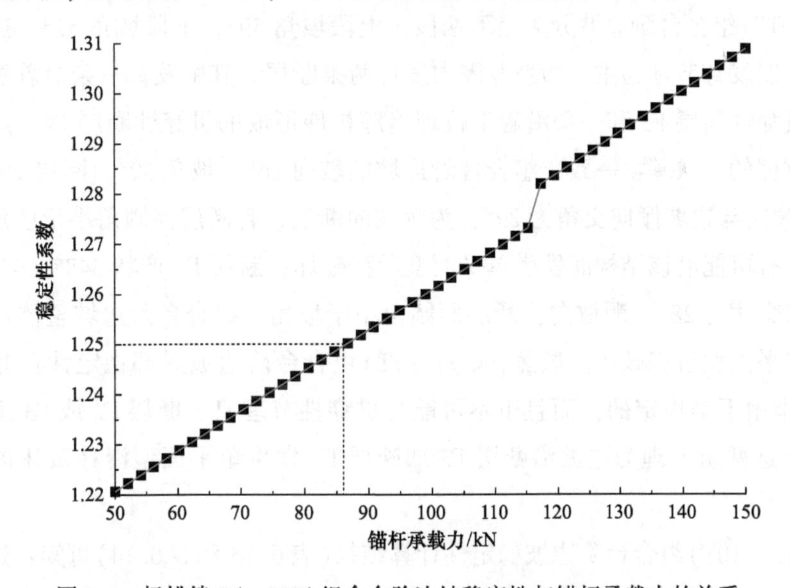

图 8.4　杨桃坞 B(−10T)组合台阶边坡稳定性与锚杆承载力的关系

对于杨桃坞 B(−10T)组合台阶边坡具体治理建议如下：如图 8.5 所示，在整个 B(−10T)组合台阶边坡范围内(*AB* 段，长约 20m)采用锚杆支护加固边坡。在距离 B(−10T)组合台阶边坡底部 4m 高的位置处采用 4 排支护长度为 5m，支护间距为 2m，倾角为10°，极限承载力为95kN级的预应力锚杆进行支护加固，辅助边坡排水措施，并且严禁坡脚随意开挖卸载。

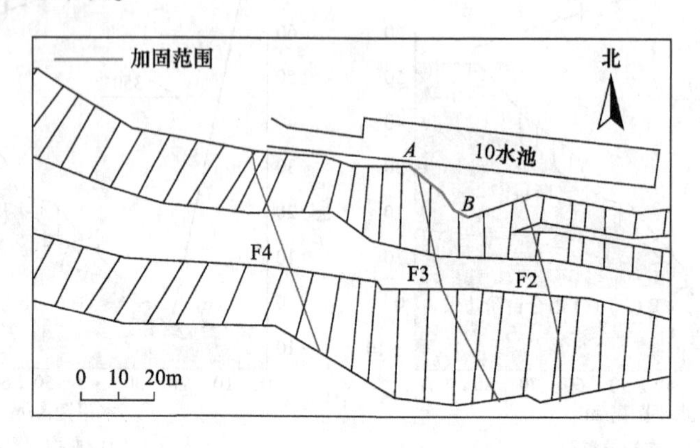

图8.5　杨桃坞B(－10T)组合台阶边坡加固范围平面图

8.2.3　C(－10T)组合台阶边坡

C(－10T)组合台阶边坡位于－10m平台西侧，边坡近东西走向，倾向北，长71m。该边坡总体边坡高61.9m，宽66m，坡向16°，坡角52°。由矿场计划开采形成的20m平台将C(－10T)组合台阶边坡分为上下两段，上段坡角59°，下段坡角51°。边坡主要出露千枚岩，以发育节理为主，边坡范围内发育两条断层，其中发育一条沿着板理追踪扩展形成的贯穿性断层F3和一条沿着千枚理追踪扩展形成的贯穿性断层F4，产状分别和板理、千枚理的产状基本一致，组合台阶边坡的坡向16°，坡角52°。断层F3产状347°∠42°，其倾向与边坡倾向交角为29°，为顺坡向断层，且断层面倾角小于坡角，组合台阶边坡整体有可能沿该结构面发生单平面型滑移破坏；断层F4产状348°∠41°，其倾向与边坡倾向交角为28°，顺坡向，断层面倾角小于坡角，组合台阶边坡整体可能沿该结构面发生单平面型滑移破坏。虽然，C(－10T)组合台阶边坡局部稳定性在非贯穿性节理J2、J3作用下是稳定的，而且也不可能与贯穿性节理J1、断层F2或F3组合形成楔体破坏，但这两组节理为边坡沿断层F3或断层F4发生单平面型滑移破坏提供了割离边界。

通过C(－10T)组合台阶边坡稳定性计算结果(表6.13和表6.14)可知：边坡在干燥状态条件下，除C1(－10T)组合台阶边坡“干燥＋自重＋爆破振动＋车辆荷载＋坡脚荷载”工况外其余稳定性系数均大于1.250，处于稳定状态。仅考虑饱和与爆破振动组合条件，边坡的稳定性系数大于1.150，说明边坡处于基本稳定状态。在考虑“饱和＋裂隙水＋自重”的情况下，边坡稳定性系数为1.202，处于基本稳定状态；但是在此基础上叠加爆破振动作用后，稳定性系数已经小于1.150，稳定性差。考虑受坡脚卸载和车辆荷载的影响时，边坡稳定性系数进一步减小，但大于 1.050，边坡稳定性差。因此，首先要严格控制爆破振动荷载并加强边坡坡面的排水处理，其次是防止坡脚的卸载，最后是对电动轮的载重进行控制。

鉴于杨桃坞 C(－10T)组合台阶边坡的稳定性可能会对 －10m 平台设置的永久性固定泵站的安全运行产生不利影响，建议应采取人工加固的方法，通过治理达到加固滑体的目的。经过现场调研和工程类比研究，建议对杨桃坞 C(－10T)组合台阶边坡采用预应力锚杆进行加固。

为安全起见，考虑爆破振动、车辆荷载造成的最不利影响，在设计 C(－10T)组合台阶边坡的加固方案时，考虑“饱和 + 裂隙水 + 自重 + 爆破振动 + 车辆荷载”等因素的影响。边坡存在两个潜在滑移面：板岩与千枚岩接触带断层滑移面，千枚岩断层滑移面。根据稳定性分析结果可知，极端工况条件下以千枚岩断层为潜在滑移面时边坡稳定性更差。因此，制订 C(－10T)组合台阶边坡治理方案时，重点考察以千枚岩断层为潜在滑移面的边坡稳定性。

根据《建筑边坡工程技术规范》(GB 50330—2013)、《水工建筑物水泥灌浆施工技术规范》(DL/T 5148—2021)，加固后安全系数应达到 1.25。

首先，在距离 C(－10T)组合台阶边坡底部 －10m 平台 2.3m 处采用若干排预应力锚杆进行支护试算，其锚固长度为 5m，支护间距为 1m，锚杆倾角为 10°，极限承载力为 220kN。记录锚杆的数量与边坡稳定性系数的关系，计算模型和结果如图 8.6 所示。计算剖面上锚杆个数增加到 10 根时，边坡稳定性系数为 1.261，大于 1.250，说明组合台阶边坡在最不利工况条件下处于稳定状态。

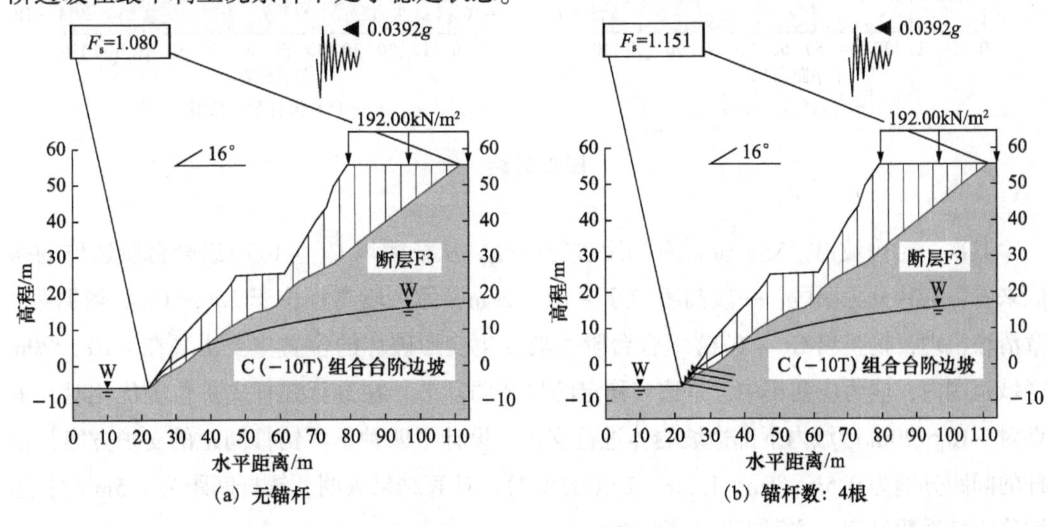

图 8.6　杨桃坞 C(－10T)组合台阶边坡稳定性与锚杆布置数量关系的计算模型及结果

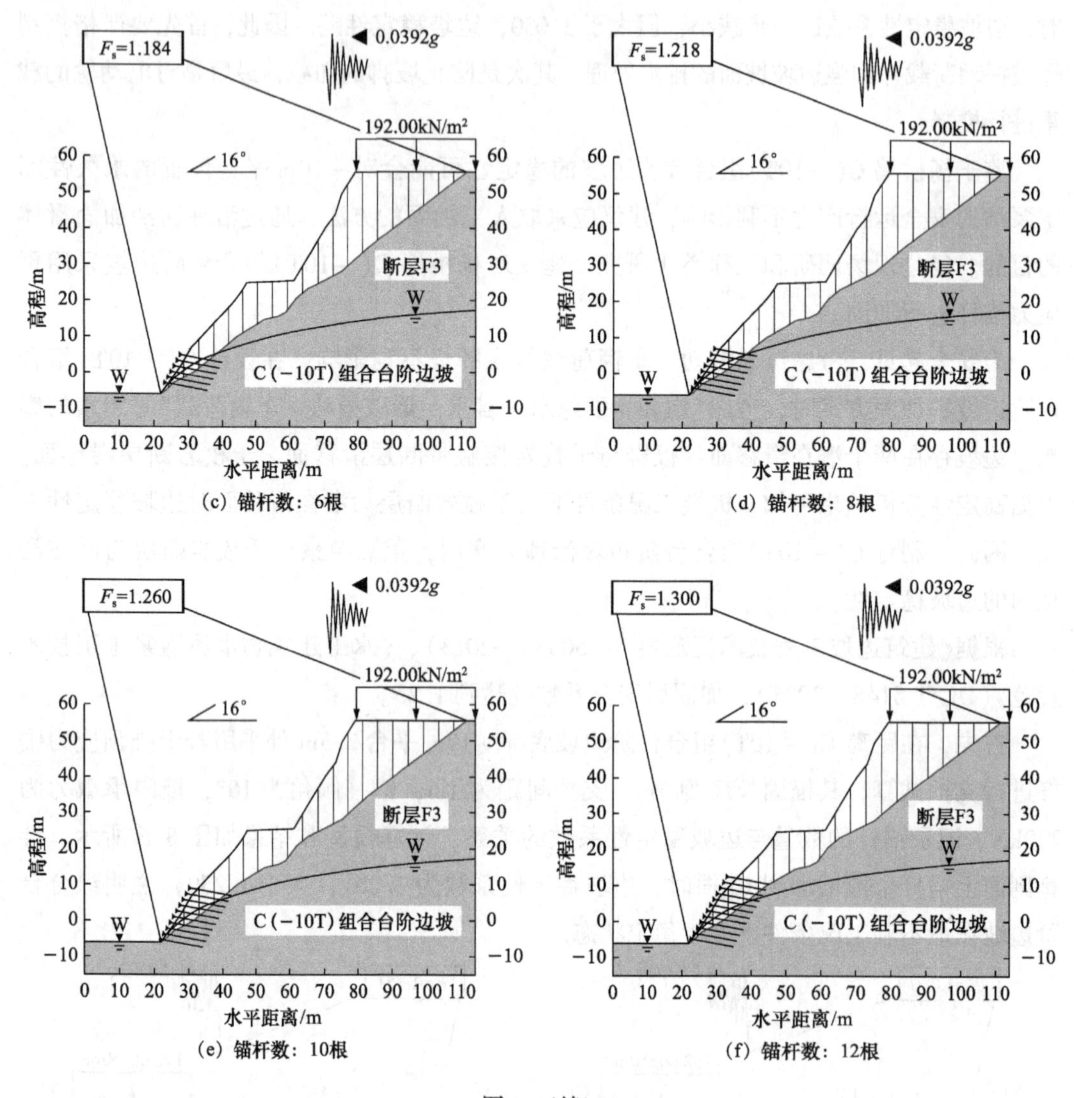

图 8.6(续)

其次，对边坡锚杆支护位置及间距进行优化。从杨桃坞 C(-10T)组合台阶边坡的构成来看，它共分为两段：一段高程位于 -10～20m，另一段高程位于 20～50m。依据第 7 章滑坡机理，杨桃坞 C(-10T)组合台阶边坡发生变形破坏的位置主要出现在 -10～20m 区域范围内，应力应变集中，是边坡稳定的最薄弱环节。在进行锚杆支护位置优化时，重点对 -10～20m 区域内下部边坡岩体进行支护。设计了四种不同锚杆间距的支护方案，锚杆的间距分别为 0.5m、1m、1.5m、2m(图 8.7)。计算结果表明，锚杆间距为 1.5m 时，边坡稳定性系数最高，该间距为推荐方案。

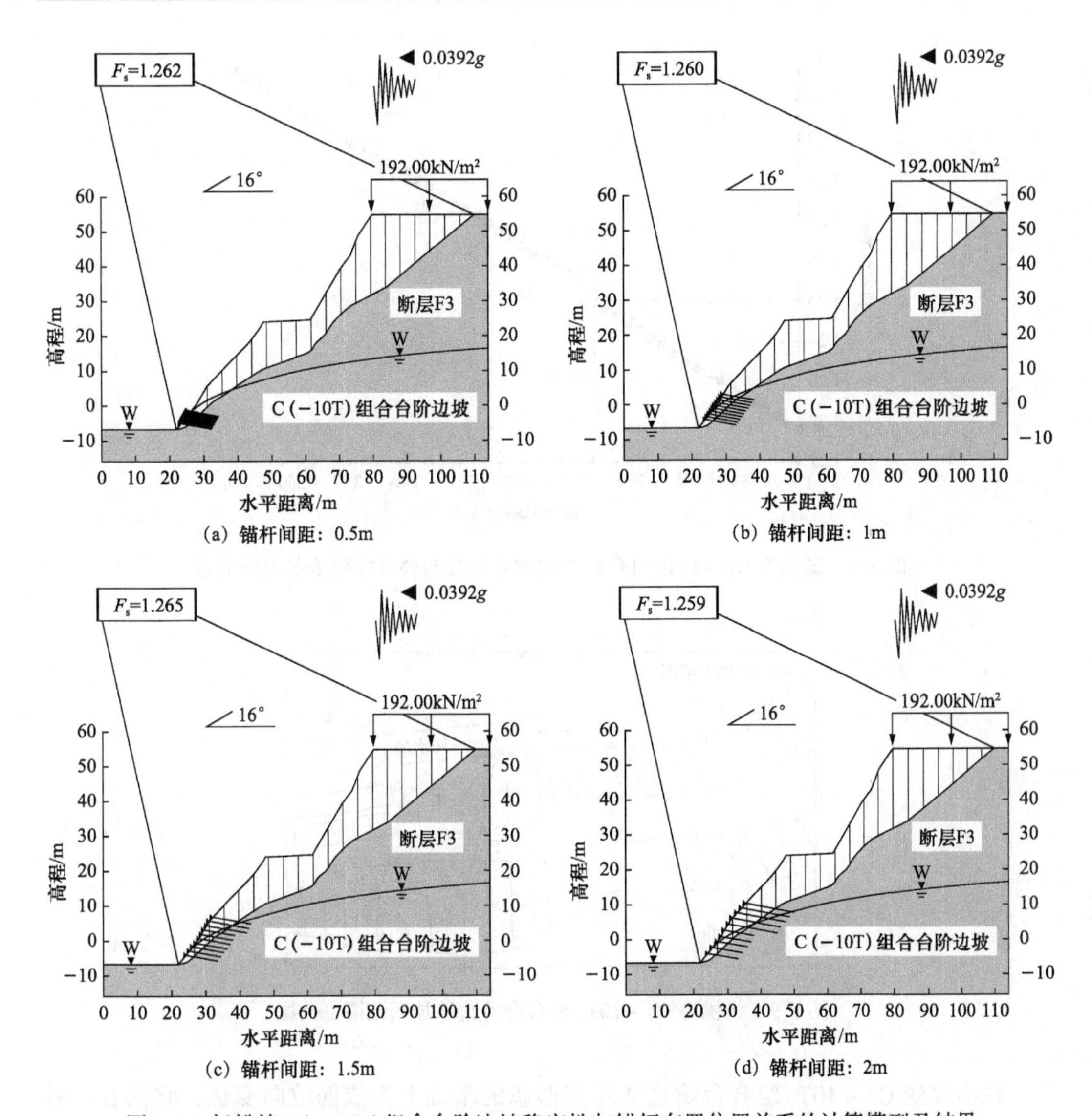

图 8.7　杨桃坞 C(−10T)组合台阶边坡稳定性与锚杆布置位置关系的计算模型及结果

最后，进行边坡稳定性与锚杆极限承载力的敏感性分析，如图 8.8 所示。当锚杆极限承载力达到 206.8kN 时，组合台阶边坡的稳定性系数为 1.25。因此，适当降低锚杆设计极限承载力的试算值，建议值为 210kN，此时边坡的稳定性系数为 1.255。

杨桃坞 C(−10T)组合台阶边坡的加固范围取决于边坡自身的稳定性条件。以边坡在最不利工况条件下，稳定性系数应达到 1.25 以上为界限，设定加固范围。根据杨桃坞边坡工程地质平面图(图 8.9)，结合 B(−10T)组合台阶边坡已经发生了两期滑动，其边界 *D* 点可作为 C(−10T)组合台阶边坡的东侧边界，坡向开始基本保持不变，但坡向在 *C* 点发生了突变，坡向相差 13°，边坡更趋于稳定，需要对边坡进行稳定性分析。

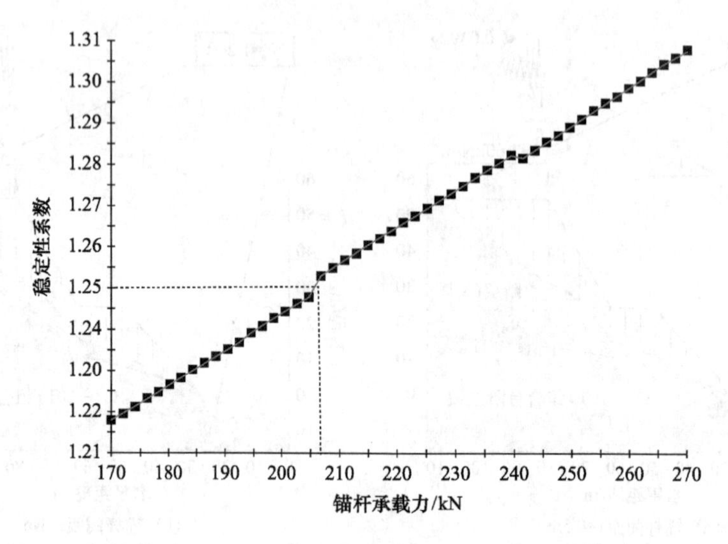

图 8.8　杨桃坞 C(-10T)组合台阶边坡稳定性与锚杆极限承载力的关系

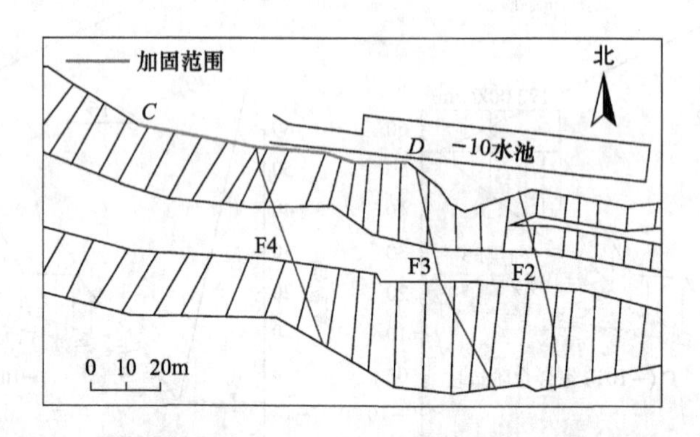

图 8.9　杨桃坞 C(-10T)组合台阶边坡加固范围平面图

在不改变 C(-10T)组合台阶边坡几何形态的基础上，依据坡向变化，将潜在滑移面倾角进行转换，真倾角与视倾角按式(8.1)换算(图 8.10)：

$$\tan\beta = \tan\alpha \cdot \cos\omega \tag{8.1}$$

式中：β 为视倾角；α 为真倾角；ω 为坡向与倾向夹角。

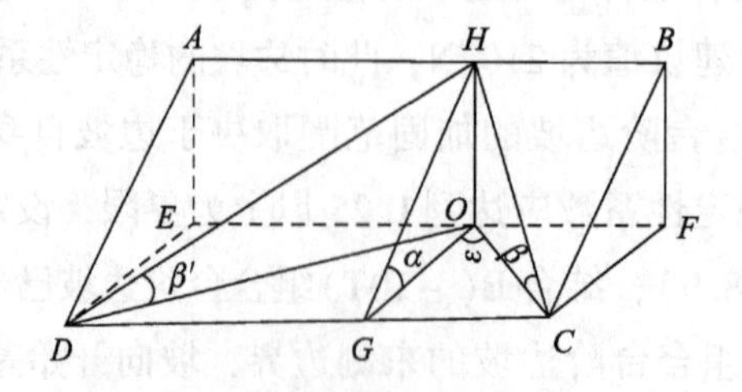

图 8.10　真倾角与视倾角的关系

C(-10T)组合台阶边坡西侧 A 点的计算模型如图 8.11 所示，在“饱和 + 裂隙水 + 自重 + 爆破振动 + 车辆荷载”工况条件下，边坡的稳定性系数为 1.312，此时稳定性系数达到 1.250 以上，因此，A 点为加固范围的西侧边界。

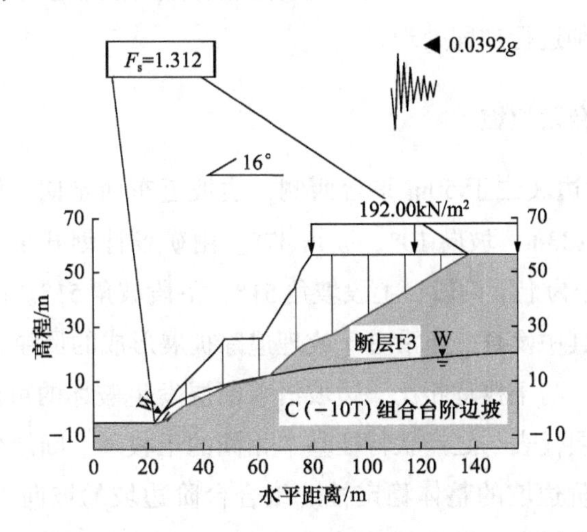

图 8.11　C(-10T)组合台阶边坡西侧边界计算模型

对于杨桃坞 C(-10T)组合台阶边坡具体治理建议如下：在距离组合台阶边坡底部 -10m 平台 2.3m 处，采用 10 排支护长度为 5m、支护间距为 1.5m、倾角为 10°、极限承载力为 210kN 级的预应力锚杆进行支护加固，加固范围约 69.5m(图 8.9)，加固范围内辅助边坡排水措施，并且严禁坡脚随意开挖卸载。

8.2.4　A(50T)组合台阶边坡

A(50T)组合台阶边坡位于 50m 平台东侧，边坡近东西走向，倾向北。该边坡总体边坡平均高度 41m，宽度 70m，坡向 17°，坡角 49°。由矿场计划开采形成的 80m 平台将 A(50T)组合台阶边坡分为上下两段，上段坡角 50°，下段坡角 58°。边坡主要出露板岩，以发育节理为主，发育一条沿着板理追踪扩展形成的贯穿性断层 F5，其产状和板理的产状基本一致。组合台阶边坡的坡向 17°，坡角 49°。断层 F5 产状 345°∠62°，其倾向与边坡倾向交角为 32°，倾向坡外，但断层面倾角大于坡角，故组合台阶边坡在该结构面作用下整体是稳定的；节理 J1 产状 103°∠86°，其倾向与边坡倾向交角为 86°，倾向坡内，故 A(50T)组合台阶边坡在节理 J1 作用下是稳定的。由此可见，A(50T)组合台阶边坡整体稳定性较好。此外，节理 J2 产状 284°∠76°，其倾向与边坡倾向交角为 92°，倾向坡内，故组合台阶边坡在节理 J2 作用下是稳定的；节理 J4 产状 359°∠75°，其倾向与边坡倾向交角为 23°，顺坡向，节理面倾角大于坡角，故组合台阶边坡在节理 J4 作用下是稳定的；节理 J3 产状 85°∠79°，其倾向与边坡倾向交角为 69°，倾向坡外，节理面倾角大于坡角，故组合台阶边坡在节理 J3 作用下是稳定的。由此可见，A(50T)组合台阶边坡局部稳定性也较好。

综上，根据本矿山边坡的现场调查以及稳定性分析评价，该组合台阶边坡整体和局部稳定性均较好，无须进行加固处理。

8.2.5 B(50T)组合台阶边坡

B(50T)组合台阶边坡位于 50m 平台西侧，边坡近东西走向，倾向北。该边坡总体边坡高度 57m，宽度 133m，坡向 10°，坡角 47°。由矿场计划开采形成的 80m 平台将 B(50T)组合台阶边坡分为上下两段，上段坡角 51°，下段坡角 51°。B(50T)组合台阶边坡范围内千枚理发育，其中发育一条沿着千枚理追踪扩展形成的贯穿性断层 F6，产状和千枚理的产状基本一致。与千枚理相比，边坡沿着断层发生破坏的可能性更大。因此，赤平投影分析时，用断层代表与之产状特征基本相同的千枚理。断层作为该边坡的贯穿性结构面，控制组合台阶边坡的整体稳定性。组合台阶边坡的坡向 10°，坡角 47°。断层 F6 产状 333°∠41°，其倾向与边坡倾向交角为 37°，倾向坡外，断层面倾角小于坡角，组合台阶边坡整体有可能沿该结构面发生单平面型滑移破坏。同时，边坡发育一组贯穿性节理 J1，节理 J1 产状 103°∠86°，其倾向与边坡倾向交角为 93°，倾向坡内。虽然，组合台阶边坡在贯穿性节理 J1 作用下是稳定的，但该垂直贯穿节理可为组合台阶边坡整体发生单平面型滑移破坏提供割离边界。节理 J2 产状 284°∠76°，其倾向与边坡倾向交角为 86°，倾向坡内，故组合台阶边坡上段在节理 J2 作用下是稳定的；节理 J4 产状 359°∠75°，其倾向与边坡倾向交角为 11°，顺坡向，节理面倾角大于坡角，故组合台阶边坡上段在节理 J4 作用下是稳定的；节理 J3 产状 94°∠65°，其倾向与边坡倾向交角为 84°，倾向坡外，节理面倾角大于坡角，故组合台阶边坡上段在节理 J3 作用下是稳定的。组合台阶边坡局部稳定性与组合台阶边坡整体稳定性相似，即很有可能沿断层 F6 发生单平面型滑移破坏。

通过 B(50T)组合台阶边坡稳定性计算结果(表 6.16)可知：B(50T)组合台阶边坡在干燥工况条件下，稳定性系数均大于 1.25，处于稳定状态。在饱和、饱和 + 裂隙水工况条件下，稳定性系数大于 1.15，边坡处于基本稳定状态，在此基础上进一步叠加爆破振动、车辆荷载作用时，边坡稳定性系数已经小于 1.15，说明 B(50T)组合台阶边坡稳定性此时已经变差。因此，B(50T)组合台阶边坡治理的关键在于控制爆破振动的干扰，对电动轮的载重控制，在此基础上，进一步改善排水措施。

鉴于杨桃坞 B(50T)组合台阶边坡的稳定性可能会对 -10m 组合台阶边坡的稳定性造成影响，同时也威胁到了 -10m 平台设置的永久性固定泵站的安全运行。因此，需要对该不稳定区段进行加固处理。目前露天矿山采用的加固方法一般有抗滑桩、金属锚杆、锚索、压力灌浆、混凝土护坡和喷浆防渗等。经过现场调研和工程类比研究，建议对杨桃坞 B(50T)组合台阶边坡采用预应力锚杆进行加固。

为安全起见，考虑爆破振动、车辆荷载造成的最不利影响，对 B(50T)组合台阶边坡在“饱和＋裂隙水＋自重＋爆破振动＋车辆荷载”工况条件下进行边坡加固方案设计。根据《建筑边坡工程技术规范》(GB 50330—2013)、《水工建筑物水泥灌浆施工技术规范》(DL/T 5148—2021)，加固后安全系数应达到 1.25。

首先，在距离 B(50T)组合台阶边坡底部 50m 平台 3m 处采用若干排预应力锚杆进行支护试算，其锚固长度为 5m，支护间距为 1.5m，锚杆倾角为 10°，极限承载力为 200kN。记录锚杆的数量与边坡稳定性系数的关系，计算模型和结果如图 8.12 所示。计算剖面上锚杆个数增加到 9 根时，边坡稳定性系数为 1.251，大于 1.25，说明组合台阶边坡在最不利工况条件下处于稳定状态。

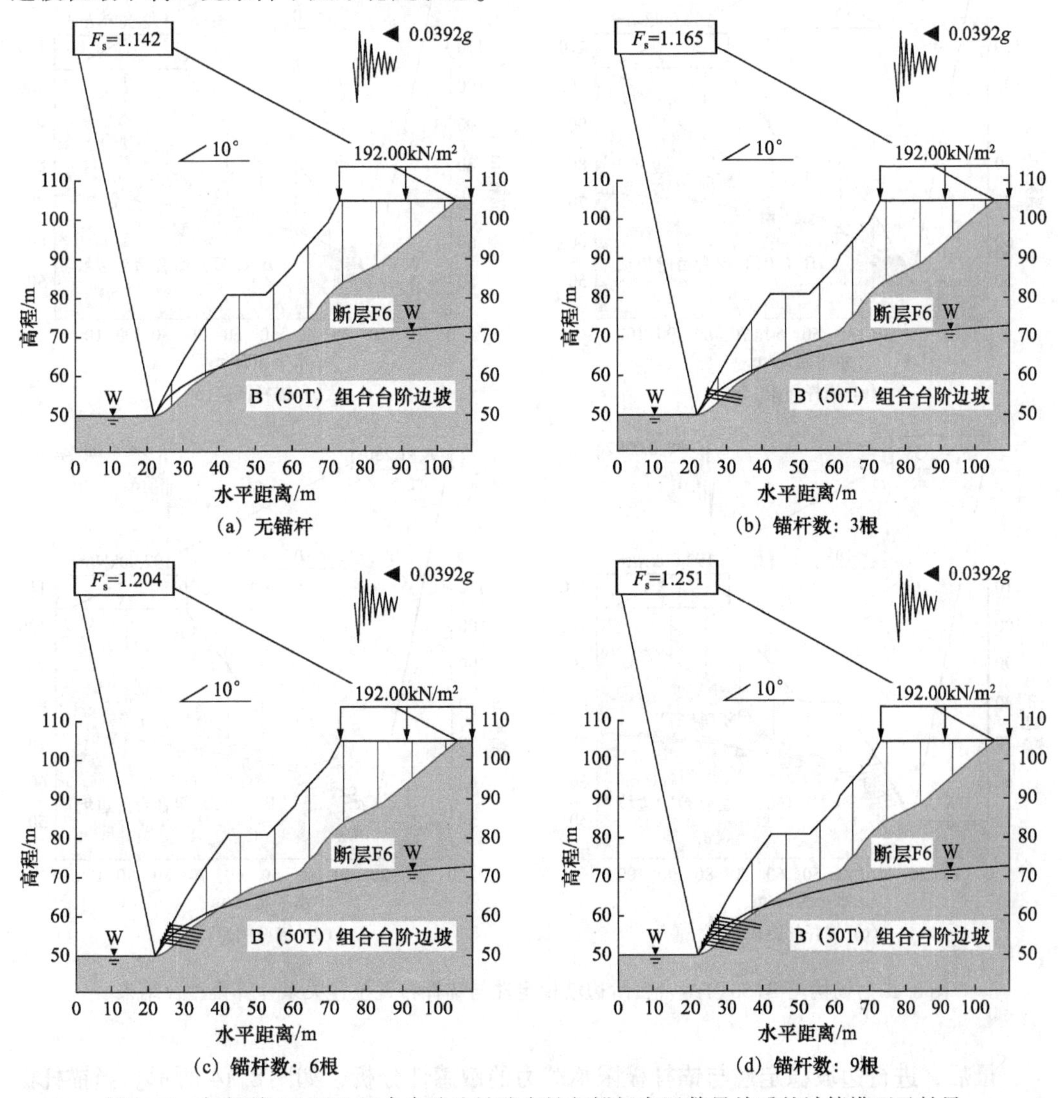

图 8.12　杨桃坞 B(50T)组合台阶边坡稳定性与锚杆布置数量关系的计算模型及结果

其次，对边坡锚杆支护位置及间距进行优化。从杨桃坞 B(50T)组合台阶边坡的构成来看，它共分为两段：一段高程位于 50～80m，另一段高程位于 80～110m。依据第 7 章滑坡机理，B(50T)组合台阶边坡的较大变形主要出现在 50～80m 区域范围内，坡脚应力、应变集中，坡脚的稳定性决定了整个组合台阶边坡的稳定性。因此，在进行锚杆支护位置优化时，重点对 50～80m 区域内岩体进行支护。为此，设计了四种不同锚杆间距的支护方案，锚杆的间距分别为 0. 5m、1m、1. 5m、2m(图 8. 13)。计算结果表明，锚杆间距为 0. 5m 时，边坡稳定性系数最高，该间距为推荐方案。

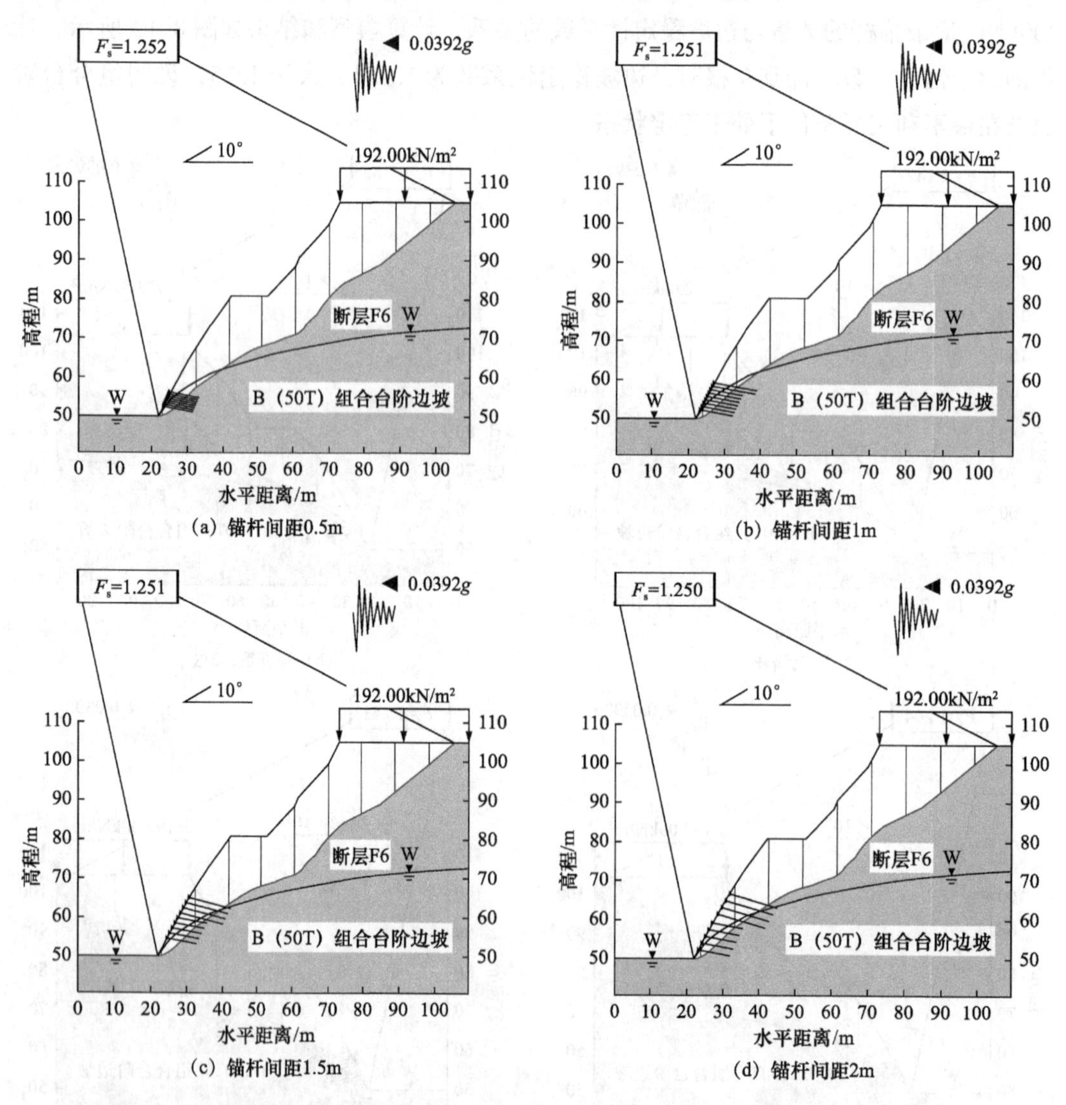

图 8. 13 杨桃坞 B(50T)组合台阶边坡稳定性与锚杆布置位置关系计算模型及结果

最后，进行边坡稳定性与锚杆极限承载力的敏感性分析，如图 8. 14 所示。当锚杆极限承载力达到 198.0kN 时，组合台阶边坡的稳定性系数为 1.250。因此，适当降低锚杆设计极限承载力的试算值，建议值为 200kN，此时边坡的稳定性系数为 1.252。

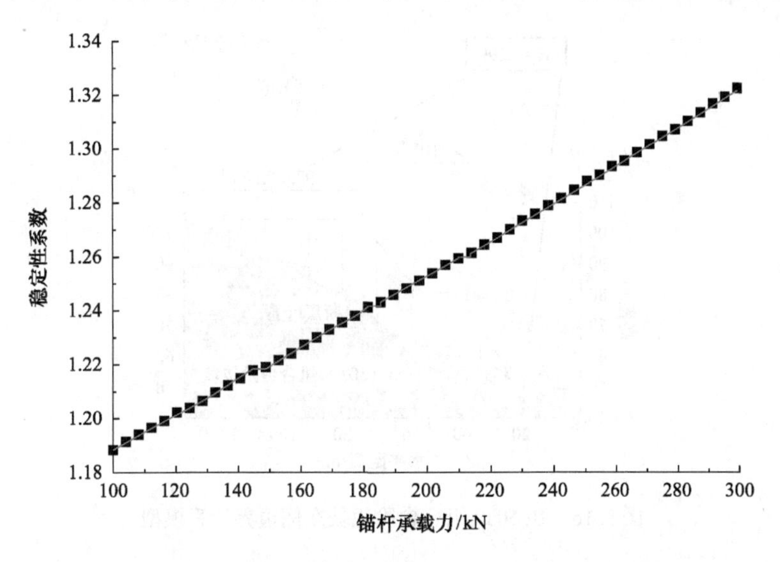

图 8.14　杨桃坞 B(10T)组合台阶边坡稳定性与锚杆极限承载力的关系

杨桃坞 B(50T)组合台阶边坡的加固范围取决于边坡自身的稳定性条件。以边坡在最危险工况条件下，稳定性系数应达到 1.25 以上为界限，设定加固范围。结合杨桃坞边坡工程地质平面图(图 8.15)，B(50T)组合台阶边坡的坡向自西侧边界 F 点往东逐渐变化，处于 E 点时边坡坡向相差 14°，边坡更趋于稳定，需要对边坡进行稳定性分析。

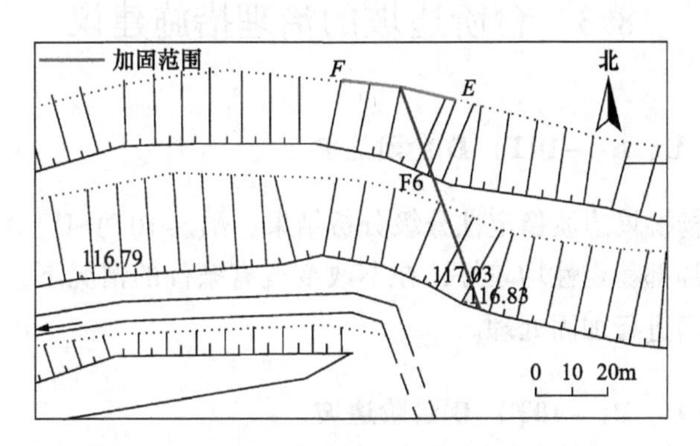

图 8.15　杨桃坞 B(50T)组合台阶边坡加固范围平面图

在不改变 B(50T)组合台阶边坡几何形态的基础上，依据坡向变化，将潜在滑移面倾角进行转换，真倾角与视倾角转换按式(8.1)计算。

B(50T)组合台阶边坡东侧 E 点的计算模型如图 8.16 所示，在“饱水 + 裂隙水 + 自重+爆破振动+车辆荷载”工况条件下，边坡的稳定性系数为1.299，此时稳定性系数达到1.250以上，因此E点为加固范围的东侧边界。

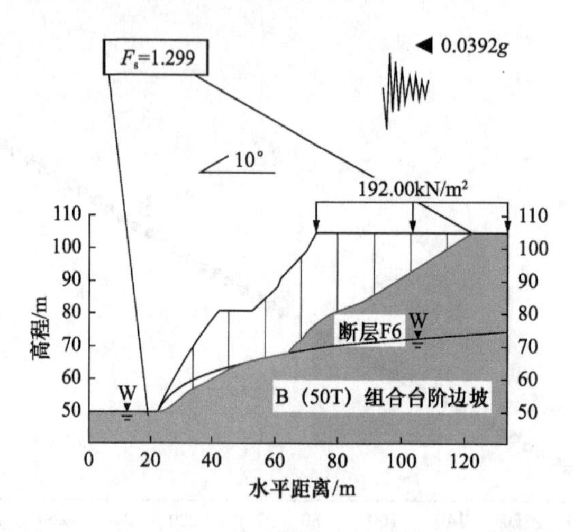

图8.16　B(50T)组合台阶边坡东侧边界计算模型

对于杨桃坞B(50T)组合台阶边坡具体治理建议如下：采用锚杆作为治理手段，在距离组合台阶边坡底部50m平台3m处，采用9排支护长度为5m、支护间距为0.5m、倾角为10°、极限承载力为200kN级的预应力锚杆进行支护加固，加固范围约31.6m(图8.15)，辅助边坡排水措施，并且严禁坡脚随意开挖卸载。

8.3　台阶边坡的治理措施建议

8.3.1　A(−10T)-U、A(−10T)-D台阶边坡

依据第4章中杨桃坞边坡稳定性分级分析结果，A(−10T)-U、A(−10T)-D台阶边坡的整体稳定性与局部稳定性均较好，在不改变现有条件的情况下，台阶边坡不会发生失稳破坏，无须专门进行加固处理。

8.3.2　B(−10T)-U、B(−10T)-D台阶边坡

先后两期历史滑坡发生后，B(−10T)-U、B(−10T)-D台阶边坡处于稳定状态，在不改变现有条件的情况下，台阶边坡不会发生失稳破坏，无须专门进行加固处理。

8.3.3　C(−10T)-U、C(−10T)-D台阶边坡

根据杨桃坞边坡稳定性等精度评价结果(表6.18、表6.19、表6.21、表6.22)：

C1(-10T)-U台阶边坡在“干燥+自重”工况条件下，稳定性系数大于1.25，处于稳定状态；在此基础上考虑爆破振动、车辆荷载的影响，边坡的稳定性系数大于1.15，说明边坡处于基本稳定状态。在“饱和+自重”工况下，边坡的稳定性系数大于1.15，说明边坡处于基本稳定状态；然而，继续受爆破振动、车辆荷载的影响时，稳定性系数已经小于1.15，说明C1(-10T)-U边坡稳定性差。C2(-10T)-U的稳定性与C1(-10T)-U台阶边坡类似，最不利工况组合条件下边坡稳定性差，但总体而言，C2(-10T)-U台阶边坡稳定性好于C1(-10T)-U台阶边坡。

C1(-10T)-D台阶边坡、C2(-10T)-D台阶边坡在不同工况条件下，稳定性系数均大于1.25，处于稳定状态，在不改变现有条件的情况下，台阶边坡不会发生失稳破坏，无须专门进行加固处理。

为安全起见，考虑爆破振动、车辆荷载造成的最不利影响，对C1(-10T)-U台阶边坡在“饱和+自重+爆破振动+车辆荷载”工况条件下进行边坡加固方案设计。根据《建筑边坡工程技术规范》(GB 50330—2013)、《水工建筑物水泥灌浆施工技术规范》(DL/T 5148—2021)，加固后边坡安全系数应达到1.25。

首先，在距离20m平台2.5m处采用若干排预应力锚杆进行支护试算，其锚固长度为5m，支护间距为1m，锚杆倾角为10°，极限承载力为200kN。记录锚杆的数量与边坡稳定性系数的关系，计算模型和结果如图8.17所示。计算剖面上锚杆个数增加到9根时，边坡稳定性系数为1.251，大于1.250，说明台阶边坡在最不利工况条件下处于稳定状态。

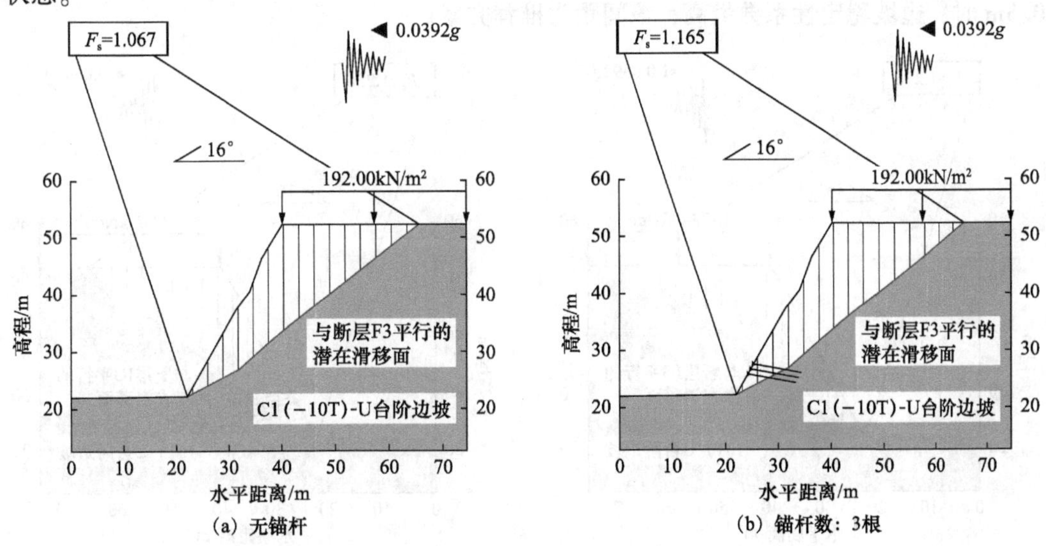

图8.17　杨桃坞C1(-10T)-U台阶边坡稳定性与锚杆布置数量关系的计算模型及结果

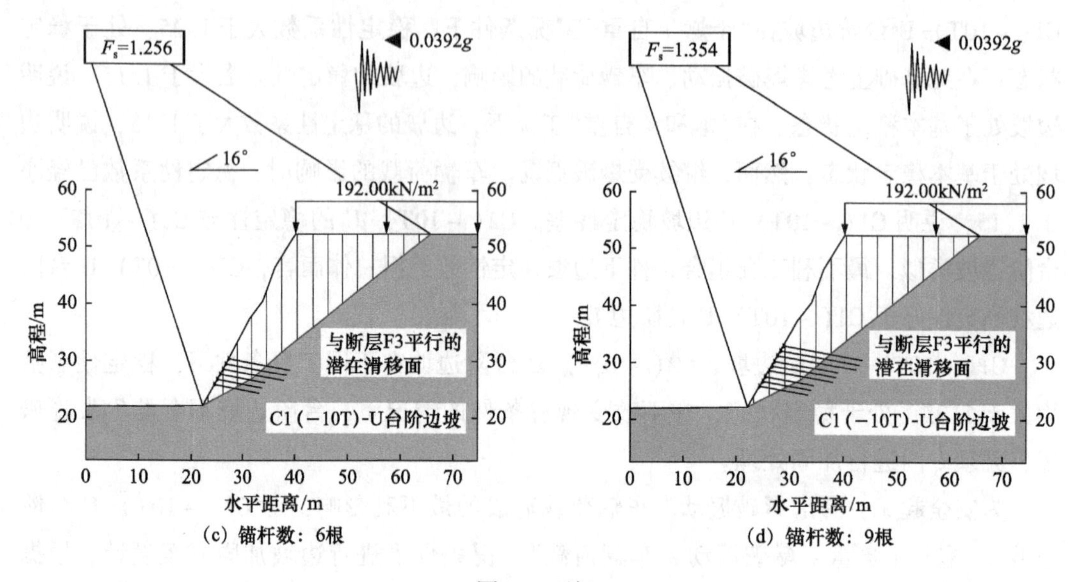

图 8.17(续)

其次，对边坡锚杆支护位置及间距进行优化。在第 7 章滑坡机理角度分析得知，C1(−10T)-U 台阶边坡的较大变形主要出现在台阶边坡的中下部区域范围内，坡脚应力、应变集中，坡脚的稳定性决定了整个台阶边坡的稳定性。因此，在进行锚杆支护位置优化时，重点对 20～35m 区域内岩体进行支护。为此，设计了四种不同锚杆间距的支护方案，锚杆的间距分别为 0.5m、1m、1.5m、2m(图 8.18)。计算结果表明，锚杆间距为 0.5m 时，边坡稳定性系数最高，该间距为推荐方案。

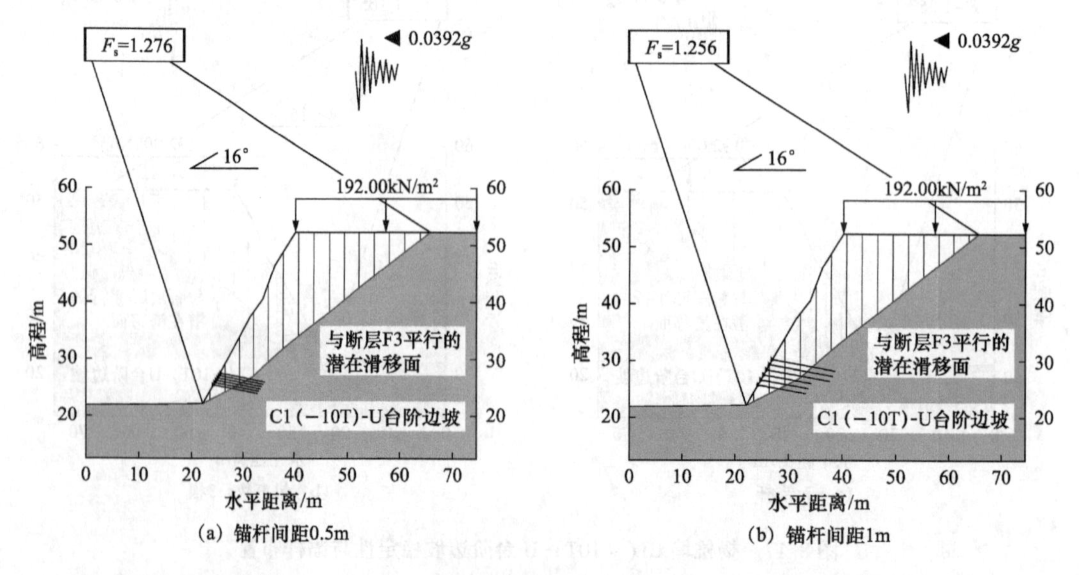

图 8.18 杨桃坞 C1(−10T)-U 台阶边坡稳定性与锚杆布置位置关系计算模型及结果

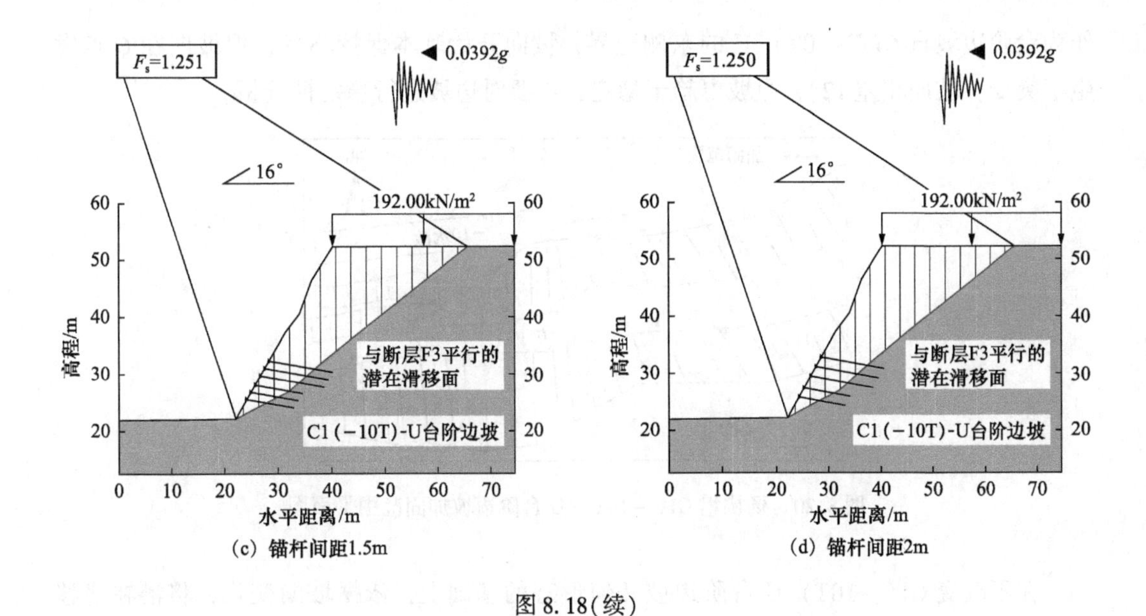

(c) 锚杆间距1.5m　　(d) 锚杆间距2m

图 8.18(续)

最后，进行边坡稳定性与锚杆极限承载力的敏感性分析，如图 8.19 所示。当锚杆极限承载力达到 181.0kN 时，台阶边坡的稳定性系数为 1.250。因此，适当降低锚杆设计极限承载力的试算值，建议值为 185kN，此时边坡的稳定性系数为 1.258。

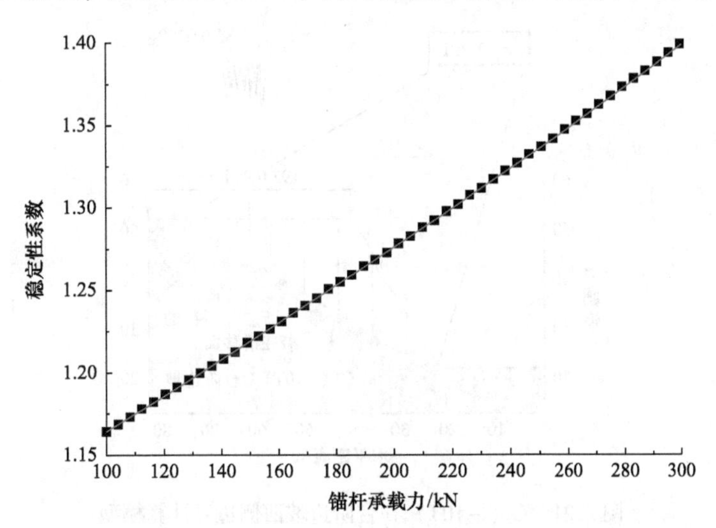

图 8.19　杨桃坞 C1(−10T)-U 台阶边坡稳定性与锚杆极限承载力的关系

杨桃坞 C1(−10T)-U 台阶边坡的加固范围取决于边坡自身的稳定性条件。以边坡在最不利工况条件下，稳定性系数应达到 1.25 以上为界限，设定加固范围。结合杨桃坞边坡工程地质平面图(图 8.20)，B(−10T)组合台阶边坡已经发生了两期滑动，*H* 点可作为台阶边坡自 C1(-10T)-U 的东侧边界，坡向开始基本保持不变，但坡向在 G 点发生了突变，坡向相差 12°，边坡更趋于稳定，需要对边坡进行稳定性分析。

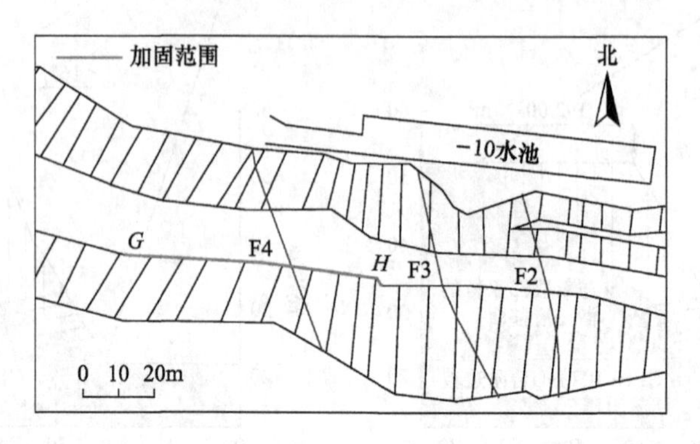

图 8.20　杨桃坞 C1(-10T)-U 台阶边坡加固范围平面图

在不改变 C1(-10T)-U 台阶边坡几何形态的基础上，依据坡向变化，将潜在滑移面倾角进行转换，真倾角与视倾角转换按式(8.1)计算。

C1(-10T)-U 台阶边坡西侧 G 点的计算模型如图 8.21 所示，在“饱水 + 自重 + 爆破振动 + 车辆荷载”工况条件下，边坡的稳定性系数为 1.291，此时稳定性系数达到 1.25 以上。因此，G 点为加固范围的西侧边界。

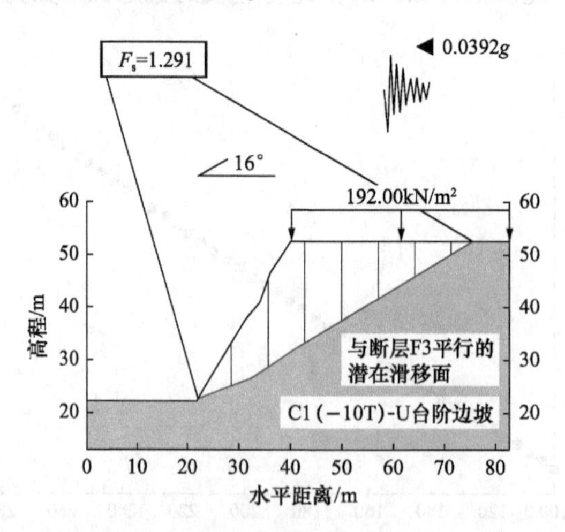

图 8.21　C1(-10T)-U 台阶边坡西侧边界计算模型

对于杨桃坞 C1(-10T)-U 台阶边坡具体治理建议如下：采用锚杆作为治理手段，在距离台阶边坡底部 2.5m 处，采用 6 排支护长度为 5m、支护间距为 0.5m、倾角为 10°、极限承载力为 185kN 级的预应力锚杆进行支护加固，加固范围约 69m(图 8.20)，辅助边坡排水措施，并且严禁坡脚随意开挖卸载。

8.3.4　A(50T)-U、A(50T)-D 台阶边坡

依据第 4 章中杨桃坞多级边坡稳定性分级分析结果，A(50T)-U、A(50T)-D 台阶边坡的整体稳定性与局部稳定性均较好，在不改变现有条件的情况下，台阶边坡不会发生失稳破坏，无须加固处理。

8.3.5　B(50T)-U、B(50T)-D 台阶边坡

根据杨桃坞多级边坡稳定性等精度评价结果(表 6.24 和表 6.25)：B(50T)-U 台阶边坡在干燥、爆破振动、车辆荷载组合工况条件下，稳定性系数均大于 1.25，台阶边坡处于稳定状态。在“饱和 + 自重”工况下，稳定性系数也大于 1.25，台阶边坡处于稳定状态。在饱和与爆破振动组合工况条件下，边坡的稳定性系数大于 1.15，说明边坡处于基本稳定状态；然而，继续受车辆荷载的影响时，稳定性系数已经小于 1.15，说明 B(50T)-U 边坡稳定性已经变差。由此可见，B(50T)-U 台阶边坡治理的关键在于控制爆破振动的干扰，对电动轮的载重控制，在此基础上，进一步改善排水措施。

B(50T)-D 台阶边坡在不同工况条件下，稳定性系数均大于 1.25，处于稳定状态，在不改变现有条件的情况下，台阶边坡不会发生失稳破坏，无须专门进行加固处理。下面将介绍台阶边坡 B(50T)-U 的加固措施建议。

为安全起见，考虑爆破振动、车辆荷载造成的最不利影响，对 B(50T)-U 台阶边坡在“饱和 + 自重 + 爆破振动 + 车辆荷载”工况条件下进行边坡加固方案设计。本次设计根据《建筑边坡工程技术规范》(GB 50330—2013)、《水工建筑物水泥灌浆施工技术规范》(DL/T 5148—2021)以及杨桃坞 B(50T)-U 台阶边坡稳定性分析结果，按加固后安全系数应达到 1.25 进行设计。

首先，在距离 B(50T)-U 台阶边坡底部 3m 处，采用若干排支护锚固长度为 5m，支护间距为 1.0m，锚杆倾角为 10°，极限承载力为 100kN 级的预应力锚杆进行支护试算。记录锚杆的数量与边坡稳定性系数的大小关系，计算模型如图 8.22 所示。计算剖面上锚杆个数增加到 5 根时，边坡稳定性系数为 1.254，大于 1.250，台阶边坡在最不利工况条件下处于稳定状态。

其次，对边坡锚杆支护位置及间距进行优化。在第 7 章滑坡机理角度分析得知，C1(-10T)-U 台阶边坡的较大变形主要出现在台阶边坡的中下部区域范围内，坡脚应力、应变集中，与 C1(-10T)-U 台阶边坡的变形类似，B(50T)-U 坡脚的稳定性决定了整个台阶边坡的稳定性。因此，在进行锚杆支护位置优化时，重点对 80～95m 区域内岩体进行支护。为此，设计了四种不同锚杆间距的支护方案，锚杆的间距分别为 0.5m、1m、1.5m、2m(图 8.23)。计算结果表明，锚杆间距为 0.5m 时，边坡稳定性系数最高，该间距为推荐方案。

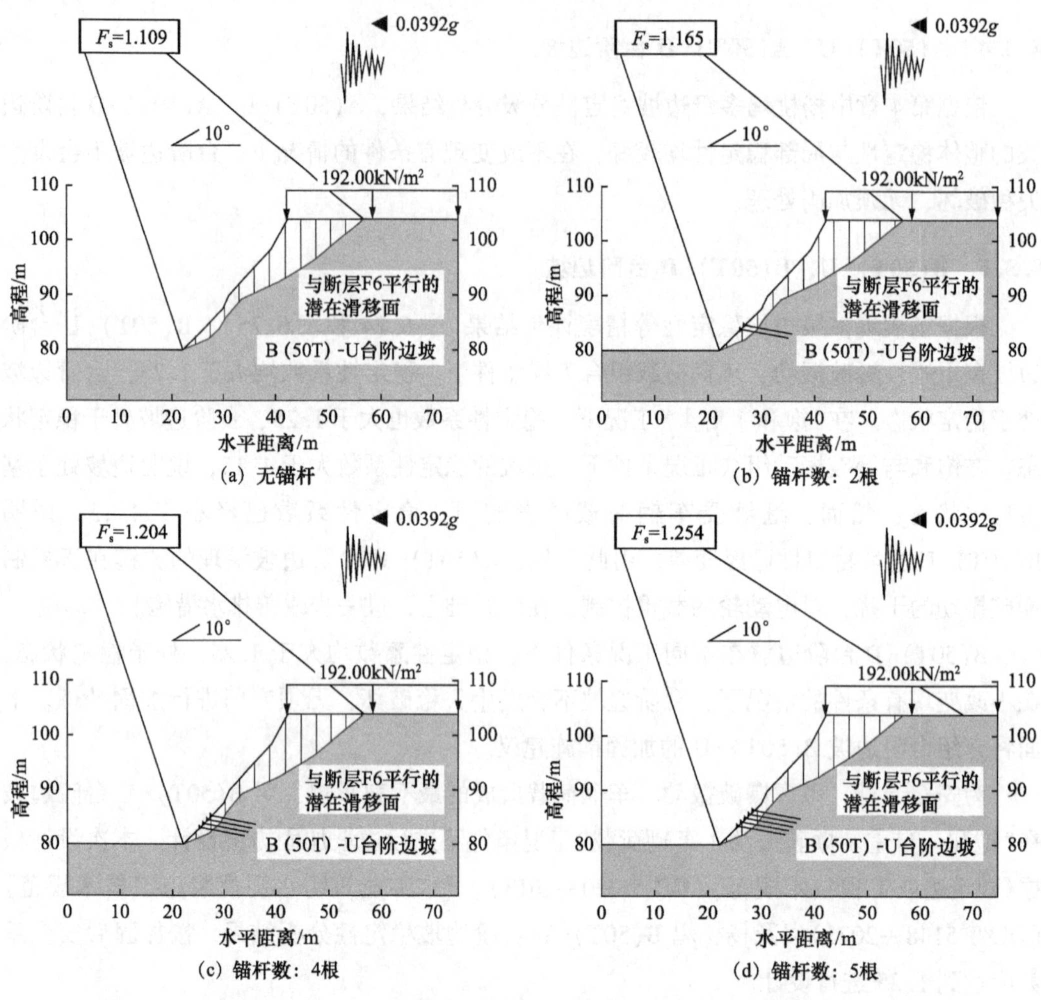

图 8.22　杨桃坞 B(50T)-U 台阶边坡稳定性与锚杆布置数量关系的计算模型及结果

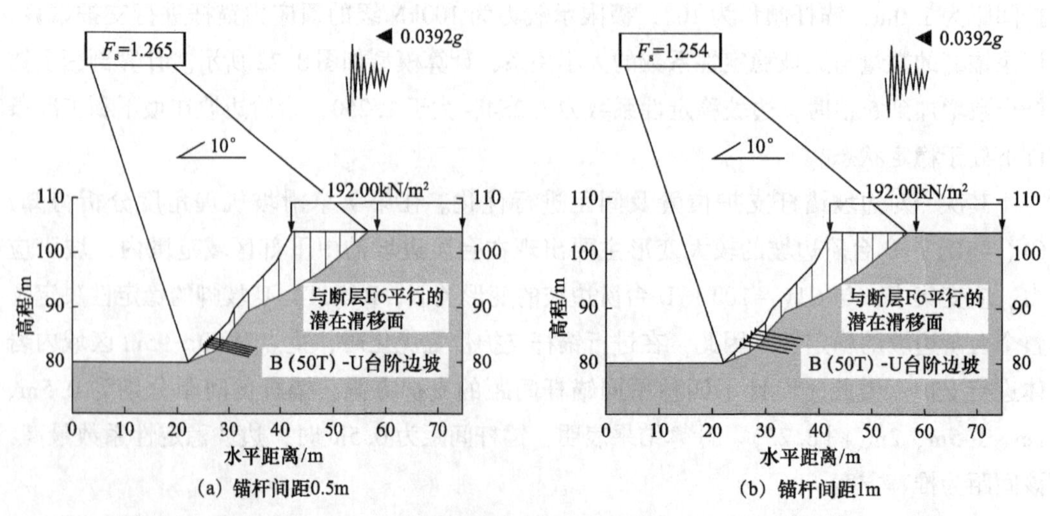

图 8.23　杨桃坞 B(50T)-U 台阶边坡稳定性与锚杆布置位置关系计算模型及结果

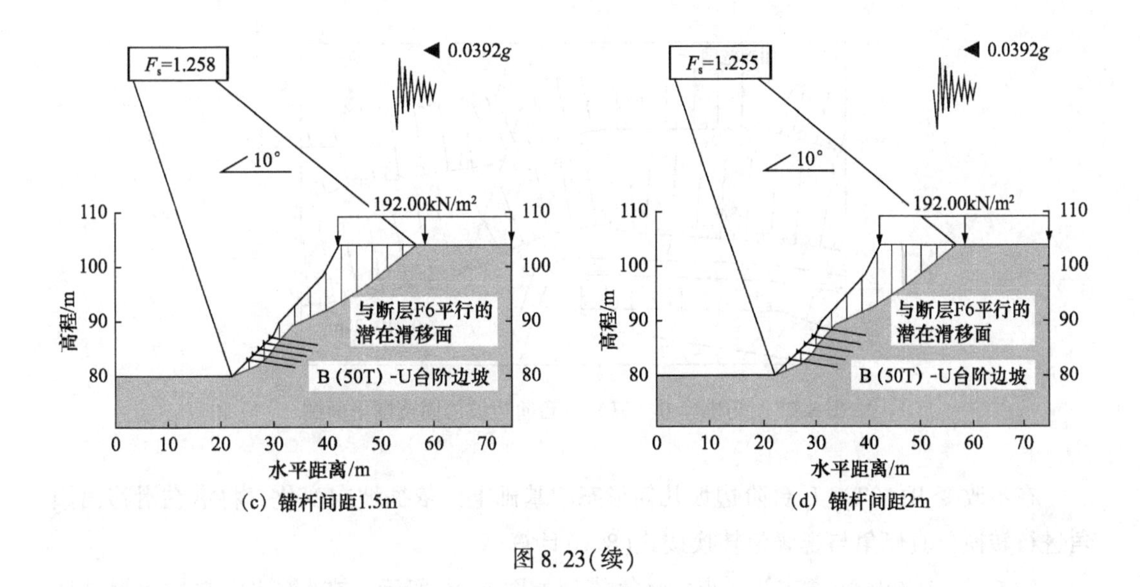

图 8. 23(续)

最后，进行边坡稳定性与锚杆极限承载力的敏感性分析，如图 8. 24 所示。当锚杆极限承载力达到 93. 8kN 时，台阶边坡的稳定性系数为 1. 250。因此，适当降低锚杆设计极限承载力的试算值，建议值为 95kN，此时边坡的稳定性系数为 1. 257。

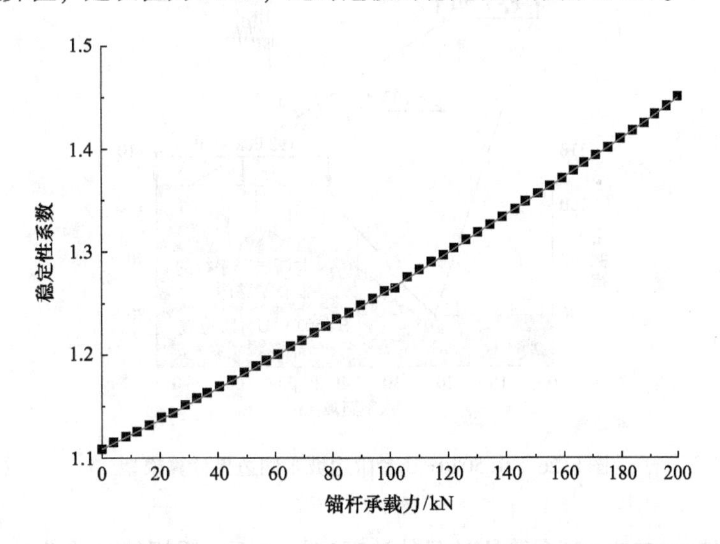

图 8. 24　杨桃坞 B(50T)-U 台阶边坡稳定性与锚杆极限承载力的关系

杨桃坞 B(50T)-U 台阶边坡的加固范围取决于边坡自身的稳定性条件。以边坡在最不利工况条件下，稳定性系数应达到 1. 25 以上为界限，设定加固范围。结合杨桃坞边坡工程地质平面图(图 8. 25)，B(50T)-U 台阶边坡的坡向自西侧边界 I 点往东逐渐变化，处于 J 点时边坡坡向相差 11°，边坡更趋于稳定，需要对边坡进行稳定性分析。

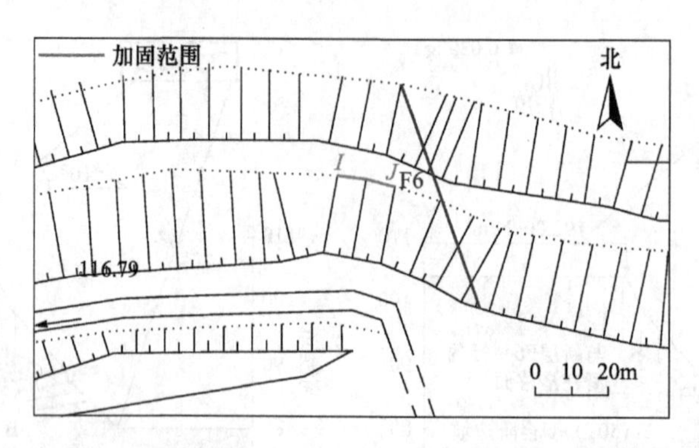

图 8.25　杨桃坞 B(50T)-U 台阶边坡加固范围平面图

在不改变 B(50T)-U 台阶边坡几何形态的基础上，依据坡向变化，将潜在滑移面倾角进行转换，真倾角与视倾角转换按式(8.1)计算。

B(50T)-U 台阶边坡东侧 J 点的计算模型如图 8.26 所示，在“饱水＋自重＋爆破振动＋车辆荷载”工况条件下，边坡的稳定性系数为 1.501，此时稳定性系数达到 1.250 以上。因此，J 点为加固范围的东侧边界。

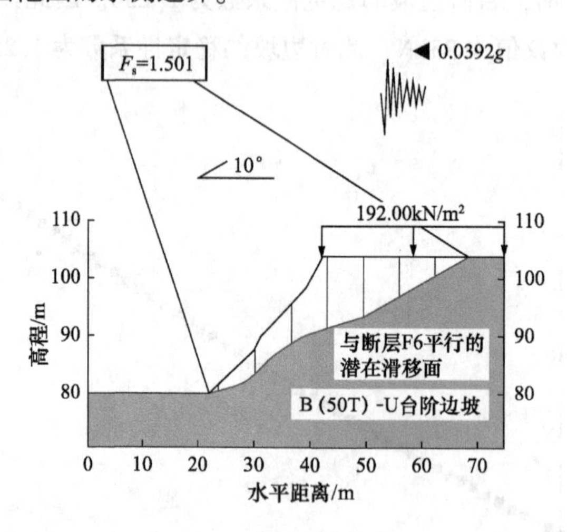

图 8.26　B(50T)-U 台阶边坡东侧边界计算模型

对于杨桃坞 B(50T)-U 台阶边坡具体治理建议如下：采用锚杆作为治理手段，在距离 B(50T)-U 台阶边坡 3m 处，采用 5 排支护长度为 5m、支护间距为 0.5m、倾角为 10°、极限承载力为 95kN 级的预应力锚杆进行支护加固，加固范围约 16m(图 8.25)，辅助边坡排水措施，并且严禁坡脚随意开挖卸载。

参 考 文 献

北京有色冶金设计研究总院，江西铜业股份有限公司德兴铜矿，1990. 德兴铜矿北山边坡稳定性研究报告：工程地质[R].

北京有色冶金设计研究总院，江西铜业股份有限公司德兴铜矿，1992. 德兴铜矿北山边坡稳定性分析研究报告：边坡稳定性分析[R].

蔡美峰，何满朝，刘东燕，2002. 岩石力学与工程[M]. 北京：科学出版社.

曹平，董志明，姚劲松，2006. 岩质边坡稳定性的 FLAC3D 数值模拟分析[J]. 西部探矿工程，9(126)：268－270.

长沙矿冶研究院，江西铜业股份有限公司德兴铜矿，1998. 德兴铜矿边坡稳定性分析综合报告[R].

长沙矿冶研究院，江西铜业股份有限公司德兴铜矿，1998. 德兴铜矿黄牛前边坡工程地质研究报告[R].

长沙矿冶研究院，江西铜业股份有限公司德兴铜矿，1998. 德兴铜矿岩石物理力学性质综合报告[R].

长沙矿冶研究院，江西铜业集团(德兴)建设有限公司，1998. 德兴铜矿南山区石金岩－杨桃坞地段边坡工程地质研究报告[R].

常士骠，张苏民，项勃，2007. 工程地质手册[M]. 北京：中国建筑工业出版社.

陈卫忠，伍国军，杨建平，等，2012. 裂隙岩体地下工程稳定性分析理论与工程应用[M]. 北京：科学出版社.

陈云娟，李术才，朱维申，等，2014. 非连续变形岩石断裂分析中的一种全长剪切锚杆[J]. 岩土力学，35(1)：293－298.

陈祖煜，汪小刚，杨健，等，2005. 岩质边坡稳定分析：原理、方法、程序[M]. 北京：中国水利水电出版社.

邓永杰，2013. 浅埋偏压大跨度隧道洞口段进洞技术研究[D]. 成都：西南交通大学.

杜景灿，陈祖煜，2002. 岩桥破坏的简化模型及在节理岩体模拟网络中的应用[J]. 岩土工程学报，24(4)：421－426.

杜时贵，1992. JRC－JCS 模型在工程实践中预测能力的回顾[C]//水文地质及工程地质论文集. 武汉：中国地质大学出版社，104－109.

杜时贵，1994. 岩体结构面粗糙度系数 JRC 的定向统计研究[J]. 工程地质学报，2(3)：62－71.

杜时贵，1999. 岩体结构面的工程性质[M]. 北京：地震出版社.

杜时贵，2005. 岩体结构面抗剪强度经验估算[M]. 北京：地震出版社.

杜时贵，2007. 岩体结构面抗剪强度综合评价[J]. 工程地质学报，15(SⅡ)：19－25.

杜时贵，2018. 大型露天矿山边坡稳定性等精度评价方法[J]. 岩石力学与工程学报，2018，37(6)：1301－1331.

杜时贵，樊良本，1995. 大溪岭隧道围岩结构面抗剪强度[J]. 浙江工业大学学报，23(3)：268－272.

杜时贵，唐辉明，1993. 岩体断裂粗糙度系数的各向异性研究[J]. 工程地质学报，1(2)：32－41.

杜时贵，颜育仁，胡晓飞，等，2005. JRC－JCS 模型抗剪强度估算的平均斜率法[J]. 工程地质学报，13(4)：489－493.

杜时贵，雍睿，陈咕扦，等，2017. 大型露天矿山边坡岩体稳定性分级分析方法[J]. 岩石力学与工程学报，36(11)：2601－2611.

范雷，2009. 鄂西志留系裂隙砂岩岩体结构特征及其力学参数研究[D]. 武汉：中国地质大学，2009.

冯夏庭，陈炳瑞，明华军，等，2012. 深埋隧洞岩爆孕育规律与机制：即时型岩爆[J]. 岩石力学与工程学报，31(3)：

433－444.

关立军，2003. 基于强度折减的土坡稳定分析方法研究[D]. 大连：大连理工大学.

郭辉荣，2012. 水龙山边坡稳定性分析与监测[D]. 赣州：江西理工大学.

郭志，1996. 实用岩体力学[M]. 北京：地震出版社.

国家能源局，2015. 水电工程地质勘察水质分析规程：NB/T 35052—2015[S]. 北京：中国电力出版社.

国家能源局，2021. 水工建筑物水泥灌浆施工技术规范：DL/T 5148—2021[S]. 北京：中国电力出版社.

国家铁路局，2014. 铁路工程岩石试验规程：TB 10115—2014[S]. 北京：中国铁道出版社.

韩丰，2011. 煤巷顶板岩层锚固系统稳定性影响因素试验研究[D]. 太原：太原理工大学.

韩流，舒继森，孔雀，等，2011. 车辆荷载作用下的露天矿排土场稳定性分析[J]. 矿山机械，39(10)：20－23.

何忠明，曹平，2008. 考虑应变软化的地下采场开挖变形稳定性分析[J]. 中南大学学报(自然科学版)，39(4)：641－646.

黄华，2000. 地下水对露天矿北部边坡稳定性的影响探讨[J]. 中国钼业，24(4)：22－23.

黄醒春，陶连金，曹文贵，2005. 岩石力学[M]. 北京：高等教育出版社.

黎剑华，张龙，颜荣贵，2001. 爆破地震波作用下的边坡失稳机理与临界振速[J]. 矿冶，10(1)：11－15.

李建荣，2002. 德兴铜矿4号尾矿库尾矿堆积坝边坡稳定分析[J]. 有色冶金设计与研究，23(4)：62－63.

李同录，罗世毅，何剑，等，2004. 节理岩体力学参数的选取与应用[J]. 岩石力学与工程学报，23(13)：2182－2186.

李永红，彭振斌，钟正强，等，2009. 基于Barton－Bandis非线性破坏准则的岩体强度预测[J]. 中南大学学报(自然科学版)，40(5)：1388－1391.

李增志. 抛石防波堤稳定性的离散单元法分析[D]. 天津：天津大学，2004.

梁敬方，孔宪立，1987. 德兴铜矿粗碎诒自然边坡的概率统计及人工边坡角的分析[J]. 上海地质，8(2)：45－53.

梁正召，肖东坤，李聪聪，等，2014. 断续节理岩体强度与破坏特征的数值模拟研究[J]. 岩土工程学报，11：2086－2095.

廖国华，1995. 边坡稳定[M]. 北京：冶金工业出版社.

刘杰，李建林，王乐华，等，2011. 三种边坡安全系数计算方法对比研究[J]. 岩石力学与工程学报，30(5)：2896－2903.

刘杰，郑涛，李建林，等，2008. 有限元重力比例自动加载法与强度折减法对比研究[J]. 土木工程学报，41(10)：66－72.

刘泉声，张伟，卢兴利，等，2010. 断层破碎带大断面巷道的安全监控与稳定性分析[J]. 岩石力学与工程学报，29(10)：1954－1962.

罗强，赵炼恒，李亮，等，2013. 基于Barton－Bandis准则的锚固边坡稳定性分析[J]. 岩土力学，34(5)：1351－1359.

倪恒，刘佑荣，龙治国，2002. 正交设计在滑坡敏感性分析中的应用[J]. 岩石力学与工程学报，21(7)：989－992.

亓轶，2013. 采动对新街矿区管片结构斜井稳定性影响规律及合理保护煤柱宽度的确定[D]. 北京：北京交通大学.

萨道夫斯基 M A，1986. 地震预报[M]. 陈英方，译. 北京：地震出版社，

师华鹏，余宏明，韩文奇，等，2016. 基于Barton－Bandis准则下水力驱动型岩质边坡的稳定性分析[J]. 水土保持研究，23(3)：338－342.

舒继森，王文忠，张镭，2005. 浅谈生产露天矿的边坡稳定性研究[J]. 露天采矿技术，5：40－42.

孙广忠，1988. 岩体结构力学[M]. 北京：科学出版社.

孙士平，王菲茹，朱贤银，等，2010. 电动轮自卸车车厢结构有限元建模与分析[J]. 金属矿山，2：117－120.

孙玉科，牟会宠，姚宝魁，1988. 边坡岩体稳定性分析[M]. 北京：科学出版社.

孙玉科，杨志法，丁恩保，等，1999. 中国露天矿边坡稳定性研究[M]. 北京：科学出版社.

汤希祥，1994. 德兴铜矿露天边坡现状及加强管理的探讨[J]. 江西铜业工程，4：61－64.

汪益群，1997. 德兴铜矿水龙山最终边坡稳定性分析[J]. 江西铜业工程，1：18－22.

王明华，白云，孙爱祥，2006. 德兴铜矿西源岭410－380边坡变形特征与稳定性分析[J]. 露天采矿技术，3：1－2.

王岐，1986. 用伸长率R确定岩石节理粗糙度系数的研究[C]//地下工程经验交流会论文选集. 北京：地质出版社，343－348.

王文星，2004. 岩体力学[M]. 长沙：中南大学出版社.

肖东坤，2014. 断续节理岩体的强度与破坏特征研究[D]. 大连：大连理工大学.

杨官涛，2011. 露天矿边坡设计及工程动载作用下的稳定性分析与评价[D]. 长沙：中南大学.

杨有成，2008. 强度折减法在斜坡稳定性分析中的适用性研究[D]. 武汉：中国地质大学.

姚劲松，2005. 弱面控制的岩质边坡稳定性分析及治理措施研究[D]. 长沙：中南大学.

姚男，2011. 列车振动荷载作用下软硬互层边坡的变形破坏机制与稳定性分析[D]. 成都：成都理工大学.

余清仔，1984. 德兴露天矿区断裂构造影响边坡稳定性的探讨[J]. 有色金属(矿山部分)，5：26－30.

余清仔，1997. 德兴铜矿露天矿区水文地质特征及疏排水对策[J]. 世界采矿快报，13：8－10.

余清仔，1998. 德兴铜矿岩体渐进破坏对边坡稳定性的影响[J]. 金属矿山，5：15－17.

张善锦，罗任贤，1988. 德兴铜矿工程的进展[J]. 岩石力学与工程学报，7(2)：165.

张玉军，2006. 节理岩体等效模型及其数值计算和室内试验[J]. 岩土工程学报，28(1)：29－32.

张占锋，王勇智，王代，2005. 边坡稳定分析方法综述[J]. 西部探矿工程，(11)：225－227.

章光，朱维申，1999. 参数敏感性分析与试验方法优化[J]. 岩土力学，14(1)：51－58.

章仁友，杜时贵，1993. 岩体结构面力学行为的尺寸效应研究[J]. 地质科技情报，12(2)：97－103.

赵坚，1998. 岩石节理剪切强度的JRC－JMC新模型[J]. 岩石力学与工程学报，17(4)：349－357.

郑宏，李春光，李焯芬，等，2002. 求解安全系数的有限元法[J]. 岩土工程学报，24(5)：626－628.

郑颖人，陈祖煜，王恭先，等，2010. 边坡与滑坡工程治理[M]. 3版. 北京：人民交通出版社.

中国地质调查局，2012. 水文地质手册[M]. 2版. 北京：地质出版社.

中国科学院武汉岩土力学研究所，江西铜业集团(德兴)建设有限公司，2015. 江西德兴铜矿富家坞采场马形山边坡稳定性及边坡角优化研究[R].

中国科学院武汉岩土力学研究所，江西铜业集团(德兴)建设有限公司，2016. 江西德兴铜矿铜厂采区西源岭290以上边坡稳定性研究[R].

中国岩石力学与工程学会，2020. 露天矿山边坡岩体结构面抗剪强度获取技术规程：T/CSRME 005—2020[S]. 北京：冶金工业出版社.

中华人民共和国工业和信息化部，2019. 边坡工程勘察规范：YS/T 5230—2019[S]. 北京：中国计划出版社.

中华人民共和国国家质量监督检验检疫总局，中国国家标准化管理委员会，2015. 中国地震动参数区划图：GB 18306—2015[S]. 北京：中国标准出版社.

中华人民共和国国土资源部，2006. 滑坡防治工程设计与施工技术规范：DZ/T 0219—2006[S]. 北京：中国标准出版社.

中华人民共和国交通部，2005. 公路工程岩石试验规程：JTG E41—2005[S]. 北京：人民交通出版社.

中华人民共和国交通运输部，2015. 公路路基设计规范：JTG D30—2015[S]. 北京：人民交通出版社.

中华人民共和国水利部，2007. 水利水电工程边坡设计规范：SL 386—2007[S]. 北京：中国水利水电出版社.

中华人民共和国水利部，2020. 水利水电工程岩石试验规程：SL/T 264—2020[S]. 北京：中国水利水电出版社.

中华人民共和国住房和城乡建设部，2013. 工程岩体试验方法标准：GB/T 50266—2013[S]. 北京：中国计划出版社.

中华人民共和国住房和城乡建设部，中华人民共和国国家质量监督检验检疫总局，2008. 水利水电工程地质勘察规范：GB 50487—2008[S]. 北京：中国计划出版社.

中华人民共和国住房和城乡建设部，中华人民共和国国家质量监督检验检疫总局，2009. 岩土工程勘察规范(2009 年版)：GB 50021—2001[S]. 北京：中国建筑工业出版社.

中华人民共和国住房和城乡建设部，中华人民共和国国家质量监督检验检疫总局，2013. 建筑边坡工程技术规范：GB 50330—2013[S]. 北京：中国建筑工业出版社.

中华人民共和国住房和城乡建设部，中华人民共和国国家质量监督检验检疫总局，2014. 非煤露天矿边坡工程技术规范：GB 51016—2014)[S]. 北京：中国计划出版社.

中华人民共和国住房和城乡建设部，中华人民共和国国家质量监督检验检疫总局，2016. 建筑抗震设计规范(2016 年版)：GB 50011—2010[S]. 北京：中国建筑工业出版社.

中南大学，江西铜业集团(德兴)建设有限公司，2004. 德兴铜矿黄牛前边坡滑动体评价及对边坡稳定性影响[R].

中南大学，江西铜业集团(德兴)建设有限公司，2006. 铜厂矿区开采阶段边坡稳定性评价及防治方案研究[R].

周银俊，2011. 板岩性状与其高边坡长期稳定性研究[D]. 长沙：长沙理工大学.

朱维申，李术才，陈卫忠，2002. 节理岩体破坏机理和锚固效应及工程应用[M]. 北京：科学出版社.

朱训，1983. 德兴斑岩铜矿[M]. 北京：地质出版社.

宗辉，张可能，2005. 德兴铜矿富家坞矿区露采边坡稳定性分析[J]. 铜业工程，1：13 - 17.

BARTON N，1973. Review of a new shear strength criterion for rock joints[J]. Engineering Geology，7(4)：287 - 332.

BARTON N，1987. Predicting the behaviour of underground openings in jointed rock[C]//4th Manual Rocha Memorial Lecture，Lisbon. NGI：172.

BARTON N，BANDIS S，1980. Some effects of scale on the shear strength of joints[J]. International Journal of Rock Mechanics and Mining Sciences & Geomechanics Abstracts，17(1)：69 - 73.

BARTON N，BANDIS S，1983. Effects of block size on the shear behavior of jointed rock[J]. International Journal of Rock Mechanics and Mining Sciences & Geomechanics Abstracts，20(3)：A69.

BARTON N，BANDIS S，1990. Review of predictive capabilities of JRC - JCS model in engineering practice[C]// Internationalsymposium on Rock Joints. June 4 - 6，1990. Rotterdam：A A Balkema，603 - 610.

BARTON N，CHOUBEY V，1977. The shear strength of rock joints in theory and practice[J]. Rock Mechanics，10(1)：1 - 54.

CHOI S O，CHUNG K，2004. Stability analysis of jointed rock slopes with the Barton - Bandis constitutive model in UDEC [J]. International Journal of Rock Mechanics and Mining Sciences，41(S1)：581 - 586.

CUNDALL P A，1971. A computer model for simulating progressive large scale movements in blocky rock system[C]// International Proceedings symposium. Nancy：ISRM，128 - 132.

DEERE D U，MILLER R P，1966. Engineering classification and index properties for intact rock[M]. Urbana，Illinois：University of Illinois.

DU S G，HU Y J，HU X F，2014. Generalized Models for Rock Joint Surface Shapes[J]. The Scientific World Journal，2014：171873.

FARDIN N，STEPHANSSON O，JING L，2001. The scale dependence of rock joint surface roughness[J]. International Journal of Rock Mechanics and Mining Sciences，38(5)：659 - 669.

GALIC D, GLASER S D, GOODMAN R E, 2008. Calculating the shear strength of a sliding asymmetric block under varying degrees of lateral constraint[J]. International Journal of Rock Mechanics and Mining Sciences, 45(8): 1287-1305.

GEHLE C, KUTTER H K, 2003. Breakage and shear behavior of intermittent rock joints[J]. International Journal of Rock Mechanics and Mining Sciences, 40(5): 687-700.

GRASSELLI G, 2006. Shear strength of rock joints based on quantified surface description[J]. Rock Mechanics and Rock Engineering, 39(4): 295-314.

HOEK E, BRAY J D, 1981. Rock slope engineering[M]. Boca Raton : CRC Press.

HUANG T H, CHANG C S, YANG Z Y, 1995. Elastic moduli for fractured rock mass[J]. Rock Mechanics and Rock Engineering, 28(3): 135-144.

KRSMANOVIC D, POPOVIC M, 1966. Large scale field tests of the shear strength of limestone [C]// 1st ISRM Congress. Lisbon, Portugal: 773-779.

KULATILAKE P, UCPIRTI H, WANG S, et al., 1992. Use of the distinct element method to perform stress analysis in rock with non-persistent joints and to study the effect of joint geometry parameters on the strength and deformability of rock masses[J]. Rock Mechanics and Rock Engineering, 25(4): 253-274.

LOCHER H G, RIEDER U G, 1970. Shear tests on layered Jurassic limestone[C]// 2nd Congress of International Society for Rock Mechanics. Belgrade: 1-5.

MAGHOUS S, BERNAUD D, FREARD J, et al., 2008. Elastoplastic behavior of jointed rock masses as homogenized media and finite element analysis[J]. International Journal of Rock Mechanics and Mining Sciences, 45(8): 1273-1286.

MURALHA J, CUNHA A P, 1991. Analysis of scale effects in joint mechanical behaviour[J]. International Journal of Rock Mechanics and Mining Sciences & Geomechanics Abstracts, 28(2-3): A72.

PATTON F D, 1966. Multiple modes of shear failure in rock [C]// 1st ISRM Congress. International Society for Rock Mechanics, 509-513.

PRATT H R, BLACK A D, BRACE W F, 1975. Friction and deformation of jointed quartz diorite[J]. International Journal of Rock Mechanics and Mining Sciences & Geomechanics Abstracts, 12(11): 155.

RICHARDS L R. The shear strength of joints in weathered rock[D]. London: University of London.

SAVILAHTI T, NORDLUND E, STEPHANSSON O, 1991. Shear box testing and modelling of joint bridges[J]. International Journal of Rock Mechanics and Mining Sciences & Geomechanics Abstracts, 28(2-3): A71.

SINGH M, SINGH B, 2008. High lateral strain ratio in jointed rock masses[J]. Engineering Geology, 98(3): 75-85.

TURK N, DEARMAN W R, 1985. Investigation of some rock joint properties: roughness angle determination and joint closure [C]//International symposium on Fundamentals of Rock Joints. Centek, Lulea, 1520.

UENG T S, JOU Y J, PENG I H, 2010. Scale effect on shear strength of computer-aided-manufactured joints [J]. Journalof GeoEngineering, 5: 29-37.

WONG R H C, CHAU K T, 1998. Crack coalescence in a rock-like material containing two cracks[J]. International Journal of Rock Mechanics and Mining Sciences, 35(2): 147-164.

WONG R H C, CHAU K T, TANG C A, et al., 2001. Analysis of crack coalescence in rock-like materials containing three flaws—part I: experimental approach[J]. International Journal of Rock Mechanics and Mining Sciences, 38(7): 909-924.

YANG X L, YIN J H, 2004. Slope stability analysis with nonlinear failure criterion[J]. Journal of Engineering Mechanics, 130(3): 267-273.

YONG R, HUANG L, HOU Q K, et al. , 2020. Class Ratio Transform with an Application to Describing the Roughness Anisotropy of Natural Rock Joints[J]. Advances in Civil Engineering, 2020: 5069627.

YONG R, TANS, YE J, et al. , 2021. Neutrosophic function for assessing the scale effect of the rock joint surface roughness [J]. Mathematical Problems in Engineering, 2021: 6611627.

YOSHINAKA R, YOSHIDA J, ARAI H, et al. , 1993. Scale effects on shear strength and deformability of rock joints[M]// Scale Effects in Rock Masses 93. London: CRC Press, 143 - 149.

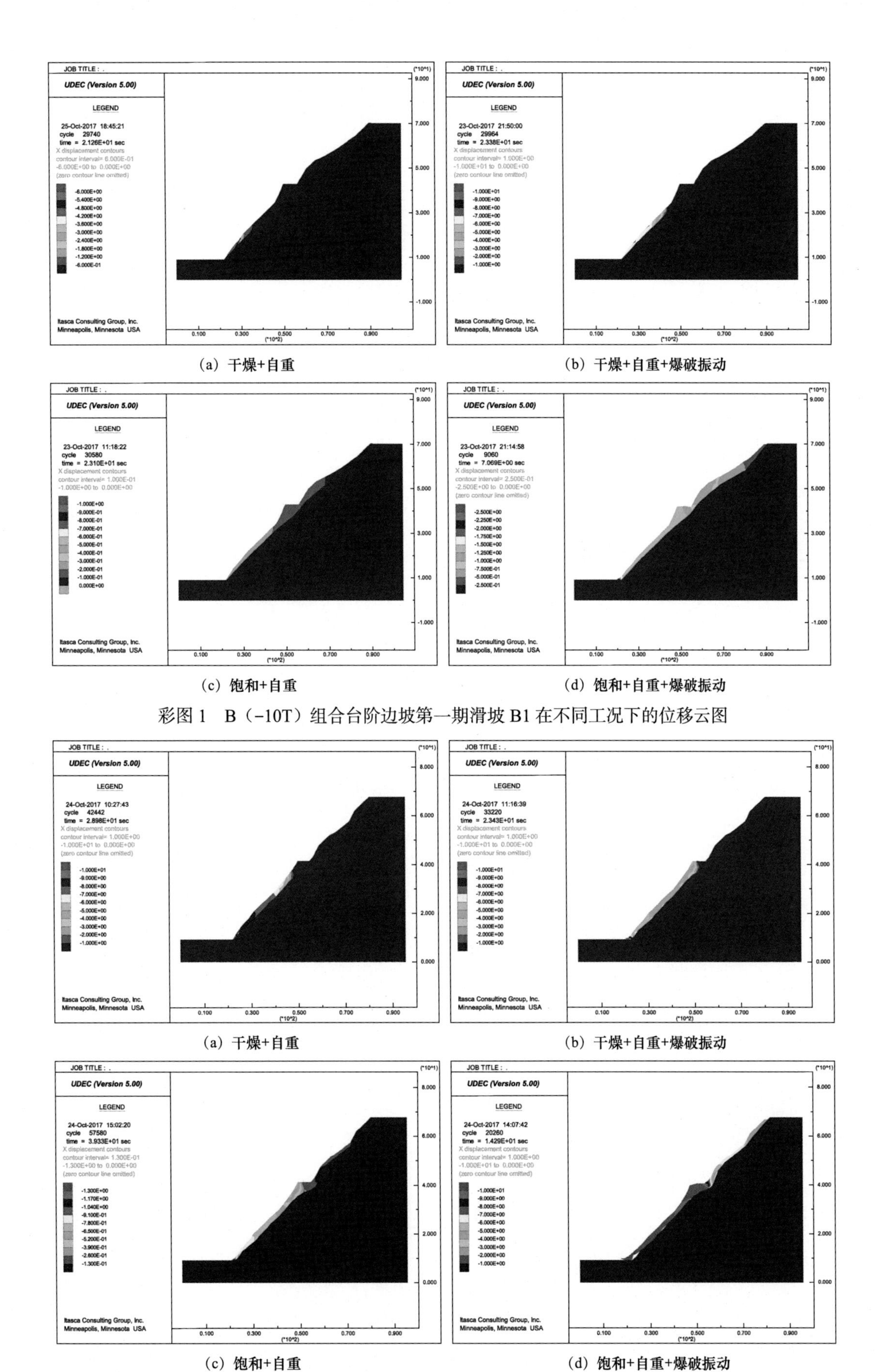

（a）干燥+自重　　（b）干燥+自重+爆破振动

（c）饱和+自重　　（d）饱和+自重+爆破振动

彩图 1　B（-10T）组合台阶边坡第一期滑坡 B1 在不同工况下的位移云图

（a）干燥+自重　　（b）干燥+自重+爆破振动

（c）饱和+自重　　（d）饱和+自重+爆破振动

彩图 2　B（-10T）组合台阶边坡第二期滑坡 B2 在不同工况下的位移云图

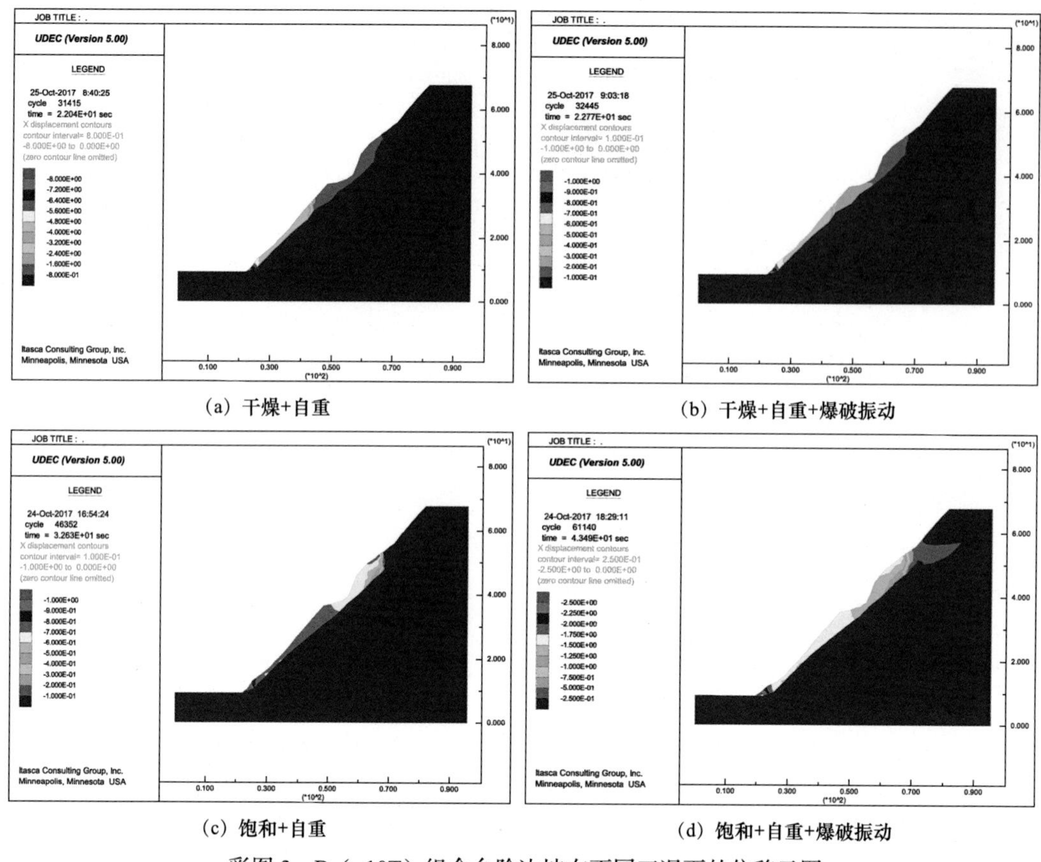

（a）干燥+自重　　（b）干燥+自重+爆破振动

（c）饱和+自重　　（d）饱和+自重+爆破振动

彩图 3　B（−10T）组合台阶边坡在不同工况下的位移云图

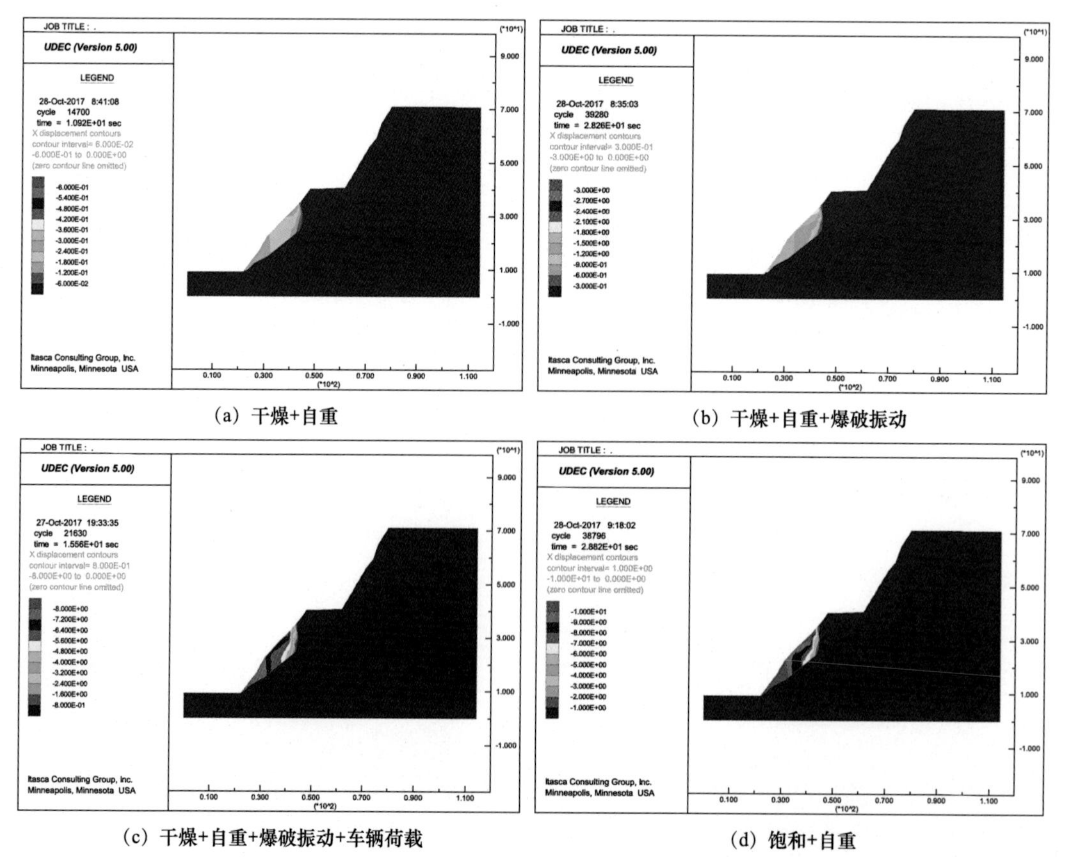

（a）干燥+自重　　（b）干燥+自重+爆破振动

（c）干燥+自重+爆破振动+车辆荷载　　（d）饱和+自重

彩图 4　C1（−10T）组合台阶边坡在不同工况下的位移云图

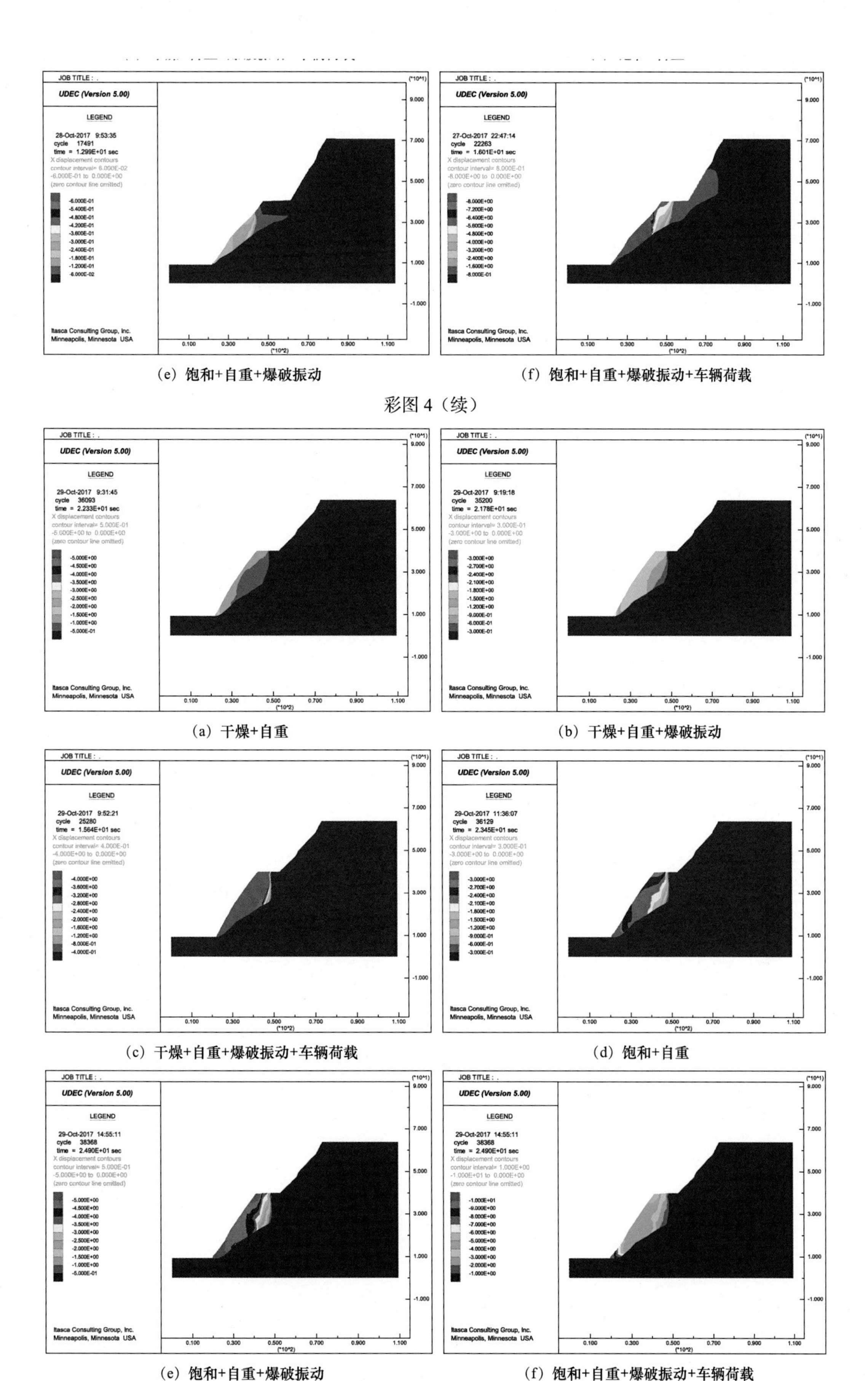

（e）饱和+自重+爆破振动　　（f）饱和+自重+爆破振动+车辆荷载

彩图 4（续）

（a）干燥+自重　　（b）干燥+自重+爆破振动

（c）干燥+自重+爆破振动+车辆荷载　　（d）饱和+自重

（e）饱和+自重+爆破振动　　（f）饱和+自重+爆破振动+车辆荷载

彩图 5　C2（−10T）组合台阶边坡在不同工况下的位移云图

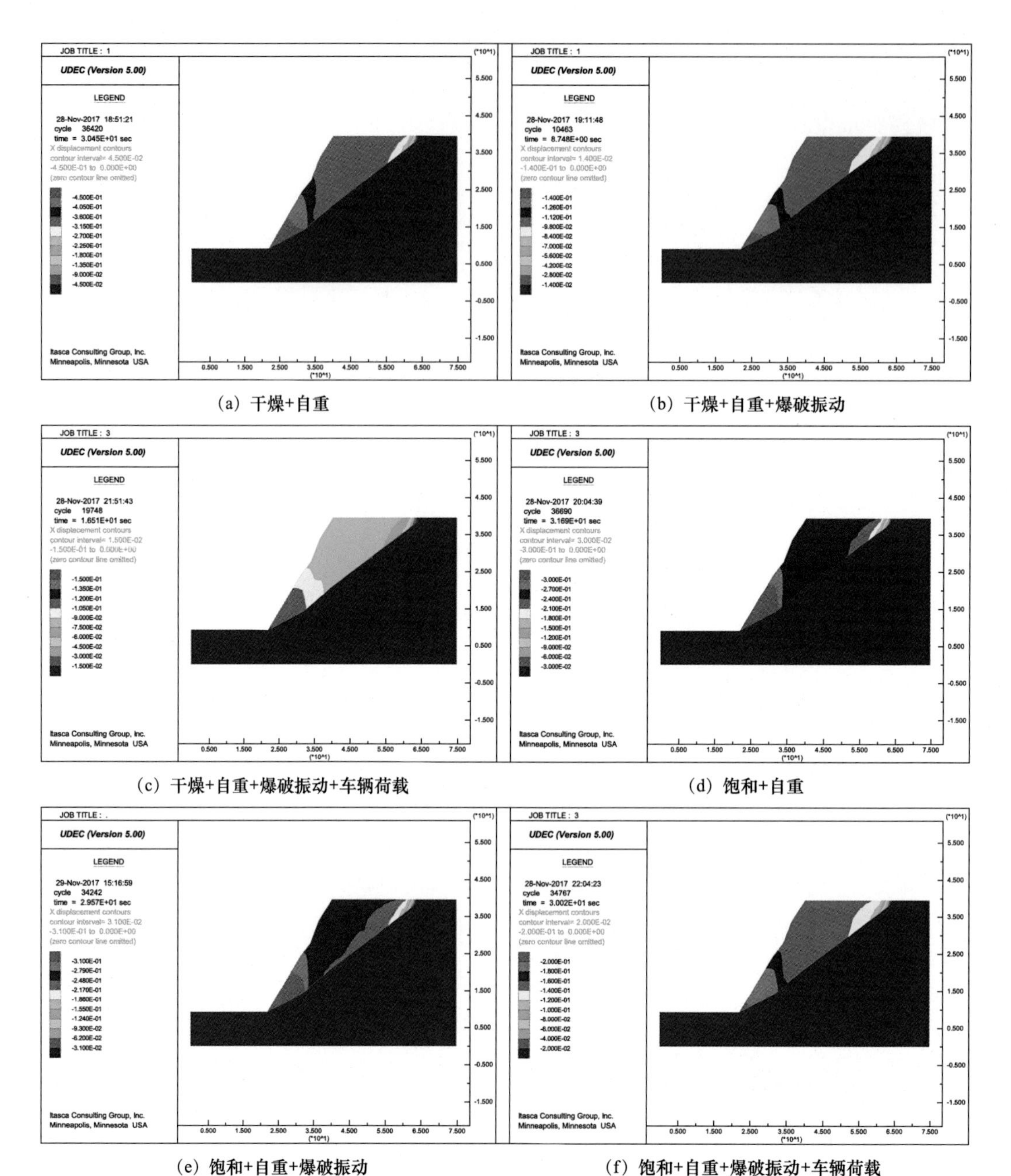

（a）干燥+自重　　（b）干燥+自重+爆破振动

（c）干燥+自重+爆破振动+车辆荷载　　（d）饱和+自重

（e）饱和+自重+爆破振动　　（f）饱和+自重+爆破振动+车辆荷载

彩图 6　B（50T）组合台阶边坡在不同工况下的位移云图

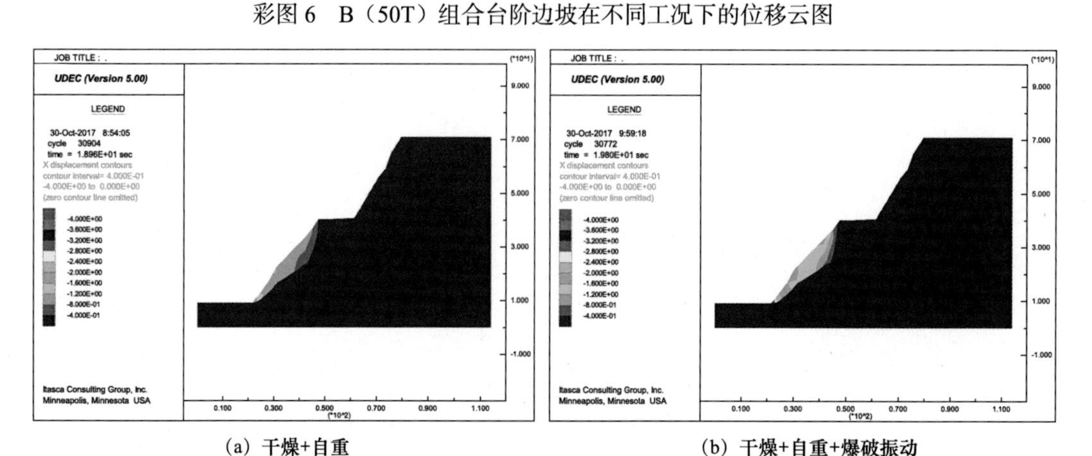

（a）干燥+自重　　（b）干燥+自重+爆破振动

彩图 7　C1（−10T）-U 台阶边坡在不同工况下的位移云图

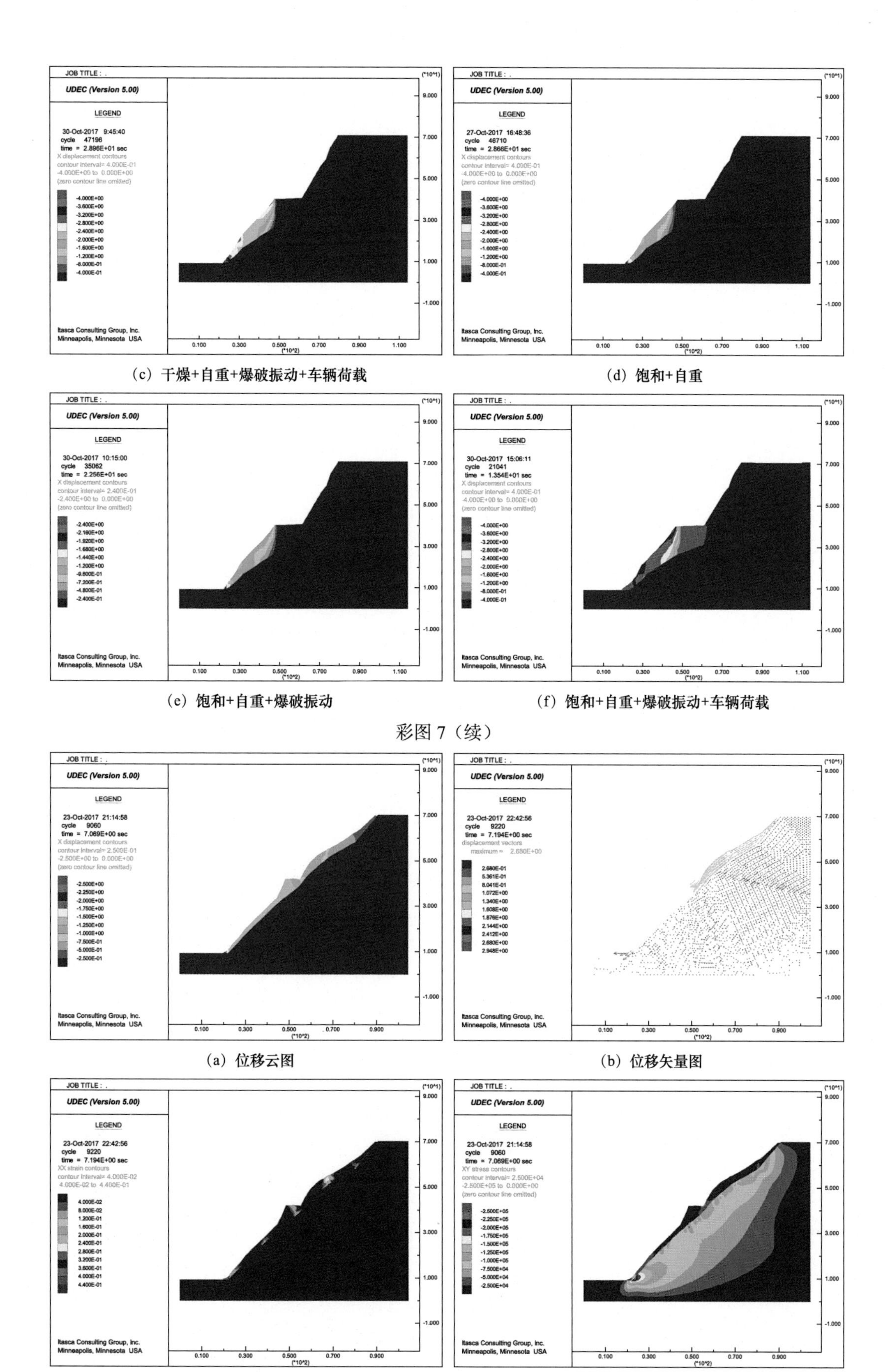

(c) 干燥+自重+爆破振动+车辆荷载

(d) 饱和+自重

(e) 饱和+自重+爆破振动

(f) 饱和+自重+爆破振动+车辆荷载

彩图 7（续）

(a) 位移云图

(b) 位移矢量图

(c) 剪应变云图

(d) 剪应力云图

彩图 8　第一期滑坡 B1 在工况（4）下的破坏机理图

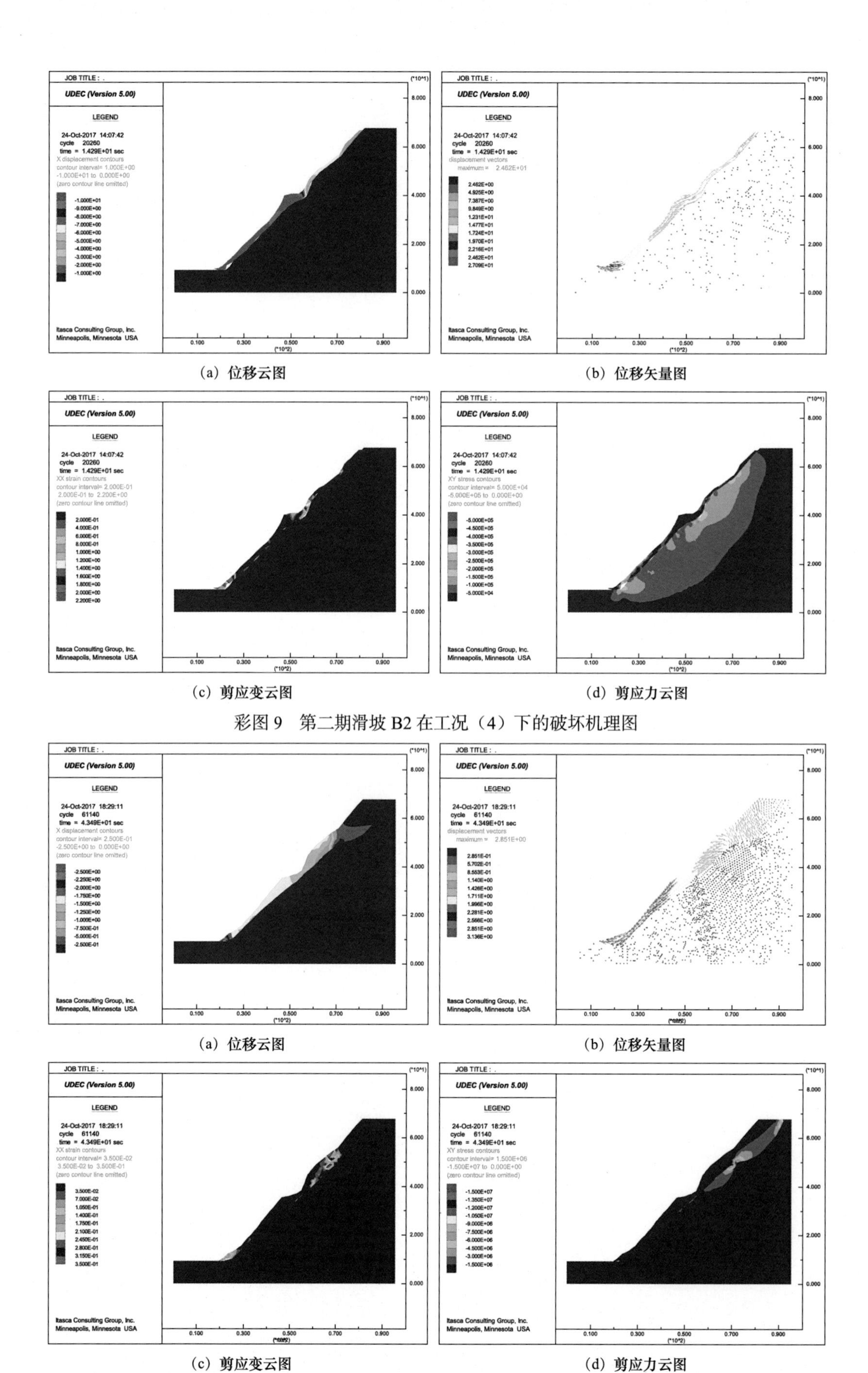

(a) 位移云图

(b) 位移矢量图

(c) 剪应变云图

(d) 剪应力云图

彩图 9 第二期滑坡 B2 在工况（4）下的破坏机理图

(a) 位移云图

(b) 位移矢量图

(c) 剪应变云图

(d) 剪应力云图

彩图 10 B（-10T）组合台阶边坡在工况（4）下的破坏机理图

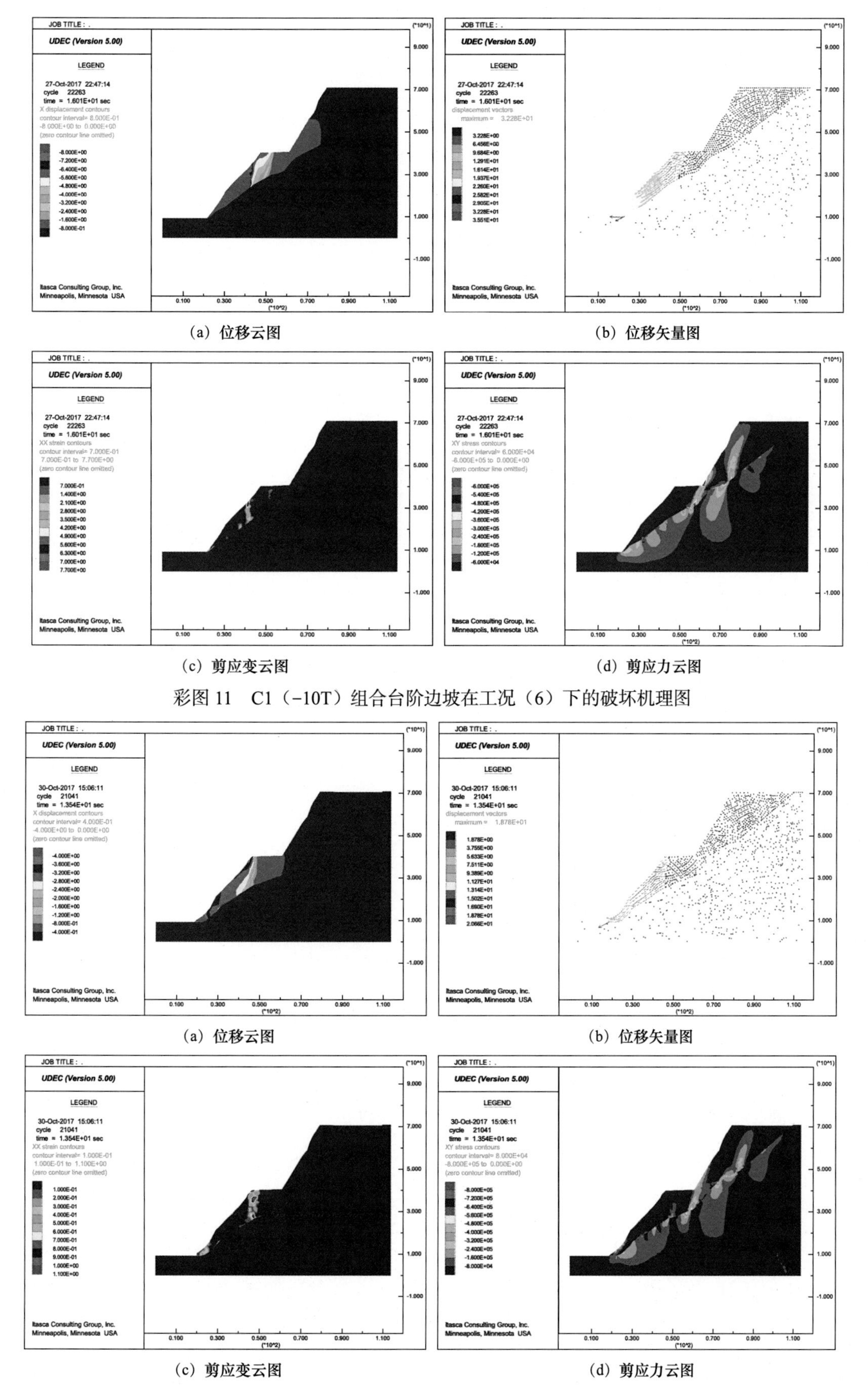

（a）位移云图

（b）位移矢量图

（c）剪应变云图

（d）剪应力云图

彩图 11　C1（−10T）组合台阶边坡在工况（6）下的破坏机理图

（a）位移云图

（b）位移矢量图

（c）剪应变云图

（d）剪应力云图

彩图 12　C2（−10T）组合台阶边坡在工况（6）下的破坏机理图

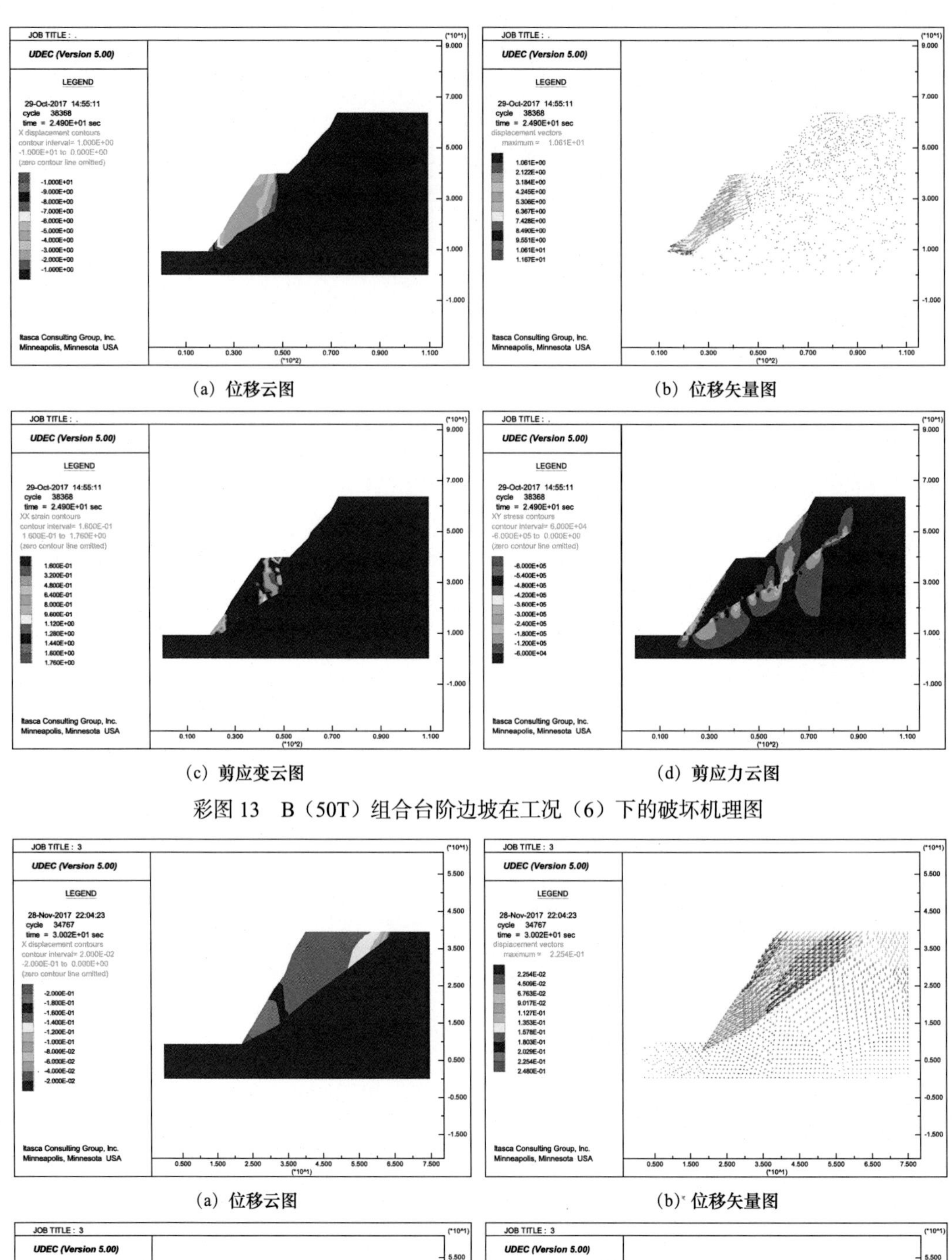

(a) 位移云图　　(b) 位移矢量图

(c) 剪应变云图　　(d) 剪应力云图

彩图 13　B（50T）组合台阶边坡在工况（6）下的破坏机理图

(a) 位移云图　　(b) 位移矢量图

(c) 剪应变云图　　(d) 剪应力云图

彩图 14　C1（−10T）-U 台阶边坡在工况（6）下的破坏机理图